煤炭院校特色应用型本科系列教材

MEITAN YUANXIAO TESE YINGYONGXING BENKE XILIE JIAOCAI

选煤厂生产技术管理

吕玉庭 主编

中国矿业大学出版社

·徐州·

内 容 提 要

本书为煤炭院校特色应用型本科系列教材之一。全书从生产技术管理的角度，论述了选煤厂生产技术管理的主要工作内容，主要内容包括选煤企业管理的基本概念、选煤厂技术检查、选煤厂生产技术指标与优化、选煤生产情况分析、生产计划与成本管理、选煤厂质量管理等。全书内容丰富、层次清晰、图文并茂、论述有据，理论性和实践性强。

本书可作为矿物加工类专业的本科生教材，也可供相关专业工程技术人员参考。

图书在版编目(CIP)数据

选煤厂生产技术管理 / 吕玉庭主编. — 徐州 ：中国矿业大学出版社，2023.2

ISBN 978-7-5646-5707-9

Ⅰ. ①选… Ⅱ. ①吕… Ⅲ. ①选煤厂—生产技术—技术管理 Ⅳ. ①TD94

中国国家版本馆 CIP 数据核字(2023)第 029931 号

书　　名　选煤厂生产技术管理
主　　编　吕玉庭
责任编辑　王美柱
出版发行　中国矿业大学出版社有限责任公司
（江苏省徐州市解放南路　邮编 221008）
营销热线　(0516)83884103　83884995
出版服务　(0516)83995789　83884920
网　　址　http://www.cumtp.com　**E-mail**:cumtpvip@cumtp.com
印　　刷　苏州市古得堡数码印刷有限公司
开　　本　787 mm×1092 mm　1/16　**印张** 12.75　**字数** 326 千字
版次印次　2023 年 2 月第 1 版　2023 年 2 月第 1 次印刷
定　　价　35.00 元

《选煤厂生产技术管理》编写人员名单

主　编　吕玉庭

副主编　柳海军　于佃明

苏　云

前　言

本书是根据煤炭高等学校矿物加工工程专业“选煤厂生产技术管理”课程教学大纲编写而成的。为满足煤炭工业新形势对煤炭专业教育发展的要求，根据培养应用型本科专业人才的要求和煤炭行业的自身特点，本着科学性、实用性、先进性的指导思想，编写了本教材。本书内容编写过程中注重应用型本科专业人才教育的特点，尽可能引用国家和行业相关标准原文，列举了许多翔实的实际数据和案例，以利于提高学生分析和解决实际问题的能力。

本书涉及选煤厂生产技术管理的主要工作内容，从生产技术管理的角度，概述了选煤企业管理的基本概念；详细论述了选煤厂技术检查，选煤生产技术指标分析方法和指标优化，重选、浮选、脱水设备及分级浓缩设备的工艺效果检查与评定，选煤生产计划编制与检查分析等内容；同时介绍了煤炭产品质量与标准、全面质量管理基本知识和质量管理常用方法等知识。书中收集了部分选煤厂生产技术管理的实际数据和案例，使学生能尽早接触生产管理实际。

在本书编写过程中，匡亚莉教授编写的《选煤厂管理》、王东副教授编写的《选煤厂生产技术管理》和王振生教授编写的《选煤厂生产技术管理》等文献为本书提供了很好的参考，多处文字、图表和案例被引用。同时，本书在编写过程中吸收和借鉴了同类书籍、论文等文献资料的精华，谨在此一并表示感谢。

本书各章节所引用的有关教材、著作和文献资料，一并列于参考书目中，如有遗漏，当属编者疏忽。由于编者水平所限，书中可能存在不妥之处，恳请有关专家和广大读者提出宝贵意见，以便更正修改。

编　者

2022年8月

目　录

第1章 绪 论

凡是有人群公共劳动的地方，就有管理。管理源于人类的共同劳动，是人们为了达到某一共同目标而有意识、有组织、不断地进行协调的工作，是人们协同劳动的产物。它涉及人类的一切活动，整个社会的政治、经济、科学、技术、文化教育、军事、外交等都需要管理。在市场经济条件下的工业企业都拥有一定的人力、物力和财力等生产要素，为了有效组织、协调内部各要素间关系，正确处理企业外部的各种经营活动，必须对其进行有效的管理。选煤厂作为煤炭的分选加工企业，为了正确地组织生产，加工出适销对路的产品，以满足用户的需求，也要进行严格的科学管理，并要切实搞好生产技术管理工作。

1.1 企业管理的基本概念

管理作为一门新兴学科，其发展历史还很短暂，仅有百余年，但是随着科学技术和生产力的发展，管理的作用显得越来越重要。今天，管理工作已不仅局限于管理劳动生产过程，而且涉及市场预测、企业投资、资源分配、宏观控制和决策等方面，使当今社会进入一个全面科学管理的时代。

人们已经清楚地看到人类的生存与交往，社会的发展与进步，国家的繁荣与昌盛，企业的前途与命运，凡此等等，无一不与管理问题息息相关。一个国家管理水平的高低，能够在很大程度上反映这个国家的生产力和科学技术发展水平，并直接影响其经济建设的速度。倘若把社会发展看作滚滚向前的时代列车，那么可以认为，技术和管理是时代列车的两只飞转的巨轮。

1.1.1 企业管理的概念和内涵

管理已渗透到各行各业。管理有许多特殊的领域，如行政管理、经济管理、企业管理，以及各种行业、部门和过程的管理。不同的人在研究管理时的出发点和认识角度不同，因此，对管理一词所下的定义也就不同。在政治家和行政管理者看来，管理是一种职权系统，他们把为实现国家和社会的目标，依照法律而实施的各种活动统称为管理，因此认为管理就是领导，管理就是决策。在经济学家看来，管理同土地、机器、劳动力、资金一样，都是一种经济因素，管理过程是一种经济增值的过程，因此认为管理是一种生产力要素，是一种创造。在心理学家看来，管理不外乎是调节人的情绪，考虑人的需要以激励其精神的手段。所谓管理，就是指在特定的环境下，对所拥有的资源进行有效的计划、组织、领导和控制，以便达成既定的组织目标的过程。很多从事管理科学的人员给出了不同的概念。

“科学管理之父”弗雷德里克·泰勒(F. W. Taylor)在《科学管理原理》中指出：“管理就是确切地知道你要别人干什么，并使他用最好的方法去干。”在泰勒看来，管理就是指挥他人能用最好的办法去工作。诺贝尔奖获得者赫伯特·西蒙(H. A. Simon)在《管理决策新科学》中对管理的定义是:“管理就是制定决策。”彼得·德鲁克(P. F. Drucker)在《管理:任务、责任、实践》中指出:“管理是一种工作,它有自己的技巧、工具和方法;管理是一种器官,是赋予组织以生命的、能动的、动态的器官;管理是一门科学,一种系统化的并到处适用的知识;同时管理也是一种文化。”斯蒂芬·罗宾斯(S. P. Robbins)给管理的定义是:“所谓管理,是指同别人一起,或通过别人使活动完成得更有效的过程。”亨利·法约尔(H. Fayol) 在其著作《工业管理与一般管理》中给出的管理概念影响了整整一个世纪,对西方管理理论的发展具有重大影响。法约尔认为,管理是所有的人类组织都有的一种活动,这种活动由五项要素组成:计划、组织、指挥、协调和控制。法约尔对管理的看法颇受后人的推崇与肯定,形成了管理过程学派。哈罗德·孔茨(H. Koontz)是第二次世界大战后这一学派的继承与发扬人,使该学派风行全球。

管理的意义在于更有效地开展活动,改善工作,更有效地满足客户需要,提高效果、效率、效益。具体来说,管理主要有以下 3 层含义:

① 管理具有明确的目标和目的,并且以目标完成的程度作为衡量管理有效性的主要依据。

② 管理要以人为中心,认真协调各种人际关系及利益关系,充分发挥各类人员的积极性与创造性,这是搞好管理的最根本的问题。

③ 管理必须符合客观规律和市场需求,不能主观盲从,要在正确把握外部环境的条件下,充分发挥企业内部的优势,促进最终目标的实现。

1.1.2 企业管理的职能

企业管理的职能是指企业管理者为了实行有效的管理所必须具有的职责和功能。实行有效管理,就是企业领导者通过合理地选择和配备人员,采用正确的领导方法,运用先进可行的计划和健全的组织,实行统一指挥,建立有效的内部协调机制;依靠及时准确的信息系统以及严密合理的控制,使企业生产经营要素做到最佳的配合,以达到预期的目的。实行有效管理,要求正确处理企业内部人与人、人与物、物与物间的各种关系,获得尽可能好的经济效益。

企业管理的职能表现在决策和计划、组织和协调、指挥和控制、教育和激励、挖潜和创新 5 个方面。

① 决策和计划。决策和计划是企业各项工作的总行动纲领,也是各项管理工作的起点。管理者通过市场调研、预测,对企业的经营目标和经营方针作出决策,对企业的生产经营活动作出长期和短期的统筹安排,并制定实现计划目标的措施和方法。

② 组织和协调。组织和协调,是指将企业生产经营活动的各要素和各生产环节有效、合理地组织起来形成一个有机整体,再予以恰当地分工安排,并对企业内外各部门、各环节及全体员工的活动加以统一调节,使之配合得当、相互协调,更好地发挥整体优势。

③ 指挥和控制。为保证企业生产经营活动有节奏、有计划地进行,确保计划目标的实现,必须建立有效的指挥系统,并运用控制论、信息论等管理理论和计算机技术作为信息处理的手段,加强监督检查,及时纠正偏差,控制企业按照预定的目标和标准进行经营活动。

④ 教育和激励。为充分发挥人在生产中的作用，调动职工的积极性，一方面要实行全员培训，提高职工的思想、文化、技术水平；另一方面要建立合理的奖惩制度，把职工的个人收入与贡献大小相联系，做好工资奖励和生活福利工作。

⑤ 挖潜和创新。为应对不断出现的新形势，提高企业的竞争力，管理者应充分挖掘现有人力、物力、财力等各方面的生产潜力，把潜在的生产力转化为现实的生产力，并通过各种技术革新和技术创新活动，促进企业技术进步，不断提高经济效益。

1.1.3　企业管理的原则

现代工业企业管理遵循分解协调、相对封闭、能级结构、动力驱动、行为科学、弹性管理、创新发展和效益最佳等原则。

① 分解协调原则。企业在进行活动时，首先将其整体目标和任务分解成一个个相对独立的基本要素，落实到各部门、各岗位；其次，为使各实施要素的总和组合成企业的整体目标和任务，必须统一协调，发挥每一个人的积极性和创造性，促进企业的发展。

② 相对封闭原则。工业企业的生产经营活动应按相对封闭的原则，组成闭环控制系统，才能实现有效的管理，如图 1-1 所示。

③ 能级结构原则。现代企业是分层次按能级结构原则进行管理的，每个层次有不同的能级，表现为不同的责权利，在其位便要谋其政、行其权、尽其责、取其值、获其誉，失职者要惩其误，使管理有规律地运行，以获得最佳的效率和效益。三角形能级结构如图 1-2 所示，上一层的管理者比下一层的管理者权力更大，责任也更大。

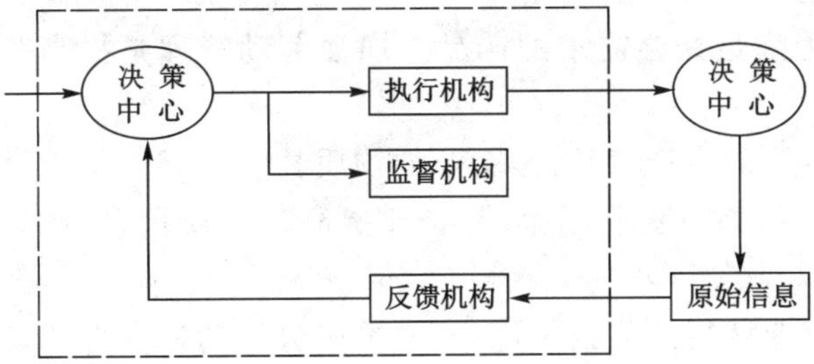

图 1-1　相对封闭原则示意图

图 1-2　三角形能级结构

④ 动力驱动原则。企业的有序运动需要有强大的动力驱动，没有动力就没有企业的活力。企业经济效益和职工福利待遇的提高构成了物质动力，思想教育和精神奖励构成了精神动力。管理的任务在于不断地提供维持企业生命的动力。

⑤ 行为科学原则。行为科学原则要求管理工作以人为中心，对各类人员的行为进行科学的分析和有效的管理，保证实现企业的目标；关心职工的疾苦，鼓励职工积极进取等，充分调动广大职工的积极性。

⑥ 弹性管理原则。在复杂多变的外部环境和内部要素中，企业要采用弹性管理的原则，即在工作中应灵活多变，并留有一定的余地，事先准备好多种应急措施，以应对突发事件。

⑦ 创新发展原则。科技要创新发展，管理工作也要创新发展。如根据社会的需要调整

产品结构、技术结构、能源结构，优化生产要素的配置，转变企业的运行机制，创立适合本企业的管理模式等。

⑧ 效益最佳原则。提高经济效益是企业所追求的最终目标，也是管理工作的价值体现。

1.1.4 企业管理的内容

工业企业管理的内容就是工业企业的生产经营活动，包括物流管理、生产管理、质量管理、销售管理、劳动管理、设备管理、技术管理和财务管理。

① 物流管理。物流管理包括原材料的供应、物料的运输、半成品和成品的库存等管理工作。它是生产过程得以顺利进行的保证，也是提高企业经济效益的重要一环。

② 生产管理。生产管理是指对企业的全部生产活动进行综合性管理，包括制订生产计划、进行生产控制和现场管理等。做好生产管理工作，合理组织企业的生产活动，可以充分利用企业的资源，提高生产效率。

③ 质量管理。质量管理是指将生产技术、经营管理和数理统计等科学方法结合起来，建立一整套行之有效的质量管理工作体系，以确保最经济地生产出满足用户要求的高质量产品。质量管理对于提高企业的竞争力、提高企业的效益、实现企业可持续发展的战略有着极其重要的作用。

④ 销售管理。销售管理是指企业按计划将生产的产品销售出去，并做好售后服务，以实现产品的价值。销售管理是企业经营活动获取利润的中心环节。

⑤ 劳动管理。在任何企业生产过程中，劳动力都是最基本的生产要素。劳动者直接或间接地运用劳动手段，使劳动对象成为满足社会需求的产品。加强劳动管理是提高劳动生产率和企业经济效益的重要措施。

⑥ 设备管理。机器设备是工业企业的生产工具，是企业的物质技术基础。加强设备管理、合理使用设备、及时维修设备、努力提高设备利用率，是企业提高产品质量、生产效率及资金利用效率的重要保证。

⑦ 技术管理。技术管理是工业企业获得产品技术优势、成本优势等的根本保证。做好技术管理工作，不断开展技术创新，不断开发新产品，这是企业在竞争性市场中存在和发展的保障。

⑧ 财务管理。财务管理是指利用货币及其价值形式，对企业的生产经营活动进行综合管理，它是企业资金的形成、分配和使用过程中各项管理的总称。加强财务管理和经济核算，对于促进企业的生产发展、增加利润、节约资金，有着至关重要的作用。

企业管理内容中的生产管理与技术管理都是对生产过程进行控制管理，虽然两者的目的是一样的，但侧重点不一样。生产管理要求按规定的产品品种和质量、规定的计划成本和规定的交货期限完成生产任务。而技术管理是在企业完成生产任务过程中，对生产效果进行评定和分级、对生产系统进行优化、对企业进行质量管理。因此，生产管理就是按照预先的计划目标完成生产任务；而技术管理是在保质保量完成生产任务的基础上，挖掘企业生产潜力，减少生产耗费，降低生产单位成本。

1.2 选煤厂的企业管理

选煤厂是一个大宗性物料的加工企业，每天都有大量煤炭进出，因此来料和煤炭产品输出必须畅通，而且生产过程连续，每项作业紧密相连而又相互制约，任何一项作业停工都可能导致全厂停产，再加上技术装备复杂，要求有较高的技术管理水平及高素质技术人员等，所有这些都对选煤厂的管理工作提出了较高的要求。要做好选煤厂企业管理工作，需要建立职责分明的管理机构，加强生产计划制订、实施和技术检查，充分发挥广大干部、职工的劳动积极性，在市场调查的基础上生产出多品种、多规格的满足用户需要的产品，以扩大销售渠道，最终实现选煤厂经济效益的提高。

1.2.1 选煤厂管理的特点与要求

选煤厂的任务是对煤矿开采的原煤进行加工，排除其中的杂质，分选出不同规格的煤炭产品。选煤厂的目标是提高能源利用效率、减少环境污染、降低成本、提高效益。与一般的工业企业管理相比，选煤厂管理具有以下几个特点：

① 选煤厂的生产加工对象煤炭数量很大，如果生产产品不合格，不可能退回去重新加工。国内的大型炼焦煤选煤厂的设计年处理能力在5 Mt以上，大型动力煤选煤厂的设计年处理能力可达到20 Mt以上。因此，选煤厂生产过程中的任何一个工业环节的质量指标发生不利于选煤生产的变化，都可能造成巨大的经济损失。同样，一项技术革新，甚至某一个工艺环节的参数调整，也可能为企业增加可观的经济效益。

② 选煤厂的生产工艺复杂，生产过程连续。选煤厂的各项作业不但紧密联系，而且相互制约，任何一项作业的工作效率降低都会影响全厂生产，甚至导致全厂停工。

③ 选煤厂的机械化、自动化程度较高，技术装备复杂，且是一个有机整体，因而，对选煤厂的技术要求也比较高。

④ 选煤厂包括生产、技术检查、机修、电气、物资、财务、劳资等部门，部门内有组织管理的问题，部门间有相互区分和相互联系的问题，关系比较复杂。

1.2.2 选煤厂现场组织管理

在我国选煤厂中，厂长、总工程师及下属生产、技术、供销、人事、财务等部门组成了选煤厂的管理机构。各级机构分工明确，责任和权力统一。

① 生产技术管理。生产技术管理，以提高企业经济效益为目标，优化产品结构和生产指标，完成各分选设备分选效果评定，并用计算机模拟选煤厂生产过程，动态反映出各生产工艺环节数量和质量变化情况，确定各环节最佳工况参数。

② 调度生产管理。调度生产管理，即记录调度生产原始数据，整理调度生产日报、生产台时台账以及调度生产台账。

③ 煤质化验管理。煤质化验管理，即完成日常生产快浮、快灰试验数据的整理计算和输出试验报表；完成月综合筛分浮沉试验资料整理计算，绘制粒度特性曲线和可选性曲线；完成生产大样的筛分浮沉试验数据的整理计算和输出试验报告。

④ 运销生产管理。运销生产管理，即对销售煤的数量及质量、用户供煤情况、销售收入

等数据进行处理，实现销售日报、销存月报、用户发煤台账以及内部结算单等报表的输出。

⑤ 生产计划及统计管理。生产计划及统计管理，即完成生产经营计划、生产经营数据的统计和分析。

⑥ 机电设备管理。机电设备管理，即负责管理主要设备、附属设备、固定资产和配件的入库、申报、领料及相关报表的输出；对设备的基本情况以及保养、润滑、大修、故障等情况进行登记。

⑦ 物资供应管理。物资供应管理，即主要管理物资的入库、领料、退料、库间调拨、库存盘点和各部门生产成本考核指标及其相关的报表。

⑧ 技术档案管理。技术档案管理，即管理选煤厂各种技术档案资料，储存并建立资料索引，以方便查询。

1.2.3 选煤厂管理的信息

选煤厂在生产过程中实时反馈大量的信息，这些信息反映出生产系统运转状况、产品质量、经济效益等各个方面的情况，应当对其加以分析和利用，以提高管理的科学性和实效性。国内大部分选煤厂都具有相对比较完备的信息获取与分析系统，但是由于选煤系统的物料特殊性和工艺复杂性，物料灰分、矿浆浓度、介质密度等与生产过程直接相关的信息的准确性和实效性还需要选煤科学工作者继续努力研究。选煤厂管理信息可分为在线信息和离线信息两类。在线信息主要由自动控制和检测设备反馈出来的实时生产信息组成；离线信息是通过人工试验收集的信息，主要由质量信息、生产系统信息、技术经济信息、人员信息、市场信息等方面组成。

(1) 实时生产信息

实时生产信息包括自动控制信息、检测信息、视频信息等，其中有一部分是对离线信息的补充。

① 自动控制信息。自动控制信息包括设备开停状态、开车时间、设备的控制状态等。这些信息可以在控制屏幕上一目了然。

② 检测信息。检测信息种类很多，包括工艺参数、设备工况、保护信号等。在线检测的工艺参数一般有：入选原煤和精煤的质量和灰分，重介系统循环介质密度、磁性物含量，重介旋流器入料压力、仓位、液位、流量等。这些数据是快速反映产品质量和系统工作状态的重要参考信息。设备工况和保护信息主要有：电机电流、温度，胶带跑偏、打滑、撕裂情况等，风机的风压、温度等。

③ 视频信息。几乎所有的大中型选煤厂都装有工业电视，用以监视主要生产岗位和重要场所的实时状态。

(2) 质量信息

① 原煤信息。原煤信息包括原煤的数量、含矸率、灰分、水分、硫分及可选性的变化情况等。前几项可以从提供原煤的矿井获得，也可由选煤厂自己进行检测。后一项通常由选煤厂采样通过浮沉试验获得。这些信息以日报、月报、年报及月综合等形式出现。当矿井所报的数量、质量与选煤厂测定结果有出入时，选煤厂要提出异议，要求仲裁。否则，会因原煤亏吨或原煤质次而降低分选效率，造成经济损失。

② 分选过程质量信息。选煤厂的经济效益在很大程度上取决于分选效率。因此，选煤

厂要定时(通常为 1 h)对分选设备进行采样、分析,用快浮、快灰等方法检查原料及产品的质量,及时对生产过程进行调节,以求达到高的分选效率。

③ 销售产品数量、质量信息。产品信息是指选煤厂销售产品的数量、灰分、水分、硫分、发热量等指标情况。选煤厂除了要将这些信息及时地发送给用户作为结算的依据外 ,还要以产品等级、批合格率、批稳定率等形式逐日、逐月(旬)、逐年上报。因此,产品信息是选煤厂重要的技术信息。

④ 月综合信息。月综合信息主要包括选煤厂一个月的原煤及产品的数量质量平衡表、原煤及产品的筛分浮沉试验结果、小筛分及小浮沉试验结果、全月的主要技术经济指标以及成本分析。

(3) 生产系统信息

① 单机生产检查信息。当新建厂或改造工程试车时,或为了解某一台设备的工作状况,选煤厂要对跳汰机、重介质分选机(旋流器)、浮选机以及筛分设备、磁选机等单机进行系统的检查。通过这类检查能详细了解设备的工作情况,有利于分析设备的工作性能,找出改进措施,也可据此进行生产过程预测、优化及建立生产过程数学模型。

② 系统技术检查信息。当生产系统存在问题且情况不明时,或为了了解某一工序的工作状况或全厂的生产状况,选煤厂会不定期对系统如煤泥水系统、重选系统甚至整个工艺系统进行检查。对系统检查数据要全面进行分析,找出存在的问题,便于进行系统改造和完善。

(4) 技术经济信息

技术经济信息通常反映选煤厂生产经营情况,是全厂各类信息的全面统计。

① 技术信息。技术信息包括各产品数量和质量,主要产品回收率、数量效率,各种材料的消耗量,设备完好率,各种备件消耗周期和贮存数量,重大机电设备事故,全面质量管理的各种统计资料,人员变化、事故及伤亡情况,煤泥出厂率、排放水浓度、排放水量等。

② 经济信息。经济信息包括成本、加工费、销售额;流动资金周转速度、固定资产及流动资金总额;资金利税率、人均利税率、全厂税利完成情况;生产工人效率、全员效率;原煤及产品价格、各种原材料价格变化以及与同类厂各项技术经济指标对比的情况;等等。

(5) 人员信息

人员信息包括管理人员、技术人员以及工人的文化水平、年龄、性别、技术熟练程度、工作态度、出勤率、培训情况等。

(6) 市场信息

市场信息包括各类煤炭产品的市场需求量、变化趋势,各类原材料供应情况和价格变化趋势以及用户反馈信息等。

以上信息有的来自厂内,有的来自厂外。选煤厂的各级管理人员要经常进行内外信息的对比,为决策提供更多可靠的依据。

1.2.4　选煤厂管理信息的利用

对选煤厂生产过程中的信息的获取、整理和分析,有利于对生产过程进行全面管理。选煤厂管理信息的利用大致可分为三类:① 对生产数据进行分析和评价,以便确定生产过程的水平和查找问题;② 利用历史数据对未来生产进行预测和优化;③ 对积累的海量数据进行数据挖掘，寻找隐含的知识和规律，得到新知识。

(1) 生产数据分析和评价

通过对选煤厂生产数据进行分析，可以从日常的基本数据中得知生产过程的基本状况和影响生产的隐患。例如，通过快速检查分析，可以看出设备操作人员或班组的操作水平、操作习惯等，可及时培训相关人员或进行经验总结；通过对选煤生产数据进行评价，可以将反映生产经营状况的指标与国家和行业标准、企业标准或者企业最好水平进行对比，以便了解企业生产经营的水平；通过基础数据计算得到各种技术经济指标，与行业协会下发的"质量标准化检查"指标进行对比，得到企业运行水平；等等。

(2) 利用历史数据预测和优化

预测是根据过去和现在推测未来，因此要用到大量的历史和实时数据，通过一定的算法得到需要的结果。进行生产过程和重要指标的预测和优化，目的是指导生产操作，使之在最佳状态下运行，保证在产品指标合格的情况下，煤炭有用成分回收率最大，从而提高煤炭资源的利用率和企业的经济效益。例如，利用实际分配曲线和原煤资料进行选煤产品指标的预测和产品结构的优化；通过煤层煤样资料预测矿井毛煤的质量变化；等等。

(3) 数据挖掘和知识发现

数据挖掘就是从存放在数据库或其他信息库中大量的数据中获取有效的、新颖的、隐含在其中而人们事先不知道的但又是潜在的有用信息和知识的过程。例如，从原煤快浮和快灰数据中寻找原煤总灰分变化时小于 1.4 g/cm^3 密度级的产率和灰分变化的规律；从大量在线实时数据和日常生产检查数据中寻找操作指标实时预测的方法；等等。

1.3 选煤厂生产技术管理的基本任务、主要内容和方法

选煤厂生产技术管理，是指对选煤生产、工艺和技术的管理，也包括对选煤设备的管理。由于选煤过程是连续性、多作业的大生产，各环节之间互相联系又互相制约，如果它们之间没有明确的要求，没有合适的、最佳的互相配合，必然形成盲目的、自发的配合，就可能出现重视了产品质量而忽视了产品的数量，或者注意了产品的数量，但产品质量又没有达到要求的现象，从而造成煤炭资源的浪费。为了节约煤炭资源，达到最好的经济效益，必须实现质量与数量指标的统一。由于数量与质量是在一定条件下进行转化的，加强选煤厂生产技术管理，就要求全厂职工了解并掌握最有利的转化条件，从而在生产实践中能自觉地完成本岗位的职责，实现各环节有效的、合理的配合。

1.3.1 选煤厂生产技术管理的基本任务

选煤厂生产技术管理工作的基本任务就是保证向各工艺环节(特别是各分选环节)提出合理的、切实可行的工艺指标要求，并提出为实现合理的工艺指标要求必须创造和保持的工艺条件，实现各工艺环节的有效配合，以获得最好的选煤工艺效果。选煤厂生产技术管理工作任务大致有以下几方面。

(1) 正确地制订选煤生产计划

计划是企业管理的首要职能。通过计划的编制、执行、检查和分析，对企业的生产技术经济活动进行协调和控制，以便有效地、充分地利用人力、物力和财力，完成预定目标，取得

最佳经济效果。

选煤生产计划的编制必须考虑原煤的性质以及产品产量、质量、品种等。计划要实现合理的产品结构，不仅要求质量高，而且要求多品种，产销对路，合理供应。因此，选煤生产计划必须是严密的和科学的，才能起到组织生产和指导生产的作用。计划指标要先进且留有余地，才能保证计划可靠的实现。为了保证计划的实施，应随时注意原煤性质变化和其他生产条件的改变对产品质量和数量的影响。在制订计划时，既要充分估计各种有利条件，又要充分考虑不利因素，并且让全体职工了解计划的制订和执行的情况，充分调动群众的积极性和创造性。

（2）做好产品的质量设计和各作业环节工艺条件的设计

在制订生产计划的过程中，不但要提出明确的合理的产品数量、质量要求，而且要对工艺流程各个环节的数量、质量要求以及能够实现各环节的工艺条件进行详细的设计。在明确的合理的工艺指标要求和工艺条件的指导下，才能使全厂获得理想的技术经济效果。例如，当再选跳汰机的工艺指标要求不合理、工艺条件又控制得不恰当时，主、再选跳汰机配合的数量效率就低。所以，只有在再选跳汰机的工艺指标调整合理之后，数量效率才能迅速提高。因此，在选煤厂生产技术管理工作中，必须认真搞好产品质量设计和各工艺环节的工艺条件设计工作。尤其是对选煤这种多环节的机械加工过程，需要周密的安排和总体有效合理的配合，这不仅是生产技术管理的一项基本任务，而且也是一项日常工作。

（3）做好生产调度工作

组织和指挥日常生产是选煤厂生产技术管理的又一项基本任务。通过生产调度工作，才能将已制订的选煤生产计划予以实施。为了保证生产的正常进行，调度人员要安排好设备的检修，了解并创造必要的生产条件，并及时处理生产事故等。选煤生产过程各工艺环节的协调与配合，以及选煤技术经济效果的实现都依靠生产调度工作。

（4）生产实际情况的调查研究和经验总结

通过技术检查，可以随时掌握选煤生产过程的数量、质量平衡，分析各工艺环节存在的问题并加以解决，这也是选煤生产技术管理的一项重要任务。产品质量和工艺条件都进行了设计，但是设计得是否正确，或者生产中是否执行了正确的设计都必须随时了解。清楚了生产实际情况就可以分析生产状况，检验和修正产品质量设计和工艺条件设计。在生产实际情况调查分析的基础上，对全厂情况要有一个清晰的了解。在现有的工艺流程和装备水平的情况下，在一定的原煤性质和产品质量要求的条件下，选煤厂应当达到什么样的水平？已经达到了什么样的水平？是否有差距？什么原因？应当如何推广好的经验或应采取什么措施消除薄弱环节？对于这些问题，技术管理人员、生产管理指挥人员都必须“胸中有数”，要清楚选煤厂运行情况，唯有如此，才能顺利完成任务。

对于选煤全部工艺过程或局部环节，甚至对一台选煤设备进行工艺技术效果评定，尤其是从数量与质量统一的观点来分析研究问题，属于日常的生产技术管理工作。对于与生产技术有关的专门问题，以及长期从事实际工作的工程技术人员和工人的经验，也需要总结，必要时提出专题报告和写出专门的技术资料。

（5）工艺设备和工艺流程改革方案的制定

随着科学技术的不断进步和生产安全、生活环境条件的改善，原有的选煤工艺和设备会出现不适应生产、安全和环保要求之处。新的工艺技术改造和旧的工艺技术更替是总的发展趋势。但对一个选煤厂来说，什么时机采取什么程度的技术更新改造，应该结合具体实际作出方案比较，才能有正确决策。该项工作不但包括对原有的工艺设备和工艺流程进行技术改造，还包括新型设备和新工艺的技术升级。新设备和新工艺的技术升级涉及较大的投资和对生产的较大影响，在制定采用新设备、新工艺的方案时，要详细论证说明采用新设备、新工艺的必要性、可能性和合理性。

(6) 设备检修计划的制订

设备检修计划是企业生产经营计划的重要组成部分，是指导企业在计划期内对机器设备进行维护保养和检查修理的计划。设备检修计划按其计划维修的类别，可分为设备大修计划、设备中修计划、设备小修计划、设备定期精度检查和调整计划、设备预防性检查计划等。在设备检修计划中，要具体规定企业在计划期内有哪些设备需要维修，以及维修的类别、内容、时间、工时、停修天数和维修所需的材料、备品配件、费用等。

(7) 物资供应计划的制订

物资供应计划是指导企业向物资管理部门申请或从市场采购所需各种物资的计划。它规定企业在计划年度内对各种原材料、燃料、动力、工具、配件等的需用量、储备量、供应量及供应来源和期限等。它是根据企业的年度生产计划、生产准备计划、设备检修计划、技术改造计划等对各种物资的需要和库存情况来编制的，同时又是编制财务成本计划的重要依据。

1.3.2 选煤厂生产技术管理的主要内容

选煤厂生产技术管理包括选煤生产效果的评定和分析、选煤生产系统的优化、质量管理等内容。为了做好选煤厂技术管理，还必须充分利用各种信息以及先进的管理手段和工具。生产管理工作不等同于生产技术管理工作，生产管理工作主要是按规定的产品品种和数量质量、规定的计划成本以及规定的交货期限完成生产任务，而生产技术管理工作要在完成生产任务的基础上，实现生产效果最佳、生产成本最低、环境影响最好的目标。

(1) 选煤生产效果的评定和分析

选煤各工艺指标顺利完成及生产系统正常运行，有赖于对选煤厂各个环节与系统的生产效果进行评定和分析。只有经常对生产效果进行分析，才能及时发现问题，找到问题的内部和外部原因，提出改进的方案，为正确决策提供依据，使企业在激烈的竞争中立于不败之地。

选煤厂生产效果的评定和分析没有固定的模式，分析的结果一方面依赖于信息量及信息的可靠性，另一方面还依赖于分析者的水平和经验。

(2) 选煤生产系统的优化

选煤生产不是简单的重复过程，而是不断优化的过程。这种优化涉及生产的方方面面，包括原煤如何准备、各作业的最佳分选制度、生产指标的最佳搭配、各系统的分工协作以及流程和操作制度的适度调整等。选煤生产系统优化就是从中寻求以最低的投入，获得最高的产出，并实现利润最大化的过程。

(3) 质量管理

质量决定企业的生存。质量管理应贯穿于选煤厂整个生产过程，且要全员参与。选煤厂要实行全面质量管理，并运用现代化的科学技术、先进的检测手段和科学的工作方法进行管理。

1.3.3 选煤厂生产技术管理的方法

在明确了选煤厂生产技术管理基本任务之后，还需要进一步明确完成任务的工作方法。一般说来，可以采取下面的方法：

（1）深入调查研究

为了解决选煤厂生产技术管理的问题，要全面了解情况，详细掌握资料，必要时应专门测定或取样化验获得数据资料。调查研究问题的过程，也是解决问题的过程，只有将问题调查清楚，才能找到解决问题的办法和线索。

（2）理论联系实际

应用所学过的理论去解决实际问题是常用的工作方法。任何正确的理论都是从实践中产生的，而且能指导实践取得具体的技术经济效益。脱离理论指导的实践是盲目的实践。同样，不能用于实践的理论是空洞的理论。

（3）依靠和发动群众

选煤厂生产技术管理工作不能只依靠少数管理人员和骨干力量来完成，还应发挥全厂职工的积极性和创造性。例如，全面质量管理就是全厂、全生产过程和全体人员实现的管理，同理，其他管理工作也应如此。首先应明确全厂职工奋斗的总目标，然后把它落实到每个具体工作岗位上。

（4）评比和找差距

选煤厂完成生产的情况、所达到的各种技术经济指标、设备维护检修状况和完好率、安全生产情况等方面，都可以作为评比找差距的内容。可以与本厂历史上最佳水平比较，也可以与国内外同类型的选煤厂进行比较。随着科学技术进步、管理现代化以及改革的逐步深入，选煤厂通过评比和找差距，学习先进的工作方法，可不断改善生产技术管理工作。

思 考 题

1. 试述工业企业管理的概念及职能。
2. 现代工业企业管理应遵循哪些原则？
3. 工业企业管理的内容有哪些？
4. 试述选煤厂管理基础工作。
5. 如何做好选煤厂的管理工作？
6. 什么是选煤厂生产技术管理？其基本任务是什么？
7. 选煤厂生产技术管理的主要内容有哪些？

第2章 选煤厂技术检查

技术检查是选煤厂生产管理的重要环节，通过技术检查可以了解选煤厂生产情况，并从中发现存在的问题，以保证选煤生产在最佳的状态下运行。

2.1 技术检查工作概述

2.1.1 技术检查概述

不同用户对煤炭产品的质量要求是不同的，煤炭产品的质量由原煤性质及选煤技术水平决定。技术检查工作就是对原煤、中间产品、最终产品以及生产过程中所需要的辅助材料进行检查，以确保最终产品达到用户的要求并为选煤厂创造最大的效益。

选煤的目的是生产出质量合格的产品，而要实现这一目的，就必须对原煤情况、选煤生产过程状态以及最终产品情况有所了解。技术检查工作是“选煤厂的眼睛”，虽然本身不出产品，但却是选煤正常生产的必要环节，它给数量、质量管理提供信息和依据，也为设备的工艺效果评定提供了基础资料。因此，好的技术检查工作质量，是选煤厂实现全面质量管理的基本条件，对原煤和产品质量起到监督、检查和验收把关的作用。

技术检查的实质是借助采样、制样、化验、试验与测定等手段，以及仪器、仪表等设备对选煤生产、销售等过程进行调查研究的工作，通过对所获得的资料和数据的分析发现问题，以指导选煤生产和操作。技术检查在时间上要求是先行的、迅速的，确保快速反馈生产中的问题，及时地调整生产工作到最佳状态，生产出合格的产品；而在工作质量上要求是准确的、可靠的，确保能正确指导生产，避免出现重大经济损失。同时，还可以通过技术检查总结经验。所以技术检查工作是为正常生产、产品发运、质量控制和生产技术管理等方面服务的。

2.1.2 技术检查的标准依据

技术检查是一项严肃的工作，对从事技术检查工作的人员来说，不仅要有科学的工作态度，即了解、掌握和利用客观的生产规律为生产服务，而且要有严谨的工作作风，即实事求是、一丝不苟地按照操作规程进行采、制、化，杜绝发生做“人情样”“假样”等弄虚作假现象。为了对选煤技术检查进行有效的指导、监督和管理，国家对选煤厂技术检查必须遵守的一般准则和要求作出了规定。选煤厂技术检查应根据国家和行业相关标准进行。

国家和行业标准一般会进行不定期修订，标准号后面的年份标识说明是哪一年制定(修订)的，例如，《煤样的制备方法》(GB/T 474—2008)是2008年修订的。使用时，应查找最新版本的标准。

2.1.3　技术检查工作的内容

选煤厂技术检查工作的内容包括日常生产检查、全月筛分浮沉综合试验、商品煤的数量质量检查、单机检查和选煤厂工艺流程系统检查。具体的检查项目应根据选煤工艺流程和设备情况确定。

1. 日常生产检查

日常生产检查包括快速检查、班检查、日检查和不定期检查。以下重点介绍快速检查和班检查。

(1) 快速检查

快速检查的目的是及时了解原煤和产品数量、质量以及生产过程中的工艺参数等的变化情况，检查的结果是分选设备司机调整操作的依据。日常生产检查包括检查快灰、检查快浮、测浓度、测重度、测水分、计量产品等。工作地点不同，检查项目与内容也不相同。虽然快灰、快浮等检查精确度相对较低，但能较为及时和迅速地反映生产情况，可作为指导选煤操作的依据。大量的快灰、快浮数据经过整理分析后，可以用来评定操作水平，或作为分析设备性能的资料。

① 快速浮沉试验

快速浮沉(简称快浮)试验的目的是及时掌握原煤及选煤产品的密度组成，控制和指导选煤操作。快浮试验一般在每班开机后 10 min 采一个原煤样，速送快浮室做快浮试验，以后每20 min采一个子样，2 h 做一次快浮试验，结果迅速反馈给操作者，以便于操作者了解原煤性质变化，及时采取措施，调整操作参数，以获取最佳分选效果。

除了对入选原煤做快浮试验以外，对重选各产品也做快浮试验，以及时了解产品质量情况。以跳汰分选为例，对单机精煤做快浮试验，主要了解高密度物对精煤的污染情况；对矸石做快浮试验，主要了解轻产物在矸石中的损失情况；对跳汰中煤也做快浮试验。操作者将快浮试验结果与规定指标对照，以了解产品质量和生产状况。

② 快速测灰试验

快速测灰即使用快速灰化法对选煤厂某些关键环节的原料、中间产物或最终产品的灰分进行快速测定，简称“快灰”。选煤厂一般对跳汰(或重介)单机精煤、浮选精煤和最终精煤做快灰检查；有的选煤厂对重选中煤、浮选入料和浮选尾煤也做快灰检查，但间隔时间可以稍长一些。

快速测灰的“快速”只是相对缓慢灰化法而言的，实际上仍需 1 h 左右，因此用快速测灰的指标指导生产还是不够及时。随着 γ 射线测灰仪等在线灰分测定装置在现代化选煤厂的推广使用，选煤技术人员和设备操作者可以快速获得灰分等指标。

③ 快速测定煤泥水浓度

快速测定浓度主要是指对浮选入料浓度的快速测定。浮选入料浓度是浮选机的重要工作参数，不同的浮选入料浓度必须采取不同的操作制度和药剂制度，而且一般要求浮选入料浓度比较稳定，即使有所波动也应该在一定的范围之内。因此，及时测定浮选入料浓度对提高浮选作业工艺效果具有重要意义。

煤泥水浓度的快速测定采用浓度壶法，它操作简便，准确度较高，而且当场便可查出结果。对于浮选入料，一般开机 10 min 测定一次，以后每小时测定一次；尾煤水一般 8 h 测定一次；其他环节煤泥水的浓度测定，可根据需要确定测定次数或抽查。

④ 重介质密度的快速测定

在重介质分选过程中，除了保证重介质黏度小、稳定性好、循环量稳定以外，还必须保证重介质密度的稳定。这是因为只有重介质密度稳定，才能保证分选产品质量的稳定，一般要求重介质密度波动范围应小于$\pm 0.01\ g/cm^3$。我国常用的密度自动控制装置，有双管压差密度计和水柱平衡密度计等类型。近年来，同位素密度计发展很快，尤其是智能化密度计的研制和应用，为重介质密度的连续自动控制提供了更加精确、可靠和稳定的检测手段。

快速检查试验项目、试验用煤量和试验间隔时间见表 2-1。

表 2-1 快速检查试验项目、试验用煤量及试验间隔时间

煤样名称		试验项目	试验用煤样质量或体积	试验间隔时间
入选原煤		快速浮沉	3～5 kg	2～4 h
重选	精煤	快速浮沉	2 kg	30～40 min
		快速测灰	2 kg	40～60 min
	中煤	快速浮沉	2 kg	1～2 h
	矸石	快速浮沉	3～4 kg	2～4 h
再选原煤		快速浮沉	4～5 kg	抽查
入仓精煤		快速测灰	3 kg	40～60 min
浮选、煤泥回收筛精煤		快速测灰	2～3 kg	1～2 h
浮选入料、尾煤		快速测灰	0.5 kg	2～8 h
洗水		固体含量	1～4 L	抽查
浮选入料		固体含量	1 L	1 h
尾煤水		固体含量	1 L	1 h
重介分选悬浮液		密度	1 L	抽查
重介精煤、中煤、矸石		磁性物含量	2 kg	抽查
浓缩设备入料、溢流、底流		固体含量	1 L	根据需要测定
煤泥沉淀池入料、溢流		固体含量、灰分	1 L	根据需要测定
粒级煤		限下率	100 kg	根据需要测定

（2）班检查

快速检查煤样缩分出一部分，整班累积后进行班检查，用于评价一个班的生产效果。班检查的项目包括入料原煤和最终产品的灰分；浮选入料、浮选尾煤、浮选精煤和煤泥回收筛精煤的灰分；煤泥水系统主要环节的固体含量；末精煤、浮选精煤、最终精煤和干燥精煤的水分。班检查的灰分指标采用缓慢灰化法测定。每天通过计算各班检查结果得出原煤及产品数量、质量情况，并填入日报表。

2. 全月筛分浮沉综合试验（月综合检查）

月综合检查是对选煤厂产品数量、质量进行统计检查的主要方法，是月度经营管理统计的基础。炼焦煤选煤厂一般每月做一次月综合检查，当煤质变化不大时，每季度至少做一次。动力煤选煤厂每半年至少做一次。月综合检查的样品来自日常生产检查所采取的试样，经缩分后留下的月累积样，在月末将全月累积的原煤、精煤、中煤、矸石等煤样分别进行筛分浮沉试验，用以评定当月的生产情况。如果选煤厂是入选多个煤质差别较大的原煤或者分选出多种指标规格精煤产品的情况，代表一个月平均情况的月综合检查就没有实际意义了，因此，月综合检查也就没有必要。选煤厂的班、日、月检查项目见表 2-2。

表 2-2 选煤厂的班、日、月检查项目

煤样名称		试验项目			子样最小质量或体积	采样最长间隔时间/min	月试验煤样最小质量/kg	备注
		班	日	月				
入厂原煤			灰分	计算灰分	5 kg	20		含矸率抽查
手选大块煤			灰分	计算灰分	5 kg	20		做最终产品时才进行试验
手选矸石		含煤率	灰分	计算灰分	5 kg	20		检查性试验
筛选厂各类产品		灰分	灰分	筛分试验		20		按粒度上限确定子样质量
入选原煤		灰分、浮沉	计算灰分	筛分浮沉	5 kg	20	600～800	
洗选精煤	<50 mm	灰分	计算灰分	筛分浮沉	2 kg	20	500	
	<13 mm				1 kg		300	
中煤	<50 mm	灰分、浮沉	计算灰分	筛分浮沉	2～3 kg	20	500～800	
矸石	<50 mm				3～4 kg		500～800	
洗混煤	<13 mm				1 kg		300	
浮选	入料、尾煤、精煤	固体物含量、灰分	计算灰分、计算固体物含量	小筛分	1 L	20	2	
煤泥回收筛精煤		灰分	计算灰分	小筛分	2～3 kg	60	2	
洗水		计算固体含量	计算固体含量	计算固体含量	1 L	120		
煤泥沉淀池入料			计算灰分	小筛分	1 L	120	2	
煤泥沉淀池溢流			固体含量	计算固体含量	1 L	60		每 10 d 做一次，在生产时间内至少采 6 h
煤泥沉淀池煤泥			灰分	计算灰分	1 kg	视销售情况而定		每 5 d 做一次
最终产品		水分			1 kg	视销售情况而定		抽查
原煤和中间产物		水分			1 kg	视销售情况而定		抽查
尾煤浓缩机溢流、底流			固体含量	小筛分	1 L	120	2	

表 2-2(续)

煤样名称	试验项目			子样最小质量或体积	采样最长间隔时间/min	月试验煤样最小质量/kg	备注
	班	日	月				
筛下水、滤液、离心液		固体含量	小筛分	1 L	120		抽查
选煤厂排放水		固体含量	小筛分	1 L	检测频率按生产周期定：① 生产周期在 8 h 内的，每 2 h 采样一次；② 生产周期大于 8 h 的，每 4 h 采样一次；③ 对于阶段性排水，每次排放时均要采样		

注：当生产时间不足 1 h 时，除精煤外不做班累积样。

月综合检查提供的资料，一般包括以下几方面内容：

(1) 选煤厂技术经济指标

① 精煤产量——反映商品煤完成情况。

② 精煤产率、选煤效率、中煤带煤、矸石带煤等指标——反映精煤回收情况、选煤效率及损失情况。

③ 精煤灰分、精煤灰分批合格率、稳定率、精煤水分、离心机产品水分、过滤机产品水分——反映精煤质量情况。

④ 全员效率、生产工效率——反映劳动生产率。

⑤ 成本、加工费、上缴利润——反映经济效益。

⑥ 设备完好率、机电事故影响生产时间——反映设备状况。

⑦ 水耗、电耗、油耗、介耗——反映辅助材料消耗情况。

⑧ 煤泥回收量、煤泥回收率——反映在厂内用机械回收煤泥的完善程度。

⑨ 损失率——反映煤的损失情况。

(2) 选煤产品平衡表

选煤产品平衡表反映当月原煤及各产品数量、质量平衡情况。某选煤厂产品平衡表见表 2-3。

表 2-3 选煤产品平衡表

产品名称	含实际全水分产品		商品产量		折合后平衡量		产率/%	灰分/%
	数量/t	水分/%	数量/t	规定水分/%	数量/t	计量水分/%		
①	②	③	④	⑤	⑥	⑦	⑧	⑨
	来自实际产品计量结果	来自实测水分	②×$\frac{100-③}{100-⑤}$	来自产品目录(精煤为计量水分)	②×$\frac{100-③}{100-⑦}$	⑤栏精煤水分	⑥/⑥栏入选原煤×100	来自化验结果
一、入厂原煤	100 000	5.5	—	—	—	—	—	
二、入选原煤	96 800	5.5	—	—	96 290	5.0	100.00	
1.精煤	60 220	12.0	55 783	5.0	55 783	5.0	57.93	

表 2-3(续)

产品名称	含实际全水分产品		商品产量		折合后平衡量		产率 /%	灰分 /%
	数量 /t	水分 /%	数量 /t	规定水分 /%	数量 /t	计量水分 /%		
①	②	③	④	⑤	⑥	⑦	⑧	⑨
2.中煤	18 242	11.4	18 160	11.0	17 013	5.0	17.67	
3.煤泥	5 818	25.7	5 842	26.0	4 550	5.0	4.73	
4.洗矸	19 532	10.2	—	—	18 463	5.0	19.17	
5.损失	—	—	—	—	481	—	0.50	
三、选矸	3 200	5.5	—	—	—	—	—	

(3) 月综合煤样试验项目

为了进一步分析入选原煤及选煤产品质量，查找精煤损失的原因，要统计入选原煤来源，并对原煤和产品进行粒度、密度组成分析。月综合煤样是由日常生产检查的班样或日样中缩取和累积起来的。月综合煤样试验操作比较严格，检查项目也比较详细。这一部分内容应包括：

① 入厂原煤来源。

② 入选原煤和选煤最终产品的筛分浮沉试验。筛分一般做 5 个粒级的试验(筛孔孔径分别为 50 mm、25 mm、13 mm、6 mm、3 mm、0.5 mm)；原煤做全级浮沉试验；产品做 3 级浮沉试验，每季或半年做一次全级浮沉试验。

③ 浮选入料、浮选精煤、尾煤分别做小筛分试验(筛孔孔径分别为 0.5 mm、0.25 mm、0.125 mm、0.075 mm、0.045 mm)，浮选入料每月做一次小浮沉试验，如尾煤灰分过低也可根据情况及时做小浮沉试验分析原因。

④ 入选原煤和最终精煤<0.5 mm 级做小筛分试验；入选原煤<0.5 mm 级还需要做小浮沉试验；中煤、矸石<0.5 mm 级半年做一次小筛分试验。

⑤ 水洗精煤(来自主选、再选及粗煤泥回收的全部水洗精煤)的筛分、浮沉试验资料。

⑥ 每季测精煤数量、质量构成(如主选精煤、再选精煤、煤泥回收筛粗煤泥、浮选精煤占最终精煤的百分比和灰分等)。

⑦ 用算术平均法由日检查表算出洗水的固体含量和灰分。

(4) 月综合资料中的其他内容

月综合结果作为选煤厂技术资料存档。为了便于对全厂的运营有一个系统了解和技术研判，月综合资料还包含以下内容：

① 精煤理论产率、灰分与精煤实际产率、灰分对照表，它反映了选煤厂的数量效率和质量效率。精煤理论指标从可选性曲线中查取；如果要评价重选设备工艺效果，则需要进行单机检查。

② 全厂出勤情况统计表，应分车间统计，以便计算劳动效率。

③ 选煤停工时间统计表，应按造成停工的原因分类进行统计，找出停工原因，提出解决措施。

④ 选煤成本表，包括分离前成本、分离后成本及实现利润情况。

⑤ 本月生产情况分析及意见，提出下月生产建议。

另外，月综合资料中还应附上原煤可选性曲线。

月综合结果中所包括的入厂原煤及产品试验分析资料是原煤及代表各作业产品的混合物的分析结果；依靠这些统计资料能够发现和分析一些日常生产中存在的问题，并提出改进生产的措施。同时，月综合结果是一个月内不同的生产操作条件下的综合结果，所显示的某些问题很难确切指出是在哪种操作条件下造成的，而且月综合试验项目多、时间长，数据处理工作量大，报出结果往往不及时。尽管如此，目前尚没有更好的办法取而代之，而且选煤生产要发展，技术要进步，就必须不断地总结经验，积极采用先进的检测技术，大力推广智能化系统在选煤厂生产控制和数据处理中的应用，同时注重检查主要工艺设备的工艺效果，与月综合结果一起用于综合评定选煤生产。

3. 商品煤的数量和质量检查

为了保证选煤厂发运的商品煤批批合格，与用户正确结算煤价，必须加强商品煤的质量检查，掌握销售煤数量和质量。销售煤的灰分、水分、发热量是与用户结算的依据。

商品煤必须在采样的同时计量，计量的结果作为商品煤计算产量的基础；质量检查的结果作为供销双方的结算依据。商品煤质量检查的主要要求有：

① 发运的煤炭必须符合用户订货的要求，其中包括产品的灰分、硫分、水分、发热量、挥发分、粒度等。

② 未经质量检查的商品煤不得向外发运。

③ 要发运的产品，不许装入不符合要求的运输工具。

商品煤质量检查按国家标准进行。一般只测定灰分、全硫、全水分、发热量等指标；外贸出口产品，其化验项目按与国外客户签订的合同确定。

各种商品煤的月综合煤样，应批批按比例留样累积而成。对商品煤的质量检查要严格按《商品煤样人工采取方法》(GB/T 475—2008)采取煤样，按产品种类以 1 000 t 为一基本采样单元。为了统计产品质量完成情况，还应分旬、月、季、年统计出主要产品的合格率和稳定率。

商品煤数量按相关规定的计量水分和规定水分计算。

4. 单机检查

单机检查的目的是了解一台设备的工艺性能是否达到设计指标要求，通常是抽查或带有鉴定性的检查。通过对设备的单机检查试验结果的分析，不但可以对该设备的使用情况和技术性能进行鉴定，而且可以了解设备操作者的技术水平和管理水平，因此单机检查是改进管理工作、提高设备工艺效果、改善选煤技术经济指标和更新改造设备的重要依据。在生产技术经济指标出现问题、工艺设备更新、流程技术改造等过程中，往往需要实施此项检查。为了保证检查结果具有代表性，单机检查应在正常稳定生产情况下进行。

5. 选煤厂工艺流程系统检查

(1) 全厂系统大检查

全厂系统大检查是对整个工艺流程各个环节的数质量进行检查，了解选煤过程、各设备工艺效果和运转状况，并作出总体评价，利用检查资料可以绘出全厂质量流程图。由于全厂系统大检查工作量比较大，也比较复杂，需要动用大量的人力、物力，而且往往不准确，如没有特殊原因很少进行。在做全厂系统大检查前，要对检查的时间、内容、方法和步骤制订出周密的计划，绘制全厂系统大检查流程图，按照检查地点和时间，分组专人负责，并对相关人员进行培训和指导。为了避免某个工艺环节出现问题而造成全厂系统大检查结果偏差，技术检查时间比较长、内容比较复杂的工艺环节的技术检查可能还需要进行事先演练配合。全厂系统大检查的条件不允许时，可根据需要不定期地对主要工艺环节或局部流程进行技术检查。

(2) 重选工艺流程检查

重选工艺流程检查的内容为：入选煤、最终产品和中间产物均应做全粒级和全密度级的筛分浮沉试验；对重介工艺流程，还应做产物中磁性物含量、介质密度、磁选机磁选效率的检查；对不同牌号及可选性相差悬殊的入选原煤，应分别进行检查。

(3) 浮选及煤泥水工艺流程检查

浮选及煤泥水工艺流程检查的内容为：测定各个浓缩和澄清设备入料、浓缩物和溢流的固体含量，并做筛分试验；测定浮选机入料、总精煤、各室精煤、总尾煤、各室尾煤的固体含量，并做筛分试验；测定浮选各加药点的药剂添加量，计算浮选药剂耗量；对浮选入料，还应做分步释放浮选试验。

(4) 脱水工艺流程检查

脱水工艺流程检查的内容为：测定各脱水设备(脱水筛、离心脱水机、压滤机或过滤机)的入料、脱水产物、筛下水、离心液、滤液的浓度或全水分；计算精煤中各组成(如块精煤、末精煤、浮选精煤、煤泥回收筛精煤等)的产率、灰分和水分。每年需要对涉及总精煤水分的各个中间产品的脱水工艺做一次检查。

2.2　技术检查工作的原则和技术检查流程

2.2.1　技术检查工作的原则

1. 明确检查的目的和选定评价的指标

选煤厂要进行一项技术检查，首先要明确此项检查的目的，当检查目的明确之后，就可以确定检查范围、必须完成的检查项目以及最终应得到的检查结果等。然后，要选定评价的指标。如果检查的项目不完全，资料又不配套，试验结果可能用途很小甚至作废。反之，如试验了很多不必要的项目，不仅造成浪费，而且可能耽误了真正需要做的工作。

2. 详细注明检查工作的工艺条件和相关参数

要尽可能详细记录各种与技术检查有关的资料，以说明试验结果是在什么条件下实现的，从而提出恰当的分析意见。例如，跳汰机的一套筛分浮沉资料，就必须注明跳汰机的规格性能、操作条件，以及与跳汰有关的工艺流程等。如果不知道工艺条件和技术背景，就无法对数据作出正确的分析，也不能充分发挥资料的作用。

3. 合理制定采样方案

采样是技术检查的基础。采样点位置、试样总量、采样间隔时间、子样最小质量和采样方法都直接影响试样代表性。采样点应选择质和量较稳定，物料分布均匀，样品具有代表性而又便于安全采样的地点。根据试验项目对试样总量的要求，确定采取试样的总量和子样的最小质量，在时间上应保证各采样点尽可能同时或同步进行采样，间隔时间根据煤质变化特征和试样总量确定。

4. 确定采样流程

根据检查的对象和目的，按照数量、质量平衡的原则制定采样流程，确定采样点，并提出检测化验项目，以便根据试样的分析结果算出数量、质量指标。利用数量、质量平衡原则计算各产物的数量、质量指标，可以减少大量直接计量的工作量。但在遇到物料加工前后某些性质发生变化（如煤发生泥化、解离现象），用数量、质量平衡原则计算产物数量、质量指标有困难时，就应当采用直接计量方法。例如，为了获得浮选机组的逐室检查资料，不仅需要测定和分析入料、各室精煤灰分和最终尾煤灰分，还要根据数量、质量平衡原则将浮选机组各室产品数量和质量计算出来。

5. 减少工作量

在能够获得完整、有价值的技术检查结果的前提下，尽可能减少技术检查的工作量，节省人力、物力和财力，避免无谓的浪费。

2.2.2 技术检查流程

技术检查需要根据选煤厂工艺流程的实际情况制定具体的检查实施细则。为了保证计划周密，可以参考同类型选煤厂的类似检查和报告，结合本厂具体情况加以制定。图 2-1 为典型的跳汰选煤厂的技术检查流程示意图。

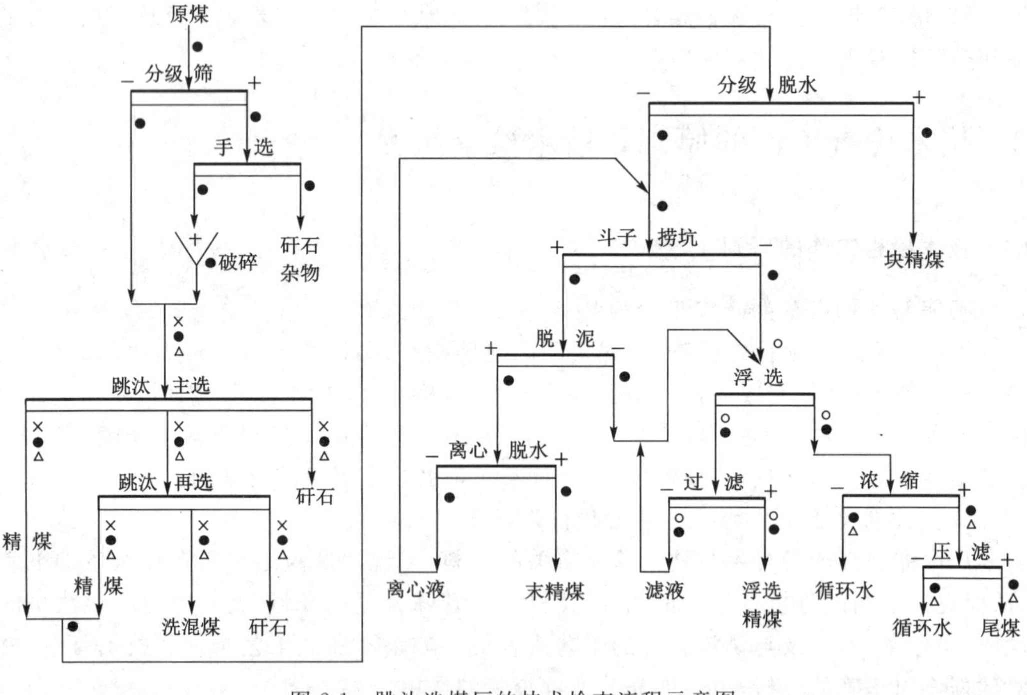

图 2-1　跳汰选煤厂的技术检查流程示意图

图 2-1 中各符号含义如下：

×——每小时同时采样一次的地点。同时采样可避免单独一处采样时操作工人故意改变操作,使采样失真的情形。每小时采的样累积成班样做一次浮沉试验。入选原煤和精煤每小时做一次快浮和快灰检查。

○——每小时取样一次,每班化验一次总灰分(不分台),必要时也可以对单台跳汰机做班灰检查。

●——局部或全系统的技术检查。例如,跳汰机、浮选机、浓缩机、过滤机单机检查,主选、再选跳汰机联合检查,或全厂系统大检查。

△——每小时取样一次,每班化验一次总灰分。但浮选精煤、水洗精煤要每小时化验一次灰分,将其结果报调度室和洗煤车间。

2.3　煤样采取和试样制备

采样、制样和化验分析,是获得可靠煤质检测结果的三个相互关联而又相对独立的技术检查环节。采样是技术检查工作的基础和依据,是决定最终结果准确性的重要因素。按照误差概率计算,采样占 70%,制样占 20%,化验仅为 10%。化验可以通过第三方复检来解决误差问题,而采样和制样要在先期合同中进行相关约定和说明。

技术检查工作的质量,首先取决于样品的代表性和采样的准确性。采样的对象取决于技术检查的目的,可以是原料、中间产物、最终产品,以及一些辅助材料(如煤泥水、重介质、浮选药剂等),数量比较庞大,而检测其性质和质量时又需要采用破坏性的试验和测定方法,因此就需要按照预定的规程从总体中取一小部分样品(即煤样)作为受检对象,而且在保证采样准确性的前提下,尽量使样品少而经济。

为了使样品具有代表性,往往要多点采样,这样最终汇集后的煤样数量是比较大的,少则几千克,多则数百千克,而且粒度不均匀,不能满足分析化验的要求,所以还需要进一步减小数量和粒度,这个过程就是制样。

2.3.1　采样技术

根据煤炭的空间位置及采样目的不同,选煤厂煤样的采取包括商品煤样的采取、生产煤样的采取及日常生产检查煤样的采取等。商品煤样的采取依据《商品煤样人工采取方法》(GB/T 475—2008)进行,生产煤样的采取依据《生产煤样采取方法》(MT/T 1034—2006)进行。为了使样品能真正反映采样对象的本身性质,采样应保证煤样的代表性和满足采样的精密度。

1. 保证煤样的代表性

煤样的代表性表示所采煤样与总体在物理和化学性质上的接近程度,这是采样时首先应该满足的。如果所采样品缺乏代表性,那么不管后续其他环节如何准确,最终都不能体现总体的各项指标。煤样的代表性取决于子样数目、子样质量、采样方法、采样点及采样器具等。

(1) 子样数目

选煤生产过程中的某一部分煤炭、入厂原煤或待发的商品煤都可视为“总样”,即采样单元。由于煤炭的不均匀性,为了保证所采取的煤样能代表总体平均性质,根据采样规程的要求均要采取众多子样,进行混合后构成总样。子样数目越多,总样的代表性越好。子样数目取决于煤的均匀程度和所要求的采样精密度，同时取决于对产品的需要。例如，灰分高的原煤常比灰分低的原煤需要采取更多子样；洗中煤灰分虽与某些原煤灰分差不多，但洗中煤已除去大部分矸石，均匀程度比原煤高，所以在相同采样精密度下，洗中煤所采的子样数目就可比相应灰分的原煤少。

(2) 子样质量

子样质量要保证煤样不发生系统偏差。煤的粒度越大越不容易均匀，从而越难保证煤样的代表性，所以粒度越大，子样质量越大。对相同的煤，子样质量越大，煤样的代表性越好，但子样质量太大也没有必要，不仅不会带来精密度的增加，反而会给制样增加困难。实际中，只要满足规定煤样的最低质量要求和试验分析项目对总样质量的要求就可以了。

(3) 采样方法

除大粒度、大子样数量的煤样外，一般应以采样工具动作一次采的煤样作为一个子样。采样时，应以均匀速度横截煤流或水流的全断面。

(4) 采样点

采样点应选择在煤的粒度、密度分布比较均匀的连续流动状态和比较安全的地点，如带式输送机、溜槽和斗式提升机的机头处，矿浆出口处等空间的煤流中，避免在斗子、煤堆等静止状态下采样。煤泥水样应尽量在垂直管道中截取。另外，采样点亦应均匀布置。

(5) 采样器具

人工采样时，采样器具应满足：开口宽度应当至少是煤标称最大粒度的 3 倍，并且不小于30 mm；容量应至少能容纳 1 个子样的煤量，且不被试样充满；煤不会从器具中溢出或泄漏；如果用于落流采样，开口的长度应大于截取煤流的全宽度（前后移动截取时）或全厚度（左右移动截取时）；子样抽取过程中，不会将大块的煤或矸石等推到一旁；黏附在器具上的湿煤应尽量少且易除去。有条件可采用精度比较高的专用采样机械。

2. 满足采样的精密度

所谓精密度，是指一组观测值的接近程度。煤炭采样精密度是指按照标准进行采样，在95%概率的情况下，单次采样测定结果与被采煤样（同一来源、相同性质）的真实质量（取无系统偏差时多次测定值的平均值）之间的误差界限，常用灰分的百分含量标识。不超过规定界限，所采的煤样就有代表性。

需要指出的是，采样精密度所指的误差应该是采样、制样和化验所产生的总误差。例如，炼焦用精煤的采样精密度为±1%，其含义是经过采样、制样和化验所得的精煤灰分与被采精煤的灰分之间的差值有 95%的概率不超过±1%。若设精煤灰分为 10.00%，则按规定所采的 100 个总样中，有 95% 总样的灰分会在 9.00%～11.00% 范围内且大部分接近10.00%，灰分低于 9.00%和高于 11.00%的数目各占 2.5%左右。

试验证明，制样和化验误差容易控制，因此应尽可能地提高制样和化验的精密度，给采样留有余地。

2.3.2 采样方案

采样方案分为基本采样方案和专用采样方案，原则上按基本采样方案进行采样。现介绍基本采样方案相关内容，专用采样方案按《商品煤样人工采取方法》标准执行。

1. 采样单元

采样单元是指从一批煤中采取一个总样所代表的煤量。商品煤分品种以 1 000 t 为一个基本采样单元。当批煤量不足 1 000 t 或大于 1 000 t 时，可根据实际情况，按以下煤量为一个采样单元：① 一列火车装载的煤；② 一船装载的煤；③ 一车或一船舱装载的煤；④ 一段时间内发送或接收的煤。

2. 子样数目

基本采样单元子样数按表 2-4 的规定来确定。采样单元煤量少于 1 000 t 时子样数根据表 2-4 规定子样数按比例递减，但最少不应少于表 2-4 规定数目。

表 2-4　基本采样单元最少子样数目/采样单元煤量不足 1 000 t 时最少子样数目　　单位：个

采样地点		煤流	火车	汽车	船舶	煤堆
原煤 筛选煤	干基灰分大于 20%	60/18	60/18	60/18	60/30	60/30
	干基灰分小于或等于 20%	30/10	60/18	60/18	60/30	60/30
精煤		15/10	20/10	20/10	20/10	20/10
其他洗选煤和粒度大于 100 mm 块煤		20/10	20/10	20/10	20/10	20/10

采样单元煤量超过 1 000 t 时，则按式(2-1)确定子样数目，即

$$N = n\sqrt{\frac{M}{1\ 000}} \tag{2-1}$$

式中　N——实际应采子样数目，个；

n——表 2-4 中规定的子样数目，个；

M——被采样煤量，t；

1 000——基本采样单元煤量，t。

3. 试样质量

总样或缩分后总样的最小质量按表 2-5 的规定确定。子样最小质量按被采样煤标称最大粒度乘以 0.06 计算，但最少为 0.5 kg。

表 2-5　总样或缩分后总样的最小质量

标称最大粒度/mm	一般煤样或共用煤样的最小质量/kg	全水分煤样的最小质量/kg	粒度分析煤样的最小质量/kg	
			精密度 1%	精密度 2%
150	2 600	500	6 750	1 700
100	1 025	190	2 215	570
80	565	105	1 070	275
50	170	35	280	70
25	40	8	36	9
13	15	3	5	1.25

表 2-5(续)

标称最大粒度/mm	一般煤样或共用煤样的最小质量/kg	全水分煤样的最小质量/kg	粒度分析煤样的最小质量/kg	
			精密度 1%	精密度 2%
6	3.75	1.25	0.65	0.25
3	0.7	0.65	0.25	0.25
1	0.1	—	—	—

注:1. 标称最大粒度指与筛上物累计质量分数最接近(但不大于)5%的筛子相应的筛孔尺寸。

2. 标称最大粒度 50 mm 的精煤,一般分析和共用煤样总样最小质量可为 60 kg。

3. 精密度为测定筛上物产率的精密度,即粒度大于标称最大粒度的煤的产率的精密度。

2.3.3 采样方法

初级子样的采取方法在不同的地点有所不同,具体分为煤流中采样和静止煤采样两大类。其中,静止煤采样包括运输工具顶部采样、煤堆采样等。

1. 煤流中采样

移动煤流采样可在煤流落流中或胶带上的煤流中进行。为安全起见,不推荐在胶带上的煤流中进行。采样时,应尽量截取一段完整煤流横截段作为一个子样,子样不能充满采样器或从采样器中溢出。试样应尽可能从流速和负荷都比较均匀的煤流中采取。应尽量避免煤流的负荷和品质变化周期与采样器的运行周期重合,以免导致采样偏倚。如果避免不了,则应采用分层随机采样方式。

(1) 落流采样法

煤样在输送带转输点的下落煤流中采取,该方法不适用于煤流量在 400 t/h 以上的系统。采样时,采样装置应尽可能以恒定的小于 0.6 m/s 的速度横向切过煤流。采样器的开口应当至少是煤标称最大粒度的 3 倍并不小于 30 mm,采样器容量应足够大,子样不会充满采样器。采出的子样应没有不适当的物理损失。采样时,使采样器沿煤流长度或厚度方向一次通过煤流截取一个子样。为安全和方便,可将采样器置于一个支架上,并可沿支架横杆从左向右(或相反)或从前至后(或相反)移动采样。

(2) 停输送带采样法

停输送带采样法是从停止的输送带上取出一全横截段作为一个子样,这样能够确保所有颗粒都能被采到,避免采集过多的大块或小粒度煤。

2. 运输工具顶部采样

在从火车、汽车和驳船顶部煤采样的情况下,在装车(船)后应立即采样;在经过运输后采样时,应挖坑至 0.4～0.5 m 采样,取样前应将滚落在坑底的煤块和矸石清除干净。子样应尽可能均匀分布在采样面上,要注意在处理过程(如装卸)中离析导致的大块堆积(例如,在车角或车壁附近的堆积)。用于人工采样的探管、钻取器或铲子的开口应当至少为煤的标称最大粒度的 3 倍且不小于 30 mm,采样器的容量应足够大,采取的子样质量应达到前述的最小质量要求。采样时,采样器应不被试样充满或从中溢出,而且子样应一次采出,多不扔,少不补,也不应有意地将大块物料(煤或矸石)推到一旁。

采样单元数、子样数、子样最小质量及总样的最小质量按前述方法确定。

(1) 火车顶部采样

在火车顶部采取商品煤样时，300 t 到一列车皮的装煤量应采子样数目，根据煤炭品种而定。对于炼焦用精煤、其他洗选产品以及粒度大于 100 mm 的块煤，不论车皮的大小，沿斜线方向在 1、2、3、4、5 位置循环采取 1 个子样[见图 2-2(a)]；对于原煤、筛选煤，不论车皮的大小，均沿斜线方向采取 3 个子样[见图 2-2(b)]。斜线的始末两点应处于距车角 1 m 处，各点要均匀布置在直线上，各车的斜线方向应一致。煤量不足 300 t(一个化验单位)时，原煤、筛选煤应采子样数目最少为 18 个；炼焦用精煤、其他洗选产品、粒度大于 100 mm 的块煤应采子样数目最少为 6 个。每节车皮在斜线上采 1 个、3 个或 5 个子样。如果使用机械化采样器，也应按规定在斜线上采样。

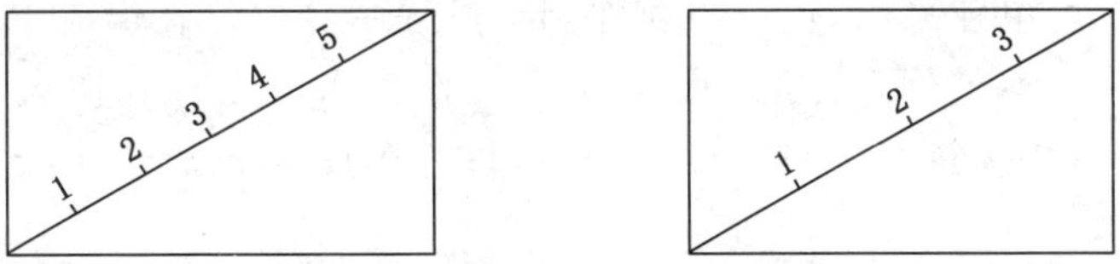

(a) 精煤、洗煤以及粒度大于 100 mm 块煤采样位置　　(b) 原煤、筛选煤采样位置

图 2-2　在车皮上采样位置

人工采取粒度不大于 150 mm 的煤样时，使用的尖锹宽度约为 250 mm，长度约为 300 mm。每个子样的质量由煤的最大粒度而定。当人工一次采的子样不足规定的最小质量时，应在原处补采一次，加入一个子样。每次装车后应立即采样。如对化验结果有争议时，用户可按前面的规定，在 0.4 m 以下挖坑采样复核。采样时不应将煤块、矸石、黄铁矿漏掉或舍弃。

火车顶部采样时，按照商品煤品种和数量确定子样数目。当要求的子样数等于或少于一采样单元的车厢数时，每一车厢应采取一个子样；当要求的子样数多于一采样单元的车厢数时，每一车厢应采的子样数等于总子样数除以车厢数，如除后有余数，则余数子样应分布于整个采样单元。分布余数子样的车厢可用系统方法选择(如每隔若干车增采一个子样)或用随机方法选择。子样位置应逐个车厢不同，以使车厢各部分的煤都有相同的机会被采出。

(2) 汽车和其他小型运载工具采样

载重 20 t 以上的汽车，按火车采样方法选择车厢。载重 20 t 以下的汽车，按下述方法选择车厢：当要求的子样数等于一采样单元的车厢数时，每一车厢采取一个子样；当要求的子样数多于一采样单元的车厢数时，每一车厢的子样数等于总子样数除以车厢数，如除后有余数，则余数子样应分布于整个采样单元。分布余数子样的车厢可用系统方法或随机方法选择；当要求的子样数少于车厢数时，应将整个采样单元均匀分成若干段，然后用系统采样或随机采样方法从每一段采取一个或数个子样。子样位置选择与火车采样原则相同。

3. 煤堆采样

煤堆的采样应当在堆堆或卸堆过程中，或在迁移煤堆过程中采取子样，尽量不要直接在静止的、高度超过 2 m 的大煤堆上采样。从静止的大煤堆上不能采取仲裁煤样和出口煤样，必要时应在煤堆迁移过程中采样。煤堆采样时，子样数目按规定确定。子样点布置方法如下：

① 在堆/卸煤新工作面、刚卸下的小煤堆采样时，根据煤堆的形状和大小，将工作面或煤堆表面划分成若干区，再将其分成若干面积相等的小块(煤堆底部的小块应距地面

0.5 m)，采样点应均匀地在顶、腰、底或顶、底的位置上布置，然后用系统采样法或随机采样法确定采样区和每区采样点(小块)的位置，从每一小块采取 1 个全深度或深部或顶部煤样；在非新工作面情况下，应先除去 0.2 m 的表面层。

② 在斗式装载机卸煤过程中采样时，将煤样卸在一干净表面上，然后按上述方法采取子样。

4. 全水分煤样采取

全水分煤样采取以后，必须立即装入口盖严密的塑料桶或镀锌铁桶中，也可以用塑料袋装样密封，但应该立即制样、化验。一批煤可以分几次取全水分煤样，以各次测定结果加权平均值作为该批煤的全水分结果。

全水分煤样既可单独采取，也可在煤样制备过程中分取。在煤流中专门采水分样时，在时间上应把各次采样均匀分开，至少采 10 个子样作为水分专样。在火车顶部采样时，应该在装车后立即进行，并按斜线 5 点循环的顺序，每个车皮采一个子样，最终合并成为全水分煤样。

2.3.4 采样精密度的核验

对于 1 000 t 煤炭，在煤流中、运输工具顶部或煤堆上采样时，均应分为 6 个分样采取。每个分样的子样数目为表 2-4 所规定子样数目的 1/6。如果子样数目不能被 6 整除，则要增加子样数目成为 6 的倍数。例如，精煤子样数目规定为 15 个，就要增加 3 个成为 18 个，则：

第 1、7、13 号子样采入第 1 个分样中；

第 2、8、14 号子样采入第 2 个分样中；

……

第 6、12、18 号子样采入第 6 个分样中。

这 6 个分样需要单独缩分并分析化验其水分、灰分。取不超差的平行结果的平均值作为报出结果。如 6 个分样间的干基灰分的极大值和极小值之差(极差)在 $1.2P \sim 4.9P$(P 为规定的精密度)之间，以精煤为例，$P=1\%$，若极差为 1.2%～4.9%，则认为规定的子样数目 18 个满足了采样精密度的要求。如果 6 个分样的极差大于 $4.9P$(本例为 4.9%)，则认为采样精密度不够，应该比规定的子样数目再增加 50%重新核对。如果极差小于 $1.2P$，则可将增加后的子样数目减少 33%，按上述方法再次核对，确定达到采样精密度的子样数目。采样精密度的核对工作，每半年至少进行一次。一般在 2～3 周内连续进行两次或三次试验。如连续两次符合要求，或三次中有两次符合要求，则表示该半年中的采样达到了规定的精密度要求；反之，则没有达到采样精密度的要求。

2.3.5 生产检查煤样的采取

生产检查煤样包括从选煤厂入选原煤、中间产物、最终产品中采取的煤样和为控制选煤生产操作条件而采取的煤样。生产检查煤样应尽可能采用机械化采样，若手工采样则应遵循商品煤样的相关规定。采样时，应在开机上煤 5～10 min 后采取，且不能影响选煤厂的正常生产。生产检查煤样采样情况见表 2-6。

表 2-6　生产检查煤样采样情况

煤样名称	采样最长间隔时间/min	子样最小质量或体积	采样地点
入选原煤	20	4 kg	入选前煤流中
重选精煤(或装仓精煤)	20	2 kg	入仓或输送机煤流中
重选中煤、洗混煤、矸石	30	4 kg	输送机煤流中
末精煤	20	2 kg	离心机排料溜槽口或运输设备处
浮选入料	30	1 L	矿浆预处理出料管
浮选精煤	30	1 kg	过(压)滤机滤饼
浮选尾煤	30	1 L	浮选机尾矿槽
煤泥回收筛精煤	20	2 kg	回收筛精煤卸料处
循环水等煤泥水样	60～120	1 L	液流由高向低出口或排出管
粒级煤	30	2～5 kg	粒级煤煤流中

注:当生产时间不足 1 h 时,采样次数一般不得少于 3 次。

2.3.6　样品的制备

选煤厂生产煤样质量一般为 45～60 kg,商品煤样质量为 300 kg 以上,生产大样质量为 5～10 t,月综合累计煤样质量约 2 t,浮沉试验用煤样最小质量见表 2-7,一般分析试验煤样需要 60～300 g。

表 2-7　浮沉试验用煤样最小质量

粒度上限/mm	300	150	100	50	25	13	6	3
最小质量/kg	500	200	100	30	15	7.5	4	2

为了保证采样的代表性,所采煤样的质量远远超过试验所要求的煤样的质量,因此必须从所采的大量煤样中,通过筛分、破碎、混合、缩分等操作,逐步减小煤样粒度和减少煤样数量,最终制成在粒度和质量上满足试验要求的分析煤样。破碎和缩分煤样的全部过程叫煤样的缩制,其过程包括煤样的破碎、筛分、混合、缩分和干燥等。煤样的制备是根据国家标准《煤样的制备方法》(GB/T 474—2008)规定进行的。

1. 煤样的破碎

破碎是为了减小粒度,从而有利于均匀混合,减小缩分误差。破碎按粗碎、中碎、细碎分阶段进行,不宜一次性破碎至试验试样所要求的粒度。破碎可采用人工的方法,但主要由各式破碎机来完成:颚式破碎机用于粗碎,可将煤样破碎到 25 mm 或 13 mm 以下;锤式破碎机用于中碎,可将煤样破碎到 3 mm 以下;密封式振动粉碎机用于细碎,可将煤样直接磨细到 0.2 mm 以下。

2. 煤样的筛分

筛分是将未达到规定粒度的颗粒筛出,以便继续再破碎到所需的粒度,提高制样的精密度。制样室配备多种规格的筛子，商品煤样制备一般用筛孔孔径为 25 mm、13 mm、6 mm、3 mm、1 mm、0.2 mm 的方孔筛和孔径为 3 mm 的圆孔筛，以及确定含矸率用的孔径为 50 mm的筛子。

3. 煤样的混合

煤样混合的目的是使煤样保持均匀一致。一般用移堆法反复掺和三次。移堆时注意煤样从锥顶往四方均匀撒下，避免撒在一个方向产生偏析现象。移堆时应将圆锥堆压平成截锥形堆后再移堆。如果煤样缩分是采用机械法进行的，则可以不需要混合过程，而直接用机械进行缩分。

4. 煤样的缩分

缩分是制样关键的程序，是将混合均匀的煤样，取出其中具有代表性的一部分，作为试验、化验或进一步缩分之用。缩分的目的在于减少试样量，常与混合同时进行。缩分可用机械方法，也可用人工方法。常用的人工方法有堆锥四分法、二分器法和棋盘法。为减少人为误差，应尽量使用机械方法缩分。

5. 煤样缩制程序

煤样缩制程序如图 2-3 所示。由图 2-3 可以看出，煤样的缩制实际上是按粒度不同分级进行的，通常分为≥25 mm、<25～13 mm、<13～6 mm、<6～3 mm、<3～1 mm、<1～0.2 mm 6 个粒级，最终制备成粒度小于0.2 mm的分析煤样。每一级制备时，都必须进行筛分、破碎、混合、缩分等相同的作业，只是在不同粒级所保留的样品数量不同。煤的粒度越大，所保留的样品量越多。

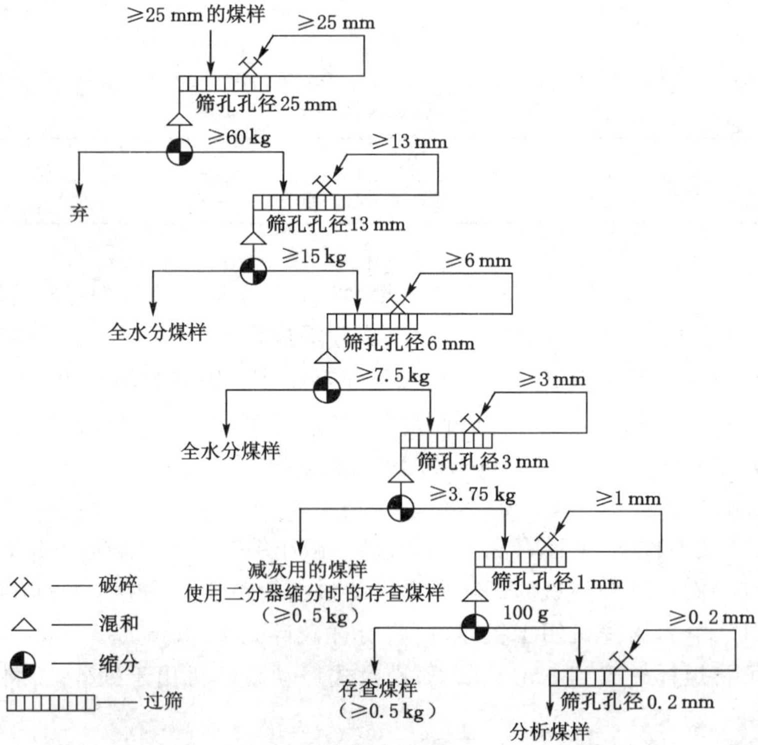

图 2-3　煤样缩制程序

6. 日常技术检查煤样的制备

日常技术检查煤样可直接缩分至表 2-8 规定的煤样最小质量，并送至制样室或浮沉室。

表 2-8　送至制样室、浮沉室的煤样最小质量

粒度上限/mm	100	50	25	13	3
最小质量/kg	10	4	2	1	0.5

(1) 灰分煤样和浮沉煤样的制备

灰分煤样按图 2-4 进行制备。浮沉煤样按图 2-5 进行制备。

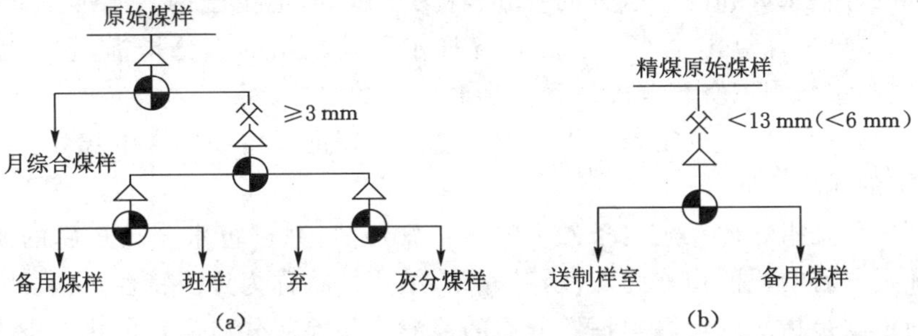

图 2-4　灰分煤样制备系统图

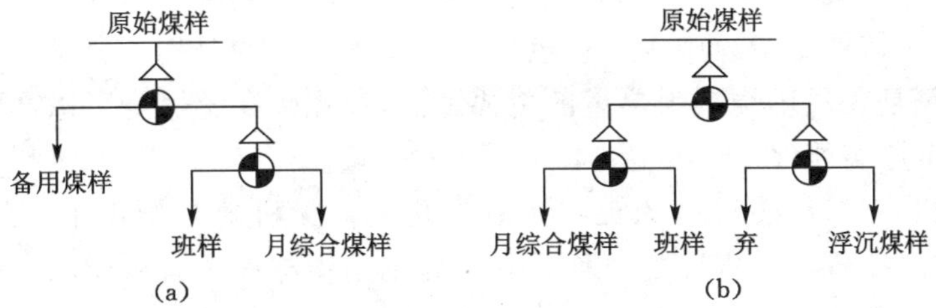

图 2-5　浮沉煤样制备系统图

(2) 煤泥水样的制备

选煤厂煤泥水系统采样量较大，尤其是浓度较低的煤泥水，制样工作量大、时间长。制备煤泥水样时，一般先将原始煤泥水样搅拌均匀，然后迅速用缩分器分出 4～5 L 倒入小样桶中，供测定灰分和固体含量用，剩余煤泥水样保存一个循环日备查。不测浓度时，可采用煤泥水缩分器缩分煤泥水样。

快速检查煤样可在不高于 150 ℃的温度下进行烘干，烘干时要经常翻动，干后立即取出，然后缩分出灰分样、班样、月综合煤样及备用煤样。因原始煤样粒度小于 0.5 mm，故不需要破碎，缩分后立即送制样室。

2.4　煤质分析的一般规定与要求

不同工业对用煤的质量要求差异很大。对于炼焦用煤而言，煤的结焦性和黏结性是最重要的指标；发电用煤则要求所用煤的发热量和灰熔融特性符合煤粉锅炉设计用煤的要求。

无论何种用途，从环保角度考虑，煤中硫分及其他有害物质含量越低越好。因此，了解煤质特性指标的含义及表示方法是很重要的。

2.4.1 煤质特性指标

每一种煤质特性指标都有相应国家或行业标准的分析方法，应按标准执行。

1. 工业分析特性指标

煤的工业分析特性是指煤中水分、灰分、挥发分和固定碳 4 项特性的总称。

煤的水分分为外在水分和内在水分两类。外在水分指在一定条件下，煤样与周围空气湿度达到平衡时所失去的水分；内在水分指在一定条件下，煤样达到空气干燥状态时所保持的水分。煤的外在水分和内在水分的总和，称为全水分，但由于两者基准不同，不能直接相加，应当按一定公式计算出全水分。分析煤样水分是常用的水分指标，它是指在一定条件下，煤样在实验室与周围空气湿度达到平衡时所含的水分。

煤的灰分是指煤样在规定条件下完全燃烧后所得的残留物。煤中灰分主要来自煤中矿物质，即煤中的无机物质。

煤的挥发分是指煤样在规定条件下隔绝空气加热，并进行水分校正后的质量损失。煤样在测定挥发分后的残留物称为焦渣，其黏结、结焦性状称为焦渣特性。

煤的固定碳是指从测定煤中挥发分后的残渣中扣除灰分后的残留物。空气干燥基固定碳通常用 100 减去空气干燥基煤样的水分、灰分、挥发分求出。

2. 元素分析特性指标

煤的元素分析特性是指煤中碳、氢、氧、氮、硫 5 项特性的总称。

其中，碳与氢是煤炭燃烧产生热量的主要来源，每克碳完全燃烧可以产生 34 040 J 的热量，而每克氢完全燃烧能够产生高达 143 010 J 的热量。

煤中硫根据其赋存形态可分为无机硫和有机硫。无机硫是指煤中矿物质内的硫化物硫、硫铁矿硫、硫酸盐硫与元素硫的总称。有机硫则是指与煤中有机质相结合的硫。煤中无机硫和有机硫的总和称为全硫。

3. 发热量特性指标

发热量是煤炭燃烧最重要的特性指标。在氧弹中，在有过剩氧气的情况下，单位质量的煤样完全燃烧所产生的热量称为弹筒发热量。由弹筒发热量减去硝酸形成热和硫酸校正热(氧弹反应中形成的水合硫酸与气态二氧化硫的形成热之差)即得高位发热量。由高位发热量减去水(煤中原有的水和煤中氢燃烧生成的水)的汽化热即得到低位发热量。

4. 可磨性指标

煤的可磨性是指在规定的条件下煤磨成粉的难易程度。煤的可磨性指数测定方法有两种：一种是哈德格罗夫法(简称哈氏法)，依据国家标准《煤的可磨性指数测定方法 哈德格罗夫法》(GB/T 2565—2014)测定，是煤炭行业应用最多的可磨性指数测定方法；另一种是电力企业使用的全苏热工研究所法(简称 VTI 法)，依据标准为《煤的可磨性指数测定方法(VTI 法)》(DL/T 1038—2007)。

5. 灰熔融特性指标

煤的灰熔融特性是指在规定条件下测得的随加热温度而变化的煤灰锥试样变形、软化、呈半球和流动的特性，用与其对应的四个特征点温度来表示，即变形温度 DT、软化温度

ST、半球温度 HT 和流动温度 FT。

6. 煤灰成分特性指标

煤灰成分特性是指煤灰的元素组成，通常以各种氧化物来表示。组成煤灰的氧化物主要有 SiO_2、Fe_2O_3、Al_2O_3、CaO、MgO、Na_2O、K_2O 等。

2.4.2　煤质特性指标的表示方法

煤质特性指标十分繁杂，一般采用其英文名称的第一个字母，以大写来表示，这样既方便应用，又具有国际通用性。如灰分，英文名称为 ash，故采用符号 A 表示；又如固定碳，英文名称是 fixed carbon，因此用 FC 来表示。

由于表征煤质特性时，还有一些特定条件，如煤质特性指标按不同基准时其值是不相同的，发热量有高位、低位之分，硫有全硫、无机硫、有机硫等区别。为了正确地反映某一煤质特性，还需要用一些辅助符号。例如，全水分，英文名称是 total moisture，采用 M 作为水分的主符号，以 t 作为其辅助符号，则全水分用 M_t 表示。所有辅助符号均采用小写字母，并以下标形式书写。如果有多个辅助符号，则其中间用逗号分开。

如高位发热量，其英文名称为 gross calorific value，则其符号以 Q 作为发热量的主符号，gr 作为辅助符号，即高位发热量的符号是 Q_{gr}。而干燥基高位发热量，干燥基的英文名称是 dry basis，则以 Q 作为发热量的主符号，高位 gr 及干燥基 d 为辅助符号，存在两个辅助符号，干燥基高位发热量的符号就是 $Q_{gr,d}$。煤质特性符号的读写顺序相反，在读的时候，干燥基在前，高位在后；而写的时候，gr 在前，d 在后。

2.4.3　煤的不同基准之间的关系及换算

当煤处于不同状态时，煤的各个煤质特性指标的数值是不同的。为了确切表示煤的煤质特性指标的含义，就必须明确表明其所处的状态，即表明它的基准。

1. 基准的含义及表示方法

在进行煤炭分类、签订煤炭合同以及进行煤质验收、煤耗计算、用煤设备设计等应用方面，为了使煤质检测结果具有可比性，煤质特性指标必须按一定的基准来表示。常用的基准有：收到基、空气干燥基、干燥基和干燥无灰基。

① 收到基(as-received basis)：以到达实验室时，在进行其他任何处理之前的煤的状态为基准，用符号 ar 表示。

② 空气干燥基(air-dried basis)：以与空气湿度达到平衡状态的煤为基准，用符号 ad 表示。煤质特性指标通常按照基准转化公式转化为该基准。

③ 干燥基(dry basis)：以理论上无水状态的煤为基准，用 d 表示，通常用于将收到基指标转化为干燥基指标的计算。

④ 干燥无灰基(dry，ash-free basis)：以理论上无水无灰状态的煤为基准，用符号 daf 表示，可以用于将空气干燥基煤质指标转化为无水无灰基指标。

基准除了可以用煤所处的状态表示外，还可以用按需要而规定的成分组合表示。如煤炭的组成用工业分析方法表示时，其百分组成如式(2-2)所示：

$$M+A+V+FC=100 \tag{2-2}$$

如果用元素分析法表示时，其百分组成则如式(2-3)所示：

$$M + A + C + H + N + O + S = 100 \tag{2-3}$$

对煤质特性指标用不同基准表示时，煤中各成分的含量关系可以用不同的表达形式表示。

对于工业分析方法：

$$\begin{cases} M_{ar} + A_{ar} + V_{ar} + FC_{ar} = 100 \\ M_{ad} + A_{ad} + V_{ad} + FC_{ad} = 100 \\ A_{d} + V_{d} + FC_{d} = 100 \\ V_{daf} + FC_{daf} = 100 \end{cases} \tag{2-4}$$

对于元素分析法：

$$\begin{cases} M_{t} + A_{ar} + C_{ar} + H_{ar} + N_{ar} + O_{ar} + S_{t,ar} = 100 \\ M_{ad} + A_{ad} + C_{ad} + H_{ad} + N_{ad} + O_{ad} + S_{t,ad} = 100 \\ A_{d} + C_{d} + H_{d} + N_{d} + O_{d} + S_{t,d} = 100 \\ C_{daf} + H_{daf} + N_{daf} + O_{daf} + S_{t,daf} = 100 \end{cases} \tag{2-5}$$

2. 基准的换算

不同基准之间相差水分或灰分。基准间的换算关系汇总于表 2-9 中。

表 2-9　不同基准的换算公式

已知基准	要求基准			
	空气干燥基 ad	收到基 ar	干燥基 d	干燥无灰基 daf
空气干燥基 ad		$\frac{100-M_{ar}}{100-M_{ad}}$	$\frac{100}{100-M_{ad}}$	$\frac{100}{100-M_{ad}-A_{ad}}$
收到基 ar	$\frac{100-M_{ad}}{100-M_{ar}}$		$\frac{100}{100-M_{ar}}$	$\frac{100}{100-M_{ar}-A_{ar}}$
干燥基 d	$\frac{100-M_{ad}}{100}$	$\frac{100-M_{ar}}{100}$		$\frac{100}{100-A_{d}}$
干燥无灰基 daf	$\frac{100-M_{ad}-A_{ad}}{100}$	$\frac{100-M_{ar}-A_{ar}}{100}$	$\frac{100-A_{d}}{100}$	

上述基准换算关系适用于以下煤质特性指标，灰分、固定碳、挥发分、发热量、碳、氢、氮、氧及不同形态的硫，换算公式为：$P_{换算后的基准} = P_{已知基准}$ ×换算系数。

2.4.4　煤质分析的一般规定与基本要求

1. 煤质分析的一般规定

(1) 样品

用以煤质检测的样品必须具有代表性，应当按照规定的方法进行制备、储存和测定。

① 一般分析试验煤样：一般分析试验煤样应按《煤样的制备方法》(GB/T 474—2008)制备。一般分析试验煤样的粒度应小于 0.2 mm，在装瓶前应达到空气干燥状态。因此，用一般分析试验煤样所做的煤质分析(可磨性、磨损性的测定除外)，其分析结果均以空气干燥基表示。在制样时，在室温条件下，连续干燥 1 h 后，煤样质量变化不超过 0.1%，则认为达到空气干燥状态。

② 全水分煤样：测定全水分的煤样，既可以单独采取，也可以在制备一般分析试验煤样的过程中分取。按标准规定，对于粒度小于 13 mm 的煤样，煤样质量不低于 3 kg；对于粒度小于 6 mm 的煤样，煤样质量不低于 1.25 kg。

(2) 煤质指标测定

① 重复测定。所谓重复测定，是指在同一化验室，在短期内连续进行多次测定。标准规定，在煤质检测中，所有项目均应进行重复测定。重复测定不同于平行测定，如测定灰分时，平行测定是在同一马弗炉中同时测定两个相同煤样；重复测定则要求对相同的两个煤样分两炉次分别测定，因此重复测定的要求高于平行测定。在考核、仲裁等检验中，应该进行重复测定。但在一般性的监督试验中，工业分析项目允许进行平行测定。

② 需要水分数据检测项目的测定。煤的挥发分，氢、氧含量的测定，需要空气干燥基水分加以校正。将空气干燥基结果换算成收到基或干燥基时，也需要全水分及空气干燥基水分数据。这种需要水分进行校正或换算的检测项目，最好与水分的测定同时进行。如果不能同时进行测定，前后的测定时间差不应超过 7 d。

③ 快速测定方法的应用。选煤厂日常检查中应用的快速检查项目主要有快灰和快浮检验试验，主要用于生产过程的煤质指标检查，目的在于快速得到检验结果，以便指导生产。快速测定方法不能用于仲裁性测定。对于尚未列入现行国家标准或行业标准的快速测定方法，使用单位要通过与标准方法的对比试验提出报告，并委托权威检测机构复验，确认此方法可用于例行监督试验，还应报上级有关部门审批同意后才能使用。

(3) 检测精密度与准确度

煤质检测结果是依据检测的精密度与准确度来判定的。

① 精密度的含义。精密度是指在规定条件下所得独立试验结果间的符合程度，表示对同一试样在完全相同的测定条件下，进行多次重复测定时，其检测结果的分散程度。精密度的高低反映检测结果中随机误差的大小，可用检测的重复性来定量表示检测结果的随机误差。所谓检测的重复性，是指在实际相同的测试条件下，对同一被测物理量或化学成分进行多次连续测定时，其测定结果之间的一致性。

② 准确度的含义。准确度表示测定值与真值之间的符合程度。由于真值不可知，因此准确度实际上就是测定值与真值估计值之间的符合程度。测定结果受系统误差和随机误差的影响。经过多次重复测定，随机误差可近于消除，此时所得到的测定平均值与真值估计值之间的差异，即准确度主要由系统误差所决定。

③ 精密度与准确度的联系。精密度与准确度是两个不同的概念，但它们之间有着密切的联系。精密度高，不等于准确度高；而准确度高，则说明精密度高或至少也符合标准规定的要求。精密度用偏差来衡量，它是由随机误差决定的；准确度则用误差来衡量，它是由随机误差和系统误差决定的。如果消除了系统误差，则精密度与准确度就一致了。

2. 煤质分析的基本要求

(1) 检测方法的选用

为了保证煤质检测结果的可靠性，应当选用国家或行业标准所规定的检测方法。对于标准中规定的不同的检测方法，需要根据检测的目的与性质加以选用。如灰分的测定，其中快灰法仅限于生产监督试验；对其他性质的试验，则要选用缓慢灰化法。

(2) 计量器具的检定

根据国家计量法的规定，煤质实验室中各种计量器具必须定期送国家计量检定部门或授权检定部门进行计量检定。只有检定合格，并在有效期内的计量器具才可以使用。

(3) 法定计量单位的应用

法定计量单位是按计量法律、法规所规定的强制或推荐使用的计量单位，各行各业均须严格执行。

在煤质检测中，使用较多的物理量有发热量、功、热、能、压力、温度、溶液浓度等。

发热量的法定计量单位是焦/克(J/g)或兆焦/千克(MJ/kg)。

功、热、能的法定计量单位是焦耳(J)。

压力的法定计量单位是帕(Pa)或兆帕(MPa)，$1\ MPa = 10^6\ Pa$。

温度的法定计量单位是开尔文(简称开，K)，它是水的三相点热力学温度的1/273.16。热力学温标在温度间隔方面与摄氏温标一致，当表示温差时两者通用，而摄氏度(℃)专门用来表示摄氏温度。

浓度有各种表示方法，如物质的量浓度，即单位体积溶液中所含溶质物质的量，法定计量单位为摩尔每升，符号为mol/L。如果溶液浓度以质量比或体积比为基础给出时，应以质量分数或体积分数表示。

2.5 单机检查与专题试验方法

在技术检查工作中，应当重视单机检查和专题试验工作。这是因为这种检查与试验具有研究性质，往往可以找出问题关键所在，或者发现某些规律和趋势，也可以鉴别操作水平和技术管理水平。必要时，单机检查和专题试验可作为评定技术效果或进行技术鉴定的依据。

在进行单机检查和专题试验之前，首先要明确目的，然后根据要求和预期要达到的结果确定试验方法、采样流程、采样制度和化验项目。这一步工作必须有周密的计划和安排，因为任何疏忽，哪怕漏掉一个取样点，少化验一个项目，缺少某个数据，都有可能影响整个试验结果，甚至使整个检查和试验资料作废。为此，在设计一个单机检查和专题试验时，最好参考以前的类似检查与专题试验报告，汲取过去的经验，将单机检查和专题试验安排得尽可能周密、完善。

选煤厂设备单机检查包括破碎、筛分、重选、磁选、水力分级和浓缩、脱水、浮选等设备和工艺环节的效果检查和评定。对某一设备检查和评定时，遵照有关标准执行。

2.5.1 重选设备工艺效果的检查及评定

选煤厂中重力分选设备主要有跳汰机、重介质分选机(包括重介旋流器)、摇床等。重力分选设备的分选工艺效果可采用可能偏差E、不完善度I、数量效率η和总错配物含量M_0等指标综合评定。

单机检查重力分选设备的工艺效果时应做入选原煤、中间产品和最终产品的筛分和浮沉试验。试验时测定记录分选设备的类型和规格，跳汰机的筛板倾角，筛孔形状、尺寸，人工床层参数，排料方式，风阀型号，周期及单位处理能力，跳汰机的风、水用量，风压，洗水浓度等；重介质分选机的悬浮液流向，重介质悬浮液的密度、黏度，加重质的粒度，密度控制方法；

原煤的密度组成，粒度组成，形状，硬度和牌号。

1. 跳汰选煤工艺效果的检查与评定

跳汰机是我国选煤厂中一种重要的煤炭分选设备。跳汰机单机检查可用来评定跳汰机的分选效果，分析研究跳汰机的操作，查明跳汰机设备或操作方面存在的问题。

至于专题试验的题目应按照具体要求而确定，例如，改进跳汰机的风阀或排料装置以后，一般要进行改进前后的对比试验，经过试验与生产检验，确认有明显效果时，还要专门做一次技术性能鉴定试验。为了找到主选、再选跳汰机的最佳配合条件，也可以进行此专题试验。

不论做哪种检查与试验，都要根据目的、要求确定采样地点、采样方法和化验项目等。根据数量、质量平衡的原则来考虑，全部的检查和试验资料应满足计算和绘出质量流程图的要求。

数量和质量指标应与实际生产数据大致相符，应该去掉资料中反常和有差错的数据。要详细记录检查和试验的具体条件，如风水制度，床层、水层跳动情况，最终完成资料分析，生成单机检查和专题试验报告。

(1) 采样流程和采样点的确定

主选跳汰机或主选、再选跳汰机联合起来的单机检查，可采用图 2-1 中所确定的采样流程和采样点。每个采样点都要按照规程进行筛分试验和浮沉试验，化验煤样的总灰分和各个筛分粒级、浮沉密度级的样品质量和灰分等。为了计量，在各采样点要测定水分或液固比。一般在矸石或中煤采样点处计量，用测定的一点的单位时间吨数，计算出全部流程的绝对数量。

(2) 采样时间的确定

一般来说，为了样品有足够的代表性，都尽可能延长采样时间。认为时间长一些，会有较好的代表性，所以采样时间延长 1～3 个班的情况都有。其实，在保证每一个子样质量的条件下，适当增加取样次数，就有足够的代表性。如果任意将检查试验的时间延长，所采取的样品成为不同生产条件下的混合物，反而会失去代表性。所以，跳汰机在生产操作正常后，取样时间在 2 h 以内是适宜的。子样的质量根据粒度而定，取样频率根据试验所得样本最小质量来确定。

(3) 试验和化验项目的确定

试验和化验项目由试验目的和要求决定，同时还受到试验的费用、要求的时间等客观条件的限制。原则上，要求用最小的工作量获得最多的信息。各选煤厂习惯的方法是将原煤和产品进行筛分试验，将小于 50 mm 的样品分为 2～3 个粒级进行浮沉试验。如果想了解不同粒级的分选效果，可以将粒级分得更细一些，并分别进行浮沉试验。如果希望了解分选下限，则需要进行小筛分和小浮沉试验。如果原煤含硫少，则按常规化验灰分，不做硫分的检测。为了计量，一般要测定水分及精煤溢流液固比。如果试验涉及煤泥水处理及浮选入料浓度，水分及液固比的测定就显得更为重要了。

(4) 试验资料的整理和分析

得到完整的试验资料以后，按下面的步骤整理和分析。

① 审核筛分试验、浮沉试验报表，整理计量和测试数据，确认报表、资料符合要求后，进行下一步整理和计算。

② 计算产品实际产率，计算分配率。

③ 绘出分配曲线，确定分选密度 δ_p、可能偏差 E 和不完善度 I。

④ 绘出入料的可选性曲线，计算数量效率。

⑤ 将风量、液固比、跳汰室水波高度、矸石床层和中煤床层跳动高度登记在分选条件报告表内。

⑥ 综合分析评价，指出优缺点及进一步提高分选效果的途径。

重力分选设备的技术检查与评定是选煤厂经常做的技术检查项目，其工艺指标的获取与应用在后文详细解释。

试验期间和试验后要按有关规定记录情况并填写表格，记录影响工艺效果的原煤性质、设备性能和管理操作方面的内容（见表 2-10）。最终整理填写重选设备工艺效果评定报告表（见表 2-11）。对于相关技术检查资料，按照工作要求可能还需要填写产品平衡表（见表 2-12）等报表。

表 2-10　试验所需记录的影响因素

设备分类	原煤性质	设备性能	管理操作
跳汰机	密度组成、粒度组成、形状、硬度、牌号	类型、规格、结构、筛板倾角、筛孔形状与尺寸、人工床层参数、排料方式、风阀形式与周期	单位处理能力、入料状况、用水量、洗水浓度、风压、作业性质
摇床	密度组成、粒度组成、形状、硬度、牌号	类型、规格、结构、冲程、冲次、床面结构、离心强度、床面倾角	单位处理能力、入料状况、用水量、洗水浓度、作业性质
旋流器	密度组成、粒度组成、形状、硬度、牌号	类型、规格、结构、入料管径、中心管高度、排料管径、锥角	处理能力、入料浓度和压力、倾角、作业性质
重介质分选机	密度组成、粒度组成、形状、硬度、牌号	类型、规格、结构、悬浮液流向	单位处理能力、加重质粒度、悬浮液密度、煤泥含量、黏度及密度控制方式、精度

表 2-11　重选设备工艺效果评定报告表

试验编号		试验地点		××矿业集团××选煤厂				试验日期	××××年××月××日
概况		分选产品/%						计算入料的可选性	
设备型号及规格	永田 27 m^2	精煤		中煤		矸石		理论精煤产率/%	77.63
入料煤种		产率	灰分	产率	灰分	产率	灰分	理论分选密度/(g/cm^3)	1.67
入料粒度/mm	50～0	73.63	11.52	7.07	56.37	19.30	79.10	$\delta\pm0.1$ 含量/%	4.59
入料灰分/%	26.15	标准差		0.458				分选效果	
作业性质	主选	分选密度(g/cm^3)						一段	二段
处理能力/(t/h)	379.9	一段		二段		可能偏差(E)/(kg/L)		0.262	0.077
试验历经时间/h		2.140		1.663		不完善度(I)		0.230	0.116
备注						数量效率(η)/%			94.85
						分配密度下的总错配物含量(M_0)/%			
						等误密度/(g/cm^3)			

表 2-12 选煤产品平衡计算表

<table>
<tr><th rowspan="2" colspan="2">产品名称</th><th colspan="2">含实际全水分产品</th><th colspan="2">商品产量</th><th colspan="2">折合后平衡量</th><th rowspan="2">产率
/%</th><th rowspan="2">灰分
/%</th></tr>
<tr><th>数量
/t</th><th>水分
/%</th><th>数量
/t</th><th>规定水分
/%</th><th>数量
/t</th><th>计量水分
/%</th></tr>
<tr><td colspan="2">(1)</td><td>(2)</td><td>(3)</td><td>(4)</td><td>(5)</td><td>(6)</td><td>(7)</td><td>(8)</td><td>(9)</td></tr>
<tr><td colspan="2"></td><td>实际计量</td><td>实测水分</td><td>按(5)栏水分计算折合量</td><td>产品目录水分(精煤为计量水分)</td><td>按(7)栏水分计算折合量</td><td>产品目录的精煤计量水分</td><td>按(6)栏内数据计算</td><td></td></tr>
<tr><td colspan="2">一、入厂原煤</td><td>145 524</td><td>5.40</td><td></td><td></td><td></td><td></td><td></td><td></td></tr>
<tr><td colspan="2">二、入选原煤</td><td>145 188</td><td>5.40</td><td></td><td></td><td>144 577</td><td>5</td><td>100.00</td><td>24.62</td></tr>
<tr><td colspan="2">1. 精煤</td><td>124 402</td><td>14.38</td><td>112 119</td><td>5</td><td>112 119</td><td>5</td><td>77.55</td><td>11.56</td></tr>
<tr><td colspan="2">2. 中煤</td><td>11 027</td><td>13.74</td><td>10 688</td><td>11</td><td>10 013</td><td>5</td><td>6.93</td><td>57.8</td></tr>
<tr><td colspan="2">3. 煤泥</td><td>3 229</td><td>34.50</td><td></td><td></td><td>2 226</td><td>5</td><td>1.54</td><td>42.14</td></tr>
<tr><td rowspan="2">4.矸石</td><td>洗矸</td><td>20 229</td><td>8.60</td><td></td><td></td><td rowspan="2">19 797</td><td rowspan="2">5</td><td rowspan="2">13.69</td><td rowspan="2">79.10</td></tr>
<tr><td>选矸</td><td>336</td><td>5.40</td><td></td><td></td></tr>
<tr><td colspan="2">5. 损失</td><td></td><td></td><td></td><td></td><td>422</td><td>5</td><td>0.29</td><td>59.29</td></tr>
</table>

【例 2-1】 某选煤厂某台跳汰机单机检查试验的方案规划

(1) 试验目的和要求

了解该选煤厂一位跳汰机师傅对该台跳汰机施行“多风少水”操作制度所取得的分选效果。要求着重考查新操作制度对细粒级煤的分选效果，同时了解跳汰机的用水量和分选的粒度下限。以过去该厂采用的常规操作条件下的试验结果做对比指标。

(2) 技术检查流程

考虑该厂原煤性质易泥化解离，所以对跳汰机入料、洗矸、中煤、跳汰溢流都应该实测计量。洗煤用水量用跳汰机溢流量减去溢流煤量和循环水带入的煤泥量来估算。跳汰机技术检查采样流程如图 2-6 所示。根据试验目的要求，对试样的试验、分析项目和处理流程如图 2-7 所示。

为了计算干煤量，应在上述试验样之外，另取各产物的水分样，在采样结束后测定入选原煤、洗矸、中煤的散密度，跳汰溢流以及煤浆样的液固比。统计试验分析工作量见表 2-13。技术检查所用的采样计划和计量计划见表 2-14 和表 2-15。采样时间预定为 4 h。在进行采样的同时，要详细记录操作条件，注意观察生产过程发生的情况并记录。记录格式可参考表 2-16 和表 2-17。

例 2-1 是一个比较全面的跳汰机技术检查实例，检查的项目较全，工作量较大。随着试验目的的简化和煤质泥化解离因素减少，技术检查工作量可大大减少。例如：若煤质解离泥化不甚严重，可以减少计量项目，用质量平衡原则推算产物产量；若不观察跳汰对煤泥的有效分选的粒度下限，就不必做小筛分试验；若不用分配曲线而采用某些密度级的分配率来评定分选效果，就不一定要做全级浮沉，而仅做三级或四级浮沉即可；若只是考查跳汰分层的情况，通过床层分层取样做筛分浮沉试验即可。技术检查计划的制订由试验目的决定，以最小工作量满足试验目的为原则。

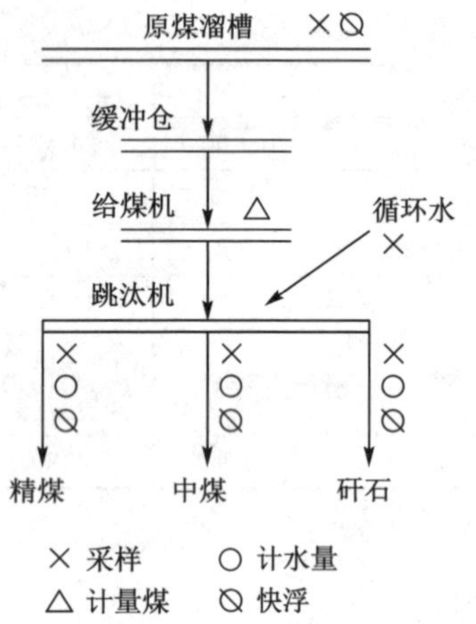

图 2-6　跳汰机技术检查采样流程

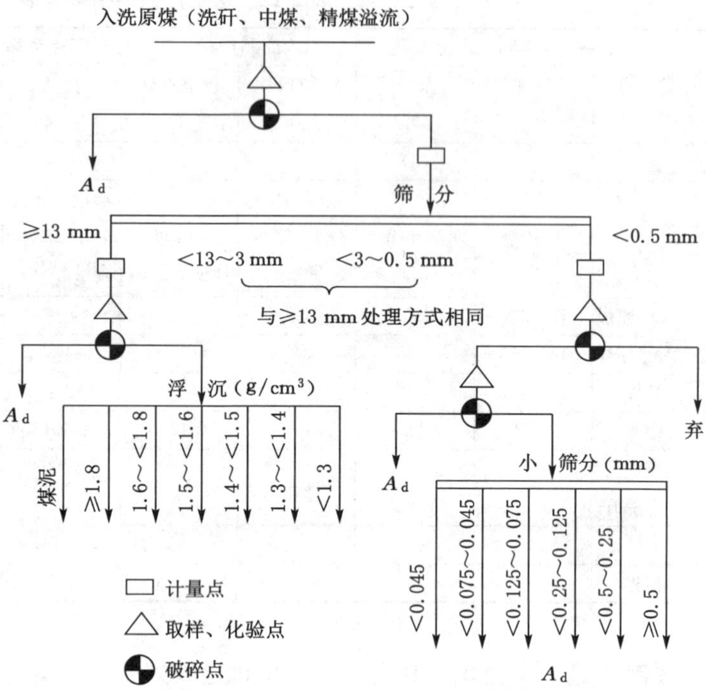

图 2-7　各种试样处理流程

表 2-13　试验分析工作量一览表

名　称	大筛分/次	全级浮沉/次	小筛分/次	化验灰分/次	散密度/次	水分/次	液固比/次
跳汰入料	1	3	1	11	1	1	
洗　矸	1	3	1	11	1	1	
中　煤	1	3	1	11	1	1	
溢　流	1	3	1	11			1
合　计	4	12	4	44	3	3	1

表 2-14　采样计划

名　称	总样质量/kg	子样质量/kg	子样份数/份	间隔时间/min	取样地点	取样工具	试验项目
跳汰入料	250	10	24	5	原煤溜槽	大方锹取一个断面	筛分、浮沉、小筛分、水分
跳汰溢流(不带水)	250	10	24	5	溢流堰	溢流采样器取溢流五点	筛分、浮沉、小筛分、水分
跳汰中煤	250	10	24	5	中煤溜槽	大方锹取一个断面	筛分、浮沉、小筛分、水分
跳汰矸石	250	10	24	5	矸石胶带	胶带采样机取全宽	筛分、浮沉、小筛分、水分
跳汰溢流(水样)	24	1	24	5	溢流堰	采样勺	小筛分
循环水	24	1	24	5	循环水管	采样勺	固体含量

表 2-15　计量计划

名　称	计量地点	计量方法	间隔时间/min	计量次数/次
跳汰原煤量	电振给煤机	测煤流断面及速度	10	12
跳汰溢流水量	溢流堰	量水波高度及水速	10	12
跳汰中煤量	中煤溜槽	翻板称 1 个斗子煤重	15	6
跳汰矸石量	矸石斗子	量斗子空高	隔 10 个斗子量 1 次	

表 2-16　跳汰机工作情况记录

项　目		一　段					二　段							备　注
水门开启扣数	顺号	总	1	2	3	4	总	1	2	3	4	5	6	
	实启扣数													
风门开启角度/(°)	顺号	总	1		2		总	1		2		3		
	实启角度													
水波振幅/mm	风阀侧													
	操作侧													
跳汰室工作参数		物料层厚度/mm		水层厚度/mm		水流速度/(m/s)	物料层厚度/mm			水层厚度/mm		水流速度/(m/s)		
循环水浓度/(g/L)														
精煤快灰/%														
产品快灰平均值	密度级/(g/cm³)	产品名称												
		原　煤			精　煤			中　煤			矸　石			
	<1.50													
	1.50～<1.80													
	≥1.80													

表 2-17　跳汰机技术特征

项目	筛　板				溢流堰高度/mm	排矸口高度/mm	卧　式　风　阀			
	长×宽/mm	面积/m²	筛板孔径/mm	倾角/(°)			进气期/(°)	排气期/(°)	膨胀期/(°)	进气孔面积/cm²
一段										
二段										
合计										

项目	卧　式　风　阀			排　矸　轮				浮　标		
	排气孔面积/cm²	转速/(r/min)	风压/kPa	直径/mm	轮叶高度/mm	垂直闸门开口高度/mm	转速/(r/min)	形式	底距筛面高度/mm	密度/(g/cm³)
一段										
二段										
合计										

2. 重介系统介质流程的检查

为了了解重介系统介质流程情况、介质性质、介质回收系统效率、介质损耗情况，可以进行重介系统介质流程测定。

（1）采样流程和采样点的确定

针对具体的重介系统，根据试验项目，制订介质流程采样计划。表 2-18 是重介系统工艺流程采样、试验计划。图 2-8 是一个典型的重介系统采样流程图。

表 2-18　重介系统工艺流程采样、试验计划

名称	采样	计量	分析项目	用　　途
精煤	采煤样	计煤量	<0.5 mm 含量及磁性物含量	计算精煤带走的磁铁矿量
中煤	采煤样	计煤量	<0.5 mm 含量及磁性物含量	计算中煤带走的磁铁矿量
磁选机尾矿	采水样	计流量	浓度及磁性物含量	计算磁选机尾矿带走的磁铁矿量
合格悬浮液	采水样	计流量	浓度、密度、磁性物、小筛分、黏度、稳定性	计算悬浮液循环量，分析悬浮液性质对分选效果的影响
精煤合格悬浮液	采水样		浓度及磁性物含量	分析精煤合格悬浮液量及其对磁铁矿损失的影响
中煤合格悬浮液	采水样		浓度及磁性物含量	分析中煤合格悬浮液量及其对磁铁矿损失的影响
精煤稀悬浮液	采水样		浓度及磁性物含量	分析稀悬浮液中磁性物含量及其对磁铁矿损失的影响
中煤稀悬浮液	采水样		浓度及磁性物含量	
总稀悬浮液（浓缩机入料）	采水样		浓度及磁性物含量	分析浓缩机工作效果
磁选机入料（浓缩机底流）	采水样		浓度及磁性物含量	分析浓缩机及磁选机工作效果
磁选机精矿	采水样		浓度及磁性物含量	分析磁选机工作效果
分流量	采水样		浓度及磁性物含量	了解分流量及其对介质损失的影响

（2）采样时间与化验项目的确定

采样需要在生产正常后进行，采样时间为 2～4 h。如果要了解合格悬浮液的性质及其对分选效果的影响，要测定循环量，磁性物含量、黏度和稳定性。用小筛分检测粒度分布，分析它们对分选的影响。对稀悬浮液系统，要检测各回收环节的稀介质的浓度和磁性物含量变化情况，要测定磁选机、浓缩机的工作情况，计算磁选机的精矿回收率，寻求降低磁铁矿损失的措施。必要时，还要测定喷水量，中煤、精煤脱水筛下合格悬浮液及稀悬浮液的流量，总稀悬浮液的流量，绘制介质流程图，以便分析问题及设计流程时参考。

（3）资料分析与整理

① 绘制可选性曲线、分配曲线，计算可能偏差 E、磁选效率 η_{ms}、磁性物回收率 ε_0 及浓缩效率等指标。

② 计算重介选煤工艺流程的数量、质量平衡表。

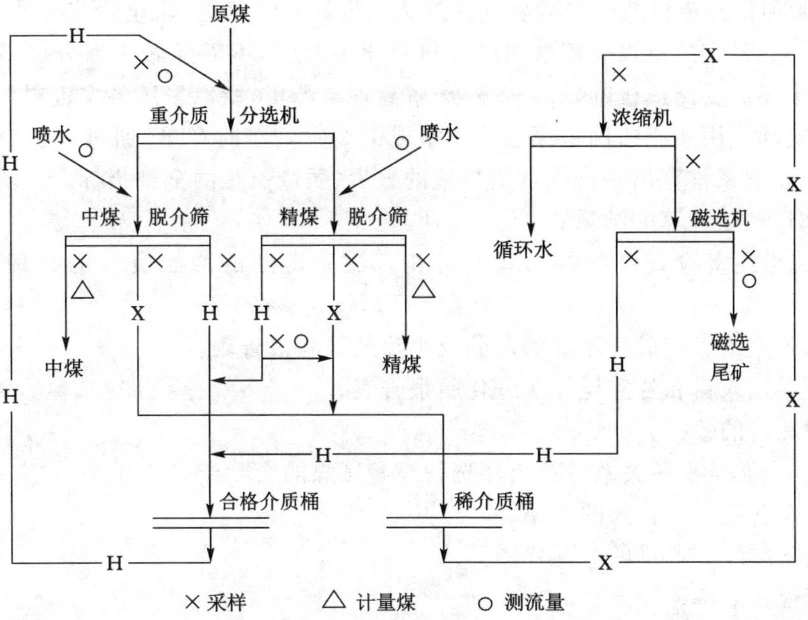

图 2-8　典型重介系统采样流程图

2.5.2　浮选机工作效果的检查及评定

对浮选机的单机检查试验主要是测定一些实际浮选操作条件和对原料及产品做一些灰分化验和小筛分粒度分析。其目的是了解不同粒度和不同质量的颗粒上浮速度,从数量和质量变化的趋势了解和研究浮选的进程,找出最佳入浮条件和加药方法,以提高浮选的分选效果(采用浮选精煤数量指数 η_{if} 和浮选完善指标 η_{wf} 评定浮选工艺效果)。

1. 吸入式浮选机的取样检查

(1) 取样点的确定。机械搅拌吸入式浮选机的室与室之间都有一个中矿箱,最后有尾矿箱,可用作采样点,所以每个室的精煤与尾煤可按图 2-9 所布置的采样点取出。采样时应采取浮选总入料、总精煤、总尾矿和分室的精煤、尾煤。

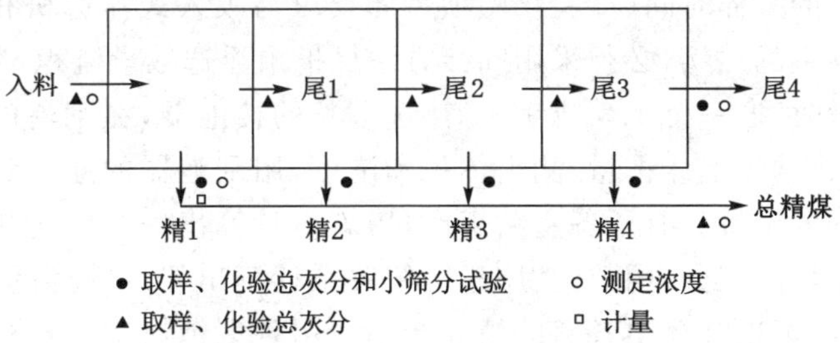

图 2-9　吸入式浮选机逐室采样点布置

(2) 采样时间的确定。由于浮选物料粒度小,容易满足采样的代表性要求,故浮选机生产稳定以后,采样时间一般为 1～2 h 即可。

(3) 试验和化验项目的确定。各室的浮选精煤和最终尾煤，除化验灰分外，还需要进行小筛分试验。而各室的尾煤和浮选机的入料只化验灰分，不需要做小筛分试验。这是因为在浮选过程中煤泥受浮选机叶轮多次破碎，解离现象严重，所以采用各室资料计算出的浮选入料更符合实际。用实测法确定浮选第 1 室或第 2 室的小时产量，通过入料、精煤、尾煤的数量、质量平衡关系推算出一台浮选机各室的数量、质量流程的全部指标。入料与尾煤所测得的浓度，用以校核计算的结果。

(4) 浮选机逐室检查资料的整理和分析。试验得到的原始资料的整理和分析步骤如下：

① 填写各室精煤和最终尾煤的灰分及小筛分试验报告表。

② 填写浮选入料和各室尾煤灰分化验报告表。

③ 整理测定的数据。

④ 用数量、质量平衡关系计算出浮选精煤和尾煤的实际产率。

⑤ 计算出各室浮选精煤的产率。

⑥ 绘出各粒级在各室的分配率图。

⑦ 计算浮选效率。

2. 直流式浮选机的检查

由于直流式浮选机无法对各室的尾煤进行采样，所以不进行逐室采样试验。为了能找到各室数量与质量变化的规律，故在进行单机试验时采取一些措施。直流式浮选机以四室一组为例，采样点布置如图 2-10 所示。

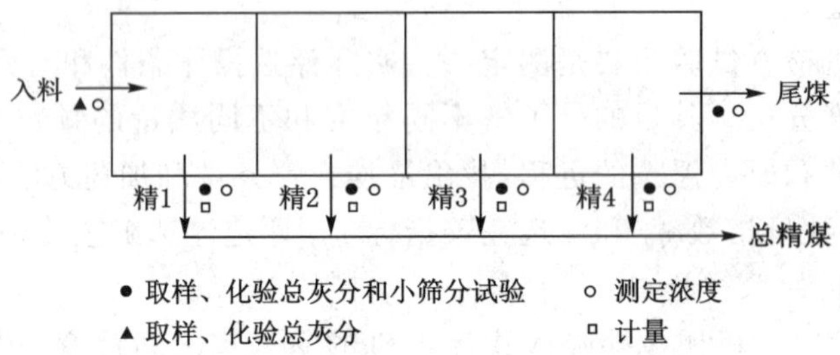

图 2-10　直流式浮选机逐室采样点布置

直流式浮选机的采样时间、试验化验项目和要求与吸入式浮选机相同。但由于直流式浮选机无法取出各室的尾煤，必须采用间接方法反推出浮选数量流程，所以各室浮选精煤都需要计量。在计量时，取一个 1/5 或 1/10 浮选室长的接泡器，在刮泡的边缘接取一次或两次精煤泡沫，然后将精煤泡沫称量，测出体积和浓度，用刮泡器的速度和每个室的宽度计算出单位时间处理的固定量。有了各室精煤产量，就可计算出一台浮选机的精煤产量。已知浮选入料、精煤、尾煤的灰分，用数量、质量平衡关系计算出浮选精煤的产率，由于各浮选室的精煤产量已知，故可以推算出各室的精煤产率。用各室精煤灰分校核总精煤灰分和试验资料数据是否准确。如果误差在允许的范围内，则用数量、质量平衡关系所计算的精煤、尾煤产率可以使用。这样就可以计算并绘制出直流式浮选机逐室的质量流程图。

浮选机的采样计划如表 2-19 所示。计量计划如表 2-20 所示。在采样期间，要记录浮选机的工作条件，并按表 2-21 填写。

表 2-19　浮选机的采样计划

名称	总样质量/kg	子样质量/kg	子样份数/份	间隔时间/min	采样地点	取样工具	试验项目
各室精煤	24		24			取样器	浓度、总灰分、小筛分
总精煤	24		24		总精煤溜槽	取样器	浓度、总灰分、小筛分
各室尾煤	24		24			取样器	浓度、总灰分、小筛分
入料	24		24		搅拌桶	取样器	浓度、总灰分、小筛分、小浮沉

表 2-20　计量计划

名称	计量地点	计量方法	间隔时间
浮选入料	搅拌桶	搅拌桶放空后按正常入料测装满一定容积的时间	采完样后计两次
一室精煤		用容器接取泡沫称重	20 min
起泡剂和捕收剂	各加药点	用量筒接取称重	20 min

表 2-21　浮选机工作条件

型号	分选槽个数/个	总容积/m^3	充气量/[m^3/(min・m^2)]	快灰/%			入料平均浓度/(g/L)
				入料原煤	精煤	尾煤	

为了分析细泥对浮选的影响，小筛分至少要做到 0.075 mm 以下，如果有可能，应做到 0.045 mm 以下，并用湿法筛分。试验结束后，用灰分量平衡法计算各室精煤尾煤产率并和计量结果对照。以计量结果为根据，计算浮选机处理干煤量、矿浆通过能力、药耗量、数量效率、浮选时间，并据此分析浮选机的工作效果。获取浮选机单机检查试验的各项数据后，应该进行必要的检验。

思　考　题

1. 选煤厂技术检查的目的是什么？包括哪些内容？
2. 选煤厂的技术检查工作必须遵循的原则有哪些？
3. 采样需要符合什么要求？如何保证煤样的代表性？
4. 简述煤流中采样方法。某洗精煤，粒度小于 25 mm，输送带运量为 400 t/h，精煤仓容量为 1 000 t，试确定采样方案。
5. 运输工具顶部如何采样？如何从煤堆上采取煤样？
6. 煤样的制备过程包括哪些程序？
7. 常用的人工缩分方法有哪些？
8. 跳汰机单机检查是如何进行的？

第3章 选煤厂生产技术指标与优化

3.1 原煤性质的分析

选煤厂加工的对象是原煤，所以在选煤生产技术管理工作中，首先要对入厂原煤性质的变化进行分析研究。为了了解和掌握原煤的情况，就要对原煤影响选煤工艺流程和分选效果的各种因素作出分析。根据选煤生产实践的经验，在选煤厂生产技术管理工作中，必须对原煤的粒度组成、含矸率、浮沉组成、可选性、含硫量、碎选性、浸碎性等变化情况及时研究和掌握。

3.1.1 原煤性质

(1) 粒度组成

粒度组成对选煤工艺流程、分选效果和经济效益都有重要的影响。对于动力煤选煤厂，粒度和粒级的限上率、限下率是产品的主要质量指标。用户不仅对产品的灰分有要求，而且对粒度和粒度组成也有不同的要求，因而不同粒度和粒度组成的产品在销售价格和用途方面也不相同。

对于分级入选的选煤厂，粒度组成变化将影响块煤和末煤分选设备负荷的变化。随着综采、机采比例的提高，原煤粒度有变小的趋势。因而出现末煤分选设备过负荷，而块煤分选设备负荷不足的情况。对于混合入选的选煤厂，当使用跳汰机分选 50～0 mm 的原煤时，因为粗粒与细粒不完善度 I 值不同，所以原煤粒度组成的变化必然影响跳汰机的分选效果。对于浮选，煤泥粒度组成的变化也影响操作条件和浮选机的浮选效果。原煤的粒度组成按照国家标准《煤炭筛分试验方法》(GB/T 477—2008)进行筛分试验获得。必要时还应测定筛分效率、粒级产品限上率和限下率等。

(2) 含矸率

含矸率是指煤中粒度大于 50 mm 的矸石的质量分数。在煤矿生产过程中，夹矸、顶板和底板岩石混入煤中，使煤质变差。超过规定尺寸的大块矸石会损坏设备，甚至会中断正常的生产过程。一般用含矸率表示煤质降低的程度，含矸率高表示煤的质量差。含矸率是通过将原煤采样后筛分，在大于 50 mm 的粒级中人工拣选出矸石(包括硫铁矿)进行称量计算得出的。

选煤厂选煤工艺中的原煤准备工段，一般设置人工拣矸工艺，拣出粒度大于 50 mm 的块矸。由于人工拣矸的劳动量大且相对比较危险，按照国家标准《煤炭洗选工程设计规范》(GB 50359—2016)，选煤厂不宜采用人工拣矸，而应采用检查性手选，只要求拣出超大块矸石和其他杂物。含矸率大于 5%的原煤属于高矸煤，宜设置浅槽重介质分选机、动筛跳汰机等机械排矸设施。

(3) 浮沉组成

利用原煤的浮沉试验资料绘制可选性曲线，可以预先判断选后各产品可能达到的技术指标，以及与这些指标相对应的原煤可选性等级。原煤浮沉组成变化直接影响精煤产率、质量和选后产品的结构。所以当原煤浮沉组成产生变化时，在操作和工艺方面要采取相应措施。在同时入选几个矿井许多煤层的原煤时，更需要及时掌握各种原煤浮沉组成的变化，以便采取分组入选或配煤入选的措施。

研究原煤浮沉组成的方法是浮沉试验。为了及时了解原煤性质变化，常使用快速浮沉试验；此外，每一个月还要做一次"月综合试验"，以反映原煤、精煤、中煤全月粒度和浮沉组成的平均状况。原煤浮沉组成研究依据《煤炭浮沉试验方法》(GB/T 478—2008)进行。

(4) 含硫量

原煤含硫量是影响精煤产品质量的又一个重要因素，这是因为煤炭中的硫分比灰分危害更大。2004 年国家规定含硫量≥1.2%的煤炭一律不得进入市区，含硫量超过 2.1%的原煤禁止开采。这个规定制约了一些煤矿的生产，对环境起到了一定的保护作用。按照 2014 年国家出台的"史上最严"的《锅炉大气污染物排放标准》(GB 13271—2014)的要求，在用燃煤锅炉 SO_2 排放限值 400 mg/m^3(广西、重庆、四川、贵州的排放限值为 550 mg/m^3)，新建燃煤锅炉 SO_2 排放限值 300 mg/m^3。严苛的标准不但为燃煤设施和原煤提出了高标准要求，也为动力煤分选产业创造了机遇。目前煤炭分选技术是脱出煤炭中硫分的有效手段之一，也是目前唯一工业化使用的煤炭利用前的脱硫手段。原煤含硫量的测定依据《煤中全硫的测定方法》(GB/T 214—2007)进行。

(5) 碎选性

煤的碎选性是指大块煤和矸石在选择性破碎机中跌落性质上的差异。一般煤易跌碎，矸石不易跌碎，从选择性破碎机中排出的应是纯净的矸石。如果这个差异不显著，则不应使用这种设备。碎选性试验资料主要在设计选煤厂时用于技术决策。如已经投产，又考虑用破碎机代替手选时，必须进行此项试验才能作出技术决定，也可将该资料作为设备选型和安装的依据。煤的碎选性采用 2 m 高度跌落的方法测定，依据《煤的落下强度测定方法》(GB/T 15459—2006)进行。

(6) 泥化性(浸碎性)

泥化性是指煤与矸石受水浸泡后粉碎成泥状的程度。煤或矸石的泥化程度会影响选煤工艺流程的确定，也影响煤的分选效果。泥化性应该作为可选性研究的一项常规内容。在我国相关标准中已经规定了煤和矸石的泥化试验方法，但缺少泥化程度的分类。所以生产技术管理中仍须测定次生煤泥的数量和质量，进一步分析和预测煤泥对精煤质量的影响。如果精煤由于受煤泥污染灰分提高很多，则应采取一些有效的脱泥措施。煤的泥化试验依据《选煤厂 煤的转筒泥化试验方法》(GB/T 26918—2011)进行，矸石泥化试验依据《煤和矸石泥化试验方法》(MT/T 109—1996)进行。

3.1.2　煤的可选性与可选性曲线

1. 煤的可选性评定标准

煤的可选性表示按要求的质量指标从原煤中分选出精煤产品的难易程度。可选性曲线是根据煤炭浮沉试验结果绘制的一组曲线,它反映了该煤炭各密度级或任一密度物的数量和质量分布规律。目前有两种可选性曲线:一种是1905年由亨利提出,1911年由莱茵哈特补充的H-R曲线;另一种是1950年由迈耶尔提出的M曲线。其中,H-R曲线应用比较早也比较普遍。

可选性与产品的质量要求、选煤方法和原煤本身的特性有关。精煤灰分的要求对原煤可选性影响最大。在产品质量要求和选煤方法不变时,原煤浮沉组成的变化也会使可选性有相应的改变。由于原煤可选性等级的不同,即使在同样的设备和技术操作条件下,选煤效果也是不同的。所以,原煤可选性等级是评价、比较选煤厂工作成绩的基本指标。常见的可选性等级评定法有中煤含量法、邻近密度物含量法等。

① 中煤含量法。对炼焦煤而言,中煤是指密度为1.4~1.8 g/cm^{3}的产品。对动力煤而言,中煤是指密度为1.5~1.8 g/cm^{3}的产品。按照中煤含量≤10%、10.1%~20%、20.1%~30%、>30%将可选性划分为易选、中等可选、难选和极难选4个等级。

② 邻近密度物含量法。邻近密度物含量又称"分选密度±0.1含量"(简称"$\delta\pm0.1$含量"),是指在$(\delta-0.1)\sim(\delta+0.1)$ g/cm^{3}密度间物质的含量。按照$\delta\pm0.1$含量≤10%、10.1%~20%、20.1%~30%、30.1%~40%、>40%将可选性划分为易选、中等可选、较难选、难选和极难选5个等级。

2. 原煤可选性曲线(H-R曲线)的绘制与应用

可选性曲线是根据原煤浮沉资料数据绘制出来的。在进行原煤浮沉综合计算时,我们要注意$\delta\pm0.1$含量的计算方法。在早期的部分书籍资料中,$\delta\pm0.1$含量以扣除>1.8 g/cm^{3}的矸石为100%计算所得。而按照现行的《煤炭可选性评定方法》(GB/T 16417—2011)规定,$\delta\pm0.1$含量计算的要求是"理论分选密度小于1.70 g/cm^{3}时,以扣除沉矸(>2.00 g/cm^3)为100%计算$\delta\pm0.1$含量;理论分选密度等于或大于1.70 g/cm^{3}时,以扣除低密度物(<1.50 g/cm^3)为100%计算$\delta\pm0.1$含量",显然按照最大密度级为1.80 g/cm^{3}的浮沉资料就无法进行扣除,因此$\delta\pm0.1$含量计算方法还值得进一步商榷。

原煤可选性曲线按规定一般绘制在200 mm×200 mm的坐标纸上。可选性曲线(见图3-1)作为原煤性质的图示,可以解决选煤工艺中的理论工艺指标和分选条件等问题。

① 仅考虑精煤的质量情况,其他产品不予考虑。这是初步地、粗略地考查精煤可能选出的情况,可由可选性曲线查出所有指标及分选条件。

② 在一定精煤和矸石的质量要求下,中间产品作为缓冲,可由可选性曲线查出所有指标和分选条件的数据。

③ 在一定精煤和中间产物的质量要求下,确定理论工艺指标及分选条件。

④ 考虑多品种及各品种的质量要求。

【例3-1】 根据表3-1所示的原煤资料,确定要求精煤灰分为8.00%时的理论工艺指标和分选条件。

可选性曲线如图3-1所示。在灰分坐标轴上找出灰分为8.00%的点,由此点向上作一条垂直线与β曲线相交。过交点再作一水平横线,该横线与浮物累计产率坐标轴的交点就是精煤产率γ_j,为65.50%;与λ曲线的交点在灰分坐标轴上的读数为33.00%,此为边界灰分(分界灰分)A_λ;该横线还与δ曲线相交,由此交点向密度横坐标引一垂线,该垂线与密度横坐标交于1.50 g/cm^3,此为理论分选密度δ_{p_0};垂线与ε曲线相交,其交点在浮物累计产

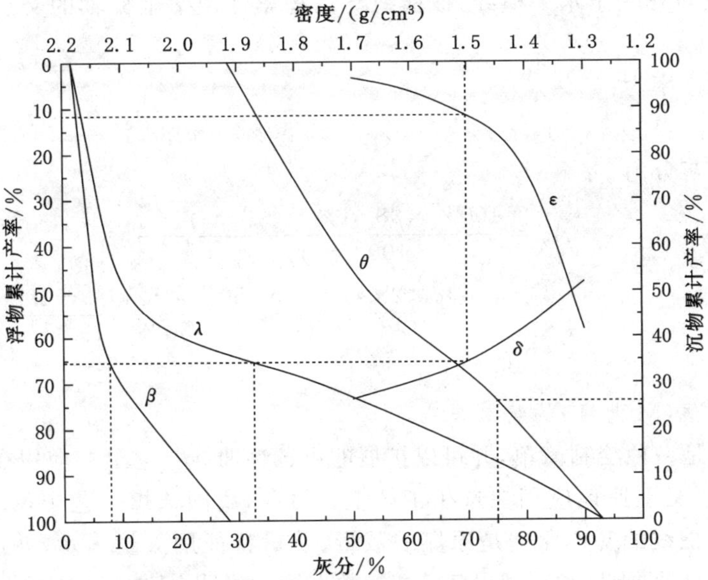

图 3-1　原煤 50～0.5 mm 粒级 H-R 曲线

率坐标轴上的读数为 12.50%，这就是当分选密度为 1.50 g/cm³ 时，分选密度±0.1 邻近物的产率，即 $\gamma_{\delta\pm0.1}=12.50\%$。如果考虑实际分选密度要比理论分选密度低，一般降低 0.05 g/cm³ 左右，因此，实际分选密度 $\delta_p=1.45$ g/cm³，这样，$\gamma_{\delta\pm0.1}=15.50\%$。此原煤按照可选性分类标准《煤炭可选性评定方法》(GB/T 16417—2011)为中等可选煤。

表 3-1　50～0.5 mm 粒级原煤浮沉试验综合表

密度级 δ/(g/cm³)	产率 γ/%	灰分 A_d/%	浮物累计		沉物累计		邻近密度物	
			产率 γ/%	灰分 A_d/%	产率 γ/%	灰分 A_d/%	密度 δ/(g/cm³)	含量 /%
<1.30	48.00	5.30	48.00	5.30	100.00	28.41	1.30	58.30
1.30～<1.40	10.30	9.26	58.30	6.00	52.00	49.75	1.40	18.00
1.40～<1.50	7.70	23.10	66.00	7.99	41.70	59.75	1.50	11.70
1.50～<1.60	4.00	40.00	70.00	9.82	34.00	68.05	1.60	5.75
1.60～<1.80	3.50	47.50	73.50	11.62	30.00	71.79	1.70	3.50
≥1.80	26.50	75.00	100.00	28.41	26.50	75.00		
合　计	100.00	28.41						

【例 3-2】 精煤灰分为 6.50%，矸石灰分为 80.00%，确定其他工艺指标与分选条件。

依据上例方法，在图 3-1 上可确定 $A_j=6.50\%$ 时，精煤产率 $\gamma_j=57.50\%$，边界灰分 $A_\lambda=17.00\%$，理论分选密度 $\delta_{p_0}=1.39$ g/cm³，分选密度±0.1 邻近物的产率 $\gamma_{\delta\pm0.1}=25.50\%$，用 $\delta_{p_0}-0.05=\delta_p$ 代表实际分选密度时，则 $\gamma_{\delta\pm0.1}=38.00\%$，原煤可选性属于难选。

从可选性曲线灰分坐标轴上找出矸石灰分为 80.00% 的点，由此点向上作一条垂直线与

θ 曲线相交，过交点作一条水平横线，该横线与沉物累计产率坐标轴的交点就是矸石产率，即 $\gamma_g = 19.00\%$。

中间产品的产率为：

$$\gamma_z = 100\% - \gamma_j - \gamma_g = 100\% - 57.50\% - 19.00\% = 23.50\%$$

中间产品的灰分为：

$$A_z = \frac{100\% \times 28.41\% - \gamma_j A_j - \gamma_g A_g}{100\% - \gamma_j - \gamma_g}$$

$$= \frac{100\% \times 28.41\% - 57.50\% \times 6.50\% - 19.00\% \times 80.00\%}{100\% - 57.50\% - 19.00\%}$$

$$= 40.31\%$$

2. 迈耶尔曲线（M 曲线）的绘制与应用

迈耶尔曲线是一种绘制简单，并可以扩展的可选性曲线。它最初应用在选煤工艺上，很快获得推广，之后又迅速地应用在选矿工艺上。目前，我国选煤工艺中，H-R 曲线和 M 曲线同等使用。M 曲线的基本原理是原煤的数量、质量特征用矢量表示，并用矢量相加的方法求解两种煤的数量、质量和。现以表 3-2 的数据为例说明 M 曲线的绘制。

表 3-2 某煤样浮沉试验综合资料

密度级 $\delta/(g/cm^3)$	浮沉煤样			浮物累计		
	产率 γ /%	灰分 A_d /%	灰分量 $\gamma \times A_d$ /($\times 10^{-4}$)	产率 γ /%	灰分 A_d /%	灰分量 $\gamma \times A_d$ /($\times 10^{-4}$)
<1.30	40	5.0	200.0	40	5.0	200.0
1.30～<1.40	20	8.0	160.0	60	6.0	360.0
1.40～<1.50	20	12.0	240.0	80	7.5	600.0
≥1.50	20	20.0	400.0	100	10.0	1 000.0
合　计	100	10.0	1 000.0			

小于 1.30 g/cm³ 的煤，其数量和质量表示在图 3-2 中为矢量 ***OA***，在 ΔONA 中，ON 表示该煤的产率，为 40%，NA 表示该煤的灰分量，为 2%（也可以说矢量 ***OA*** 在纵坐标上的投影为该煤浮物产率，而在横坐标上的投影为该煤灰分量），而矢量 ***OA*** 的斜率表示该煤的灰分。同理，画出 1.30～<1.40 g/cm³ 的煤的数量和质量矢量 ***OB***，以此类推，***OC***、***OD*** 分别表示1.40～<1.50 g/cm³ 和≥1.50 g/cm³ 两个密度级物料。

自 A 点作方向平行于 ***OB*** 的矢量 ***AR***，且 ***AR*** 长度与 ***OB*** 的相等。按照矢量定义，矢量 ***AR*** 与 ***OB*** 的物理含义相同，也就是 ***AR***=***OB***。按照矢量相加原理，矢量 ***OR*** 是 ***OA*** 和 ***OB*** 两矢量之和，从图中可知，***OR*** 在纵坐标上的投影 OV 即小于 1.40 g/cm³ 的浮物累计产率（60%），在横坐标上的投影 VR 代表小于 1.40 g/cm³ 的浮物累计灰分量，矢量 ***OR*** 的斜率为 6.00%，即小于 1.40 g/cm³ 的浮物累计灰分，与表 3-2 中浮物累计数据一致。因此，可以用浮物累计数据直接作出矢量 ***OR*** 的 R 点。同理可以顺序找出 S 点和 T 点。连接 O、A、R、S、T，这样获得的折线 $OARST$ 就代表此种煤浮沉数据的数量和质量特征。以 O、A、R、S、T 为基准点进行匀滑处理，就可获得代表浮沉试验结果的迈耶尔曲线（M 曲线）。

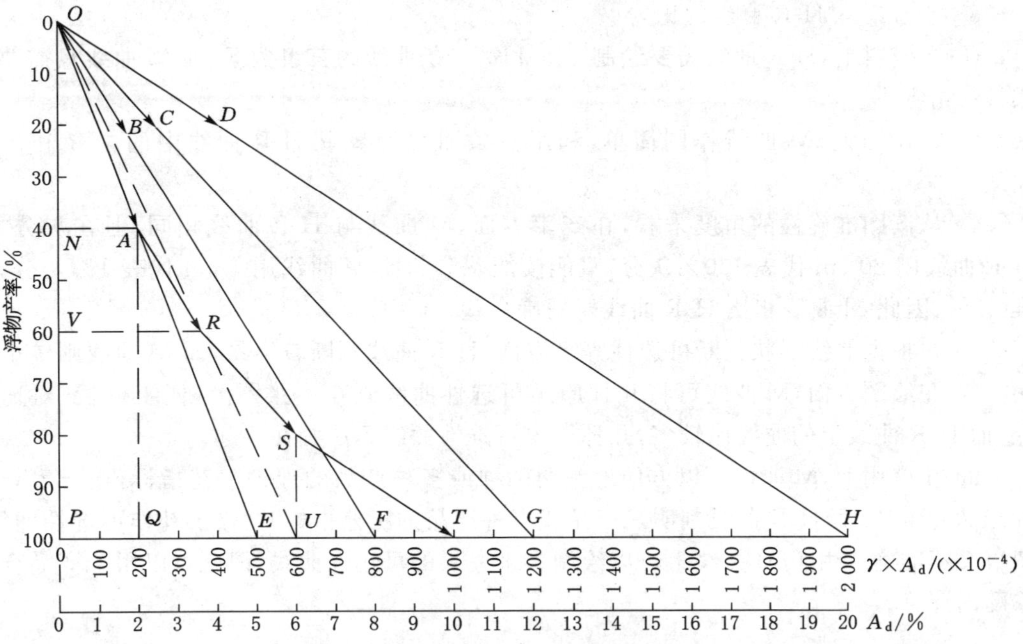

图 3-2　迈耶尔曲线基本原理的图示

绘制 M 曲线仍使用原煤的筛分浮沉试验的综合资料。与绘制 H-R 曲线相比，绘制 M 曲线时，仅使用表 3-2 中浮物累计的两栏数据。一般要求 M 曲线绘制在 200 mm×350 mm 坐标纸上。M 曲线在功能上代替了 H-R 曲线中的 λ、β、θ 三条曲线。为了使用方便，绘出 M 曲线后，可在同一坐标纸上，加一上方横坐标轴代表密度 δ，以绘制密度曲线 δ 和分选密度±0.1 含量曲线 ε。如图 3-3 所示。

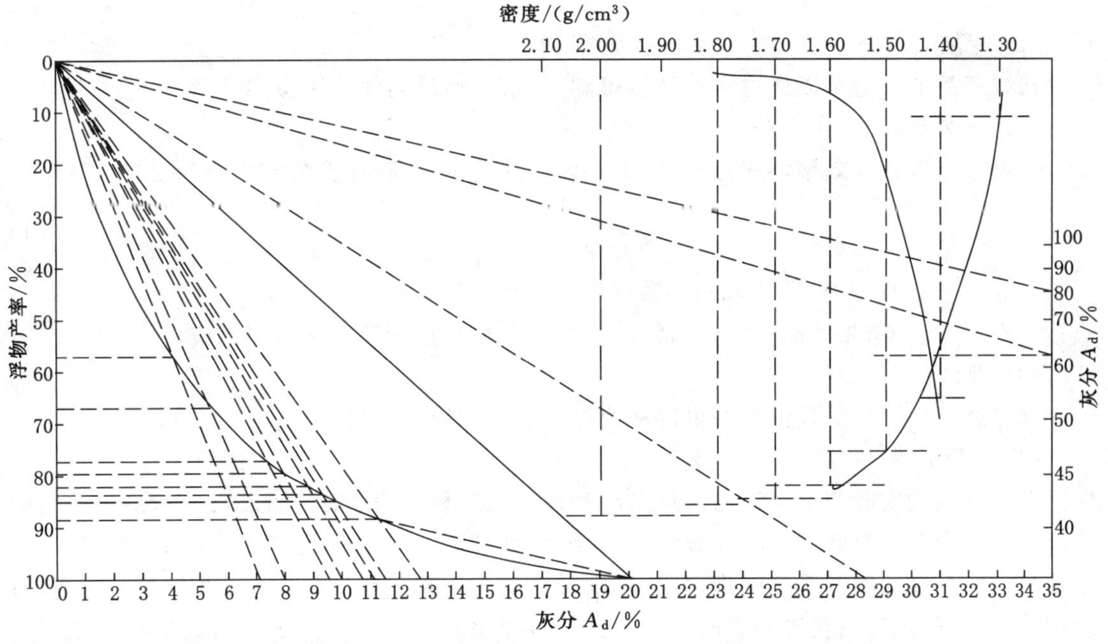

图 3-3　0.5～50 mm 粒级入选原煤 M 曲线及 δ、ε 曲线

3. M 曲线与 H-R 曲线的比较

① 在资料上，H-R 曲线需要绘制 λ、β 和 θ 三条曲线的三组数据，而 M 曲线只需要浮物累计一组数据。

② 在作图上，M 曲线作图简单，利用一条曲线代替了 H-R 曲线中的 λ、β 和 θ 三条曲线。

③ 从读图准确性的角度来看，在产率方面，M 曲线与 H-R 曲线相同，但在灰分方面，H-R 曲线用 20 cm 代表 100%灰分，只能读准 0.5%，而 M 曲线用 1 cm 代表 1%灰分，能读准0.1%，因此 M 曲线相比 H-R 曲线要精确一些。

④ 在根据曲线形状判断可选性等级方面，H-R 曲线判断较容易，而 M 曲线则较难。

⑤ 在绘图方面，M 曲线可将几种原煤可选性曲线画在一张图上，便于分析、对比和研究；而 H-R 曲线上的曲线比较多，几种原煤可选性曲线无法画在一起。

⑥ 在应用上，M 曲线可以方便地判明两种或多种产品的理论工艺指标，便于筹划多品种产品的生产；而 H-R 曲线判明三产品或多种产品的工艺指标时，需要补作可选性曲线，既费事又不准确。由于 M 曲线上可以绘制多个原煤的可选性曲线，因此可以用于产品合理化掺配的计算。

3.2 选煤产品实际产率的计算方法

选煤产品的质量指标可以根据一定的试验规程试验得到，其主要质量指标有灰分、硫分、发热量、水分、挥发分、胶质层厚度等。选煤产品的数量指标有产量、选煤效率、理论产率、实际产率等。

3.2.1 选煤产品的数量指标

(1) 产量

选煤产品的产量可以通过实测计量得到，也可以通过其他方法得到。

(2) 选煤效率

选煤效率即数量效率，它是选煤厂工艺效果的评价标准，计算公式为：

$$\eta=\frac{\gamma_j}{\gamma_{j_0}}\times 100\% \tag{3-1}$$

式中 η ——选煤效率(数值取到小数点后第一位)，%；

γ_j，γ_{j_0} ——选煤产品(通常指精煤)的实际产率和理论产率，%。

(3) 理论产率

选煤产品(精煤)的理论产率可以从原煤可选性曲线上求得。

(4) 实际产率

选煤产品的实际产率可以通过计量法和计算法两种方法获得。计量法是指通过一定的计量工具测定单位时间内产品的数量，从而统计计算某一产品占总产品的比例的方法。产品计量方面存在一些问题和困难，如计量设备精度不准确、所计量的产品水分有波动等，所以相对来讲，通过实测获得准确而可靠的数量指标比通过化验得到准确的数量指标更困难一些。尽管如此，全量计量法确定实际产率仍是优先采用的方法。当确有困难时可用一些计算方法作为补充。

由于选煤是大规模连续生产，通过采取煤样做筛分浮沉试验，将原煤和产品的各个粒级、密度级的灰分等质量指标查清楚是较为容易的，而且选煤厂也积累了大量的这方面的资料。我们可以利用日常技术检查资料或专门进行的试验资料，用数学计算的方法，按照数量与质量平衡的原则，利用筛分浮沉试验的理论指标，推算出选煤产品实际产率等指标。这些指标可以在生产管理、技术检查、计划、设计等方面使用，但应该与实测的产量、产率等数量指标对照复核。

选煤厂常根据产率及灰分量平衡的原则计算实际产率，产品方案有二产品和三产品作业，如图 3-4 所示。

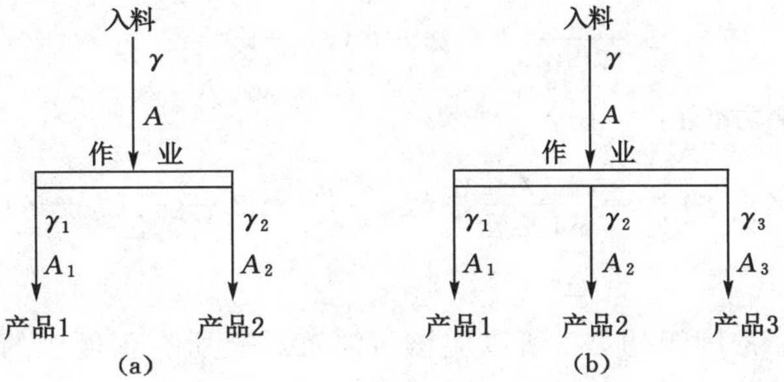

图 3-4　二产品和三产品作业示意图

3.2.2　二产品实际产率计算

1. 二产品实际产率平衡计算法

根据选煤流程的数量、质量平衡原则有：

$$\begin{cases}\gamma_1+\gamma_2=\gamma \\ \gamma_1 A_1+\gamma_2 A_2=\gamma A\end{cases} \tag{3-2}$$

式中　γ_1,γ_2,γ——选煤过程中精煤、矸石、入选原煤的产率，%；

A_1,A_2,A——选煤过程中精煤、矸石、入选原煤的灰分，%。

般情况下，γ、A_1、A_2 和 A 是已知的，代入式(3-2)可解出 γ_1 和 γ_2，即

$$\begin{cases}\gamma_1=\dfrac{A_2-A}{A_2-A_1}\gamma \\ \gamma_2=\gamma-\gamma_1\end{cases} \tag{3-3}$$

二产品作业的计算方法可用于重介选、跳汰选、浮选、分级、浓缩、磁选、脱硫等。

由于选煤过程中存在浸碎、破碎、磨碎等离碎因素，产品的数量、质量指标会发生一定的变化，即

$$\gamma_1 A_1+\gamma_2 A_2-\gamma A=\Delta\neq 0$$

因此，用式(3-3)计算的结果不是很准确。为了减少离碎现象对实际产率造成的误差，这里介绍另一种计算方法。

2. 二产品实际产率格氏计算法

最小二乘法是一种数学优化计算方法。荷兰学者克·格鲁姆布雷西特利用最小二乘法

计算产品产率，因此也称格氏计算法。假设二产品中同一密度级的精煤和中煤占该密度级的百分含量分别为 J、Z，该密度级的总量占全样的百分含量为 Y，精煤、中煤的实际产率分别为 γ_j、γ_z，那么：

$$\frac{\gamma_j}{100\%}J+\frac{\gamma_z}{100\%}Z=Y \tag{3-4}$$

由于实际存在误差 Δ，因此有：

$$\frac{\gamma_j}{100\%}J+\frac{\gamma_z}{100\%}Z-Y=\Delta \tag{3-5}$$

若将 $\gamma_z=100\%-\gamma_j$ 代入式(3-5)，则有：

$$\frac{\gamma_j}{100\%}(J-Z)+(Z-Y)=\Delta \tag{3-6}$$

将式(3-6)两边平方，有：

$$\left[\frac{\gamma_j}{100\%}(J-Z)+(Z-Y)\right]^2=\left(\frac{\gamma_j}{100\%}\right)^2(J-Z)^2-2\frac{\gamma_j}{100\%}(J-Z)(Y-Z)+(Y-Z)^2=\Delta^2 \tag{3-7}$$

式(3-7)代表一个密度级的 Δ^2，所以应该将浮沉试验所有密度级的误差平方求和，则：

$$\sum\Delta^2=\left(\frac{\gamma_j}{100\%}\right)^2\sum(J-Z)^2-2\frac{\gamma_j}{100\%}\sum(J-Z)(Y-Z)+\sum(Y-Z)^2 \tag{3-8}$$

用最小二乘法计算产品实际产率就是在误差平方和最小的条件下，找到解出实际产率的关系式。对式(3-8)求一阶导数，令其等于零为存在极值的条件。

$$\frac{\partial\left(\sum\Delta^2\right)}{\partial\left(\frac{\gamma_j}{100}\right)}=2\frac{\gamma_j}{100}\sum(J-Z)^2-2\sum(J-Z)(Y-Z)=0 \tag{3-9}$$

再求式(3-9)的二阶导数，可知二阶导数大于零，从而求得二产品实际产率：

$$\begin{cases}\gamma_j=\dfrac{\sum(J-Z)(Y-Z)}{\sum(J-Z)^2}\times100\% \\ \gamma_z=100\%-\gamma_j\end{cases} \tag{3-10}$$

除了按灰分量平衡计算法及格氏计算法计算二产品作业的产品产率外，也可以用其他质量指标，如用水量平衡和某一粒级数量平衡等方法求产率。在选取计算方法时，要采用入料和产品变化比较显著的指标，否则采制样的误差会使计算结果产生较大的误差。

例如：某浓缩机入料、溢流和底流的灰分分别为 $A_{入}=26.12\%$、$A_{溢}=29.11\%$ 及 $A_{底}=21.31\%$。用灰分量平衡计算法求得的溢流产率 $\gamma_{溢}$ 为：

$$\gamma_{溢}=\frac{A_{底}-A_{入}}{A_{底}-A_{溢}}\times100\%=\frac{21.31\%-26.12\%}{21.31\%-29.11\%}\times100\%=61.67\%$$

若由于采制样的误差，溢流灰分 $A_{溢}$ 降低为 28.11%，则：

$$\gamma_{溢}=\frac{21.31\%-26.12\%}{21.31\%-28.11\%}\times100\%=70.74\%$$

可见，溢流灰分 $A_{溢}$ 相差 1%，产率 $\gamma_{溢}$ 相差 9.07%，误差很大。

再例如：某浮选机入料、浮选精煤、浮选尾煤的灰分分别为 $A_y=29.90\%$、$A_j=9.27\%$ 和 $A_w=57.40\%$。用灰分量平衡计算法求得的精煤产率 γ_j 为：

$$\gamma_j=\frac{A_w-A_y}{A_w-A_j}\times 100\%=\frac{57.40\%-29.90\%}{57.40\%-9.27\%}\times 100\%=57.14\%$$

若浮选机精煤灰分因采样误差减少了 1%，为 8.27%，则精煤产率 γ_j 为：

$$\gamma_j=\frac{57.40\%-29.90\%}{57.40\%-8.27\%}\times 100\%=55.97\%$$

精煤灰分 A_j 相差 1%，而产率 γ_j 仅相差 1.17%，误差较小。

因此，在决定用什么指标计算产率时，要注意以下问题：① 采用的计算指标是否有较大的变化；② 采用的计算指标要准确可靠；③ 在作业前后物料性质是否发生变化，是否对计算结果有影响。

3.2.3　三产品实际产率计算

1. 三产品实际产率平衡计算法

三产品分选作业流程在跳汰选和三产品重介旋流器等的作业中经常遇到。三产品数量、质量平衡的计算依据入料和 3 个产品的浮沉试验资料。将资料中的各密度级归纳为浮煤（如<1.4 g/cm³ 各密度级之和）、中煤（1.4～<1.8 g/cm³ 密度级）和沉矸（≥1.8 g/cm³ 密度级）。从精煤的实际产率来说，其由大量的浮煤及少量的中煤和沉矸组成。显然，只有精煤的理论产率才含有 100% 的浮煤。中煤和沉矸的实际产率也是由浮煤、中煤和沉矸三部分组成的。将浮沉试验归纳为各产品的污染指标，用符号代表占本级的百分数，见表 3-3。

表 3-3　原煤及各产品污染指标

组　成	原煤/%	精煤/%	中煤/%	沉矸/%
浮煤（<1.4 g/cm³）	A	A_1	A_2	A_3
中煤（1.4～<1.8 g/cm³）	B	B_1	B_2	B_3
沉矸（≥1.8 g/cm³）	C	C_1	C_2	C_3
合计/%	100	100	100	100

假设浮煤、中煤、沉矸在原煤中的含量分别为 A、B、C，那么有 $A+B+C=100$（以原煤量为 100 计）。原煤中的浮煤大部分进入精煤，小部分损失到中煤与沉矸中，原煤中其他组成在产品中分配也如此。已知三个产品实际产率之和为原煤入料产率 $\gamma=100\%$，则数量、质量平衡式可写成：

$$\begin{cases}\gamma_1 A_1+\gamma_2 A_2+\gamma_3 A_3=\gamma A\\ \gamma_1 B_1+\gamma_2 B_2+\gamma_3 B_3=\gamma B\\ \gamma_1+\gamma_2+\gamma_3=100\%\end{cases}\tag{3-11}$$

式中　$\gamma_1,\gamma_2,\gamma_3$——精煤、中煤和沉矸的实际产率，%。

解式(3-11)可得出三个产品的实际产率，即

$$\begin{cases}\gamma_1=\dfrac{(A-A_3)(B_2-B_3)-(A_2-A_3)(B-B_3)}{(A_1-A_3)(B_2-B_3)-(A_2-A_3)(B_1-B_3)}\times 100\% \\ \gamma_2=\dfrac{(A_1-A_3)(B-B_3)-(A-A_3)(B_1-B_3)}{(A_1-A_3)(B_2-B_3)-(A_2-A_3)(B_1-B_3)}\times 100\% \\ \gamma_3=100\%-\gamma_1-\gamma_2\end{cases} \tag{3-12}$$

这样就可以通过该三产品平衡方程式计算得到选煤过程各产品的实际产率。也可以列出以下三产品平衡方程式：

$$\begin{cases}\gamma_1 A_1+\gamma_2 A_2+\gamma_3 A_3=\gamma A \\ \gamma_1 B_1+\gamma_2 B_2+\gamma_3 B_3=\gamma B \\ \gamma_1 C_1+\gamma_2 C_2+\gamma_3 C_3=\gamma C\end{cases} \tag{3-13}$$

由于在煤炭分选过程中存在煤炭的破碎解离现象，而在技术检查过程中又无法正确估计破碎解离的程度，同时技术检查试验过程本身又存在一定的误差，因此，该方法计算的结果可能出现负值或者与真值相差较远的情况。因此，一般在解离破碎程度较小，且试验结果比较正确的情况下，采用该方程式计算。

2. 三产品实际产率格氏计算法

三产品实际产率格氏计算法的原理与二产品实际产率格氏计算法相同，也就是考虑浮沉试验中精煤、中煤和矸石的任一密度级百分数折算成占原煤的百分数后，其总和与原煤的该密度级百分数有一个差异，用误差 Δ 表示，则：

$$\frac{\gamma_j}{100\%}J+\frac{\gamma_z}{100\%}Z+\frac{\gamma_g}{100\%}G-Y=\Delta \tag{3-14}$$

式中 $\gamma_j,\gamma_z,\gamma_g$——精煤、中煤、矸石的实际产率，%；

J,Z,G——精煤、中煤、矸石在任意密度级中占本级的百分数，%；

Y——任意密度级的原煤占全样的百分数，%；

Δ——任意密度级数量平衡产生的误差，%。

将 $\gamma_g=100\%-\gamma_j-\gamma_z$ 代入式(3-14)，则有：

$$\frac{\gamma_j}{100\%}J+\frac{\gamma_z}{100\%}Z+\frac{100\%-\gamma_j-\gamma_z}{100\%}G-Y=\Delta$$

即

$$\Delta=\frac{\gamma_j}{100\%}(J-G)+\frac{\gamma_z}{100\%}(Z-G)-(Y-G) \tag{3-15}$$

将式(3-15)平方后展开得式(3-16)：

$$\Delta^2=\left(\frac{\gamma_j}{100\%}\right)^2(J-G)^2+\left(\frac{\gamma_z}{100\%}\right)^2(Z-G)^2+2\times\frac{\gamma_j}{100\%}\frac{\gamma_z}{100\%}(J-G)(Y-G)-$$

$$2\times\frac{\gamma_j}{100\%}(J-G)(Y-G)-2\times\frac{\gamma_z}{100\%}(Z-G)(Y-G)+(Y-G)^2 \tag{3-16}$$

将各密度级误差平方求和：

$$\sum\Delta^2=\left(\frac{\gamma_j}{100\%}\right)^2\sum(J-G)^2+\left(\frac{\gamma_z}{100\%}\right)^2\sum(Z-G)^2+$$

$$2\times\frac{\gamma_j}{100\%}\frac{\gamma_z}{100\%}\sum(J-G)(Y-G)-$$

$$2\times\frac{\gamma_j}{100\%}\sum(J-G)(Y-G)-$$

$$2\times\frac{\gamma_z}{100\%}\sum(Z-G)(Y-G)+\sum(Y-G)^2 \tag{3-17}$$

根据最小二乘法原理，在 $\sum\Delta^2$ 最小的条件下，精煤、中煤的实际产率 γ_j、γ_z 误差最小，该实际产率最趋近于生产实际。

根据上述原理，利用高等数学中求极值方法计算 γ_j、γ_z 的值。对式(3-17)求一阶导数和二阶导数，可以看出二阶导数恒大于零，则在一阶导数等于零时可得最小值。

$$\begin{cases}\dfrac{\gamma_j}{100\%}\sum(J-G)^2+\dfrac{\gamma_j}{100\%}\sum(J-G)(Z-G)-\sum(J-G)(Y-G)=0\\ \dfrac{\gamma_z}{100\%}\sum(Z-G)^2+\dfrac{\gamma_z}{100\%}\sum(J-G)(Z-G)-\sum(Z-G)(Y-G)=0\end{cases} \tag{3-18}$$

解方程组可得：

$$\begin{cases}\gamma_j=\dfrac{\sum(J-G)(Y-G)\sum(Z-G)^2-\sum(J-G)(Z-G)\sum(Z-G)(Y-G)}{\sum(J-G)^2\sum(Z-G)^2-\left[\sum(J-G)(Z-G)\right]^2}\times100\%\\ \gamma_z=\dfrac{\sum(J-G)^2\sum(Z-G)(Y-G)-\sum(J-G)(Z-G)\sum(J-G)(Y-G)}{\sum(J-G)^2\sum(Z-G)^2-\left[\sum(J-G)(Z-G)\right]^2}\times100\%\end{cases} \tag{3-19}$$

可以用下面 5 个式子将式(3-19)简化，令：

$$\begin{cases}a=\sum(J-G)^2\\ b=\sum(J-G)(Z-G)\\ c=\sum(J-G)(Y-G)\\ d=\sum(Z-G)^2\\ e=\sum(Z-G)(Y-G)\end{cases} \tag{3-20}$$

将 a、b、c、d、e 代入式(3-19)，可得：

$$\begin{cases}\gamma_j=\dfrac{cd-be}{ad-b^2}\times100\%\\ \gamma_z=\dfrac{ae-bc}{ad-b^2}\times100\%\\ \gamma_g=100\%-\gamma_j-\gamma_z\end{cases} \tag{3-21}$$

这样，就可以利用格氏计算法得到三产品的实际产率。

3.2.4　选煤产品实际产率计算的示例

【例 3-3】　某动力煤选煤厂的月综合资料见表 3-4，计算精煤产率。

表 3-4　原煤及产品浮沉组成

密度级 δ/(g/cm³)	原煤		精煤		中煤	
	产率 γ/%	灰分 A_d/%	产率 γ/%	灰分 A_d/%	产率 γ/%	灰分 A_d/%
<1.30	2.70	4.03	2.88	4.01	1.22	4.10
1.30～<1.40	43.07	7.85	64.48	7.78	8.30	8.11
1.40～<1.50	10.69	16.31	14.92	15.98	4.48	17.13
1.50～<1.60	12.79	27.22	13.64	27.18	18.56	27.98
1.60～<1.80	10.73	39.52	2.91	35.48	27.97	42.41
≥1.80	20.02	71.23	1.17	67.56	39.47	76.45
合计	100.00		100.00		100.00	

解：

格氏计算法计算产率只用到了每一个密度级的含量，即产率数值，产品产率的格氏计算法计算见表 3-5。

表 3-5　二产品的格氏计算法计算表

密度级 δ/(g/cm³)	原煤 Y/%	精煤 J/%	中煤 Z/%	J－Z	(J－Z)²	Y－Z	(J－Z)×(Y－Z)
<1.30	2.70	2.88	1.22	1.66	2.76	1.48	2.46
1.30～<1.40	43.07	64.48	8.30	56.18	3 156.19	34.77	1 953.38
1.40～<1.50	10.69	14.92	4.48	10.44	108.99	6.21	64.83
1.50～<1.60	12.79	13.64	18.56	－4.92	24.21	－5.77	28.39
1.60～<1.80	10.73	2.91	27.97	－25.06	628.00	－17.24	432.03
≥1.80	20.02	1.17	39.47	－38.30	1 466.89	－19.45	744.94
合计	100.00	100.00	100.00		5 387.04		3 226.03

根据表 3-5，按格氏计算法公式(3-10)计算得到精煤产率：

$$\gamma_j = \frac{\sum (J-Z)(Y-Z)}{\sum (J-Z)^2} \times 100\% = \frac{3\ 226.03}{5\ 387.04} \times 100\% = 59.88\%$$

【例 3-4】　某选煤厂××××年××月××日对该厂主选机进行单机检查，试验过程的原煤及产品的浮沉组成见表 3-6 和表 3-7，试求该主选机的选煤效率。

表 3-6　原煤及主选产品浮沉组成

密度级 δ/(g/cm³)	原煤产率 γ/%	精煤产率 γ_j/%	中煤产率 γ_z/%	矸石产率 γ_g/%
<1.30	11.19	25.94	1.73	0
1.30～<1.40	36.02	59.57	16.63	1.50
1.40～<1.50	13.54	10.41	19.09	0.99

表 3-6(续)

密度级 $\delta/(g/cm^3)$	原煤产率 $\gamma/\%$	精煤产率 $\gamma_j/\%$	中煤产率 $\gamma_z/\%$	矸石产率 $\gamma_g/\%$
1.50～<1.60	7.73	2.61	14.54	1.19
1.60～<1.80	8.12	1.20	21.10	4.01
≥1.80	23.40	0.27	26.91	92.31
合　计	100.00	100.00	100.00	100.00

表 3-7　主选入料浮沉组成

密度级 $\delta/(g/cm^3)$	产率 $\gamma/\%$	灰分 $A_d/\%$	浮物累计		沉物累计		邻近密度物	
			产率 $\gamma/\%$	灰分 $A_d/\%$	产率 $\gamma/\%$	灰分 $A_d/\%$	密度 $\delta/(g/cm^3)$	含量 /%
<1.30	11.19	2.37	11.19	2.37	100.00	28.35	1.30	47.21
1.30～<1.40	36.02	7.48	47.21	6.27	88.81	31.62	1.40	49.56
1.40～<1.50	13.54	18.53	60.75	9.00	52.79	48.09	1.50	21.27
1.50～<1.60	7.73	30.30	68.48	11.41	39.25	58.29	1.60	11.79
1.60～<1.80	8.12	39.99	76.60	14.44	31.52	65.15	1.70	8.12
≥1.80	23.40	73.88	100.00	28.35	23.40	73.88		
小　计	100.00	28.35						

解：

(1) 绘制原煤的可选性曲线并寻找理论产率

① 编制主选入料的浮沉试验综合表。

② 根据表 3-7 绘制原煤可选性曲线，如图 3-5 所示。

③ 精煤实际灰分为 11.50%(试验所得)，从图 3-5 中可查得理论产率为 69.50%。

(2) 计算精煤的实际产率

① 计量法计算精煤产品的实际产率。通过实测计量各产品的实际产率，结果见表 3-8。由表 3-8 计算得，$\gamma_j=46.08\%$，$\gamma_z=32.82\%$，$\gamma_g=21.10\%$。其中，原煤的实测计算以缓冲仓为测试对象，缓冲仓装煤 40 t，入选完所用时间为 956 s，原煤水分为 7%，主选机处理能力为 40÷956×3 600×(1−0.07)=140.1 (t/h)。三产品的实测误差：原煤实测为140.1 t/h，三产品之和为 123.7 t/h，两者相差 16.4 t/h。

表 3-8　产品实测记录

项　目	每小时斗子数/个	每个斗子产品质量/kg	含水量/%	产量/(t/h)
精煤斗子	1 237	66.0	30.20	57.0
中煤斗子	1 500	30.3	10.60	40.6
矸石斗子	1 500	19.4	10.20	26.1

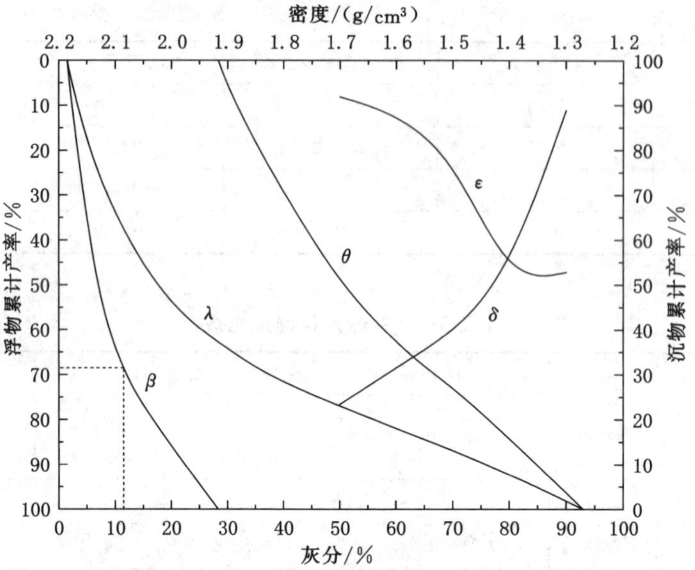

图 3-5　主选入料的可选性曲线

② 三产品污染指标计算法。三产品污染指标计算所用浮沉组成见表 3-9。

表 3-9　原煤及产品浮沉组成

产品	按密度级 1.40～<1.80 g/cm³ 作为中间产物划分 A、B、C				按密度级 1.50～<1.80 g/cm³ 作为中间产物划分 A、B、C			
	原煤 Y/%	精煤 J/%	中煤 Z/%	矸石 G/%	原煤 Y/%	精煤 J/%	中煤 Z/%	矸石 G/%
精煤	A 47.21	A_1 85.51	A_2 18.36	A_3 1.50	60.75	95.92	37.45	2.49
中煤	B 29.39	B_1 14.22	B_2 54.73	B_3 6.19	15.85	3.81	35.64	5.20
矸石	C 23.40	C_1 0.27	C_2 26.91	C_3 92.31	23.40	0.27	26.91	92.31
合计	100.00	100.00	100.00	100.00	100.00	100.00	100.00	100.00

根据表 3-9 列三产品平衡方程式(按密度级 1.40～<1.80 g/cm³ 区分)，从而求得：

$$\gamma_j = \frac{(A - A_3)(B_2 - B_3) - (A_2 - A_3)(B - B_3)}{(A_1 - A_3)(B_2 - B_3) - (A_2 - A_3)(B_1 - B_3)} \times 100\% = 46.36\%$$

$$\gamma_z = \frac{(A_1 - A_3)(B - B_3) - (A - A_3)(B_1 - B_3)}{(A_1 - A_3)(B_2 - B_3) - (A_2 - A_3)(B_1 - B_3)} \times 100\% = 40.13\%$$

$$\gamma_g = 100\% - \gamma_j - \gamma_z = 13.51\%$$

同理，按密度级 1.50～<1.80 g/cm³ 划分得：

$$\gamma_j = 48.44\%, \gamma_z = 37.19\%, \gamma_g = 14.37\%$$

③ 格氏计算法计算三产品实际产率。主选产品实际产率的格氏计算法计算见表 3-10。

表 3-10　原煤及产品浮沉组成的格氏计算法计算表

密度级 δ /(g/cm³)	原煤及产品浮沉组成				Y−G	J−G	Z−G	a=(J−G)²	b=(J−G)×(Z−G)	c=(J−G)×(Y−G)	d=(Z−G)²	e=(Z−G)×(Y−G)
	原煤 Y/%	精煤 J/%	中煤 Z/%	矸石 G/%								
<1.30	11.19	25.94	1.73	0	11.19	25.94	1.73	672.90	44.90	290.27	2.99	19.36
1.30~<1.40	36.02	59.57	16.63	1.50	34.52	58.07	15.13	3 372.10	878.60	2 004.58	228.92	522.29
1.40~<1.50	13.54	10.41	19.09	0.99	12.55	9.42	18.10	88.70	170.50	118.23	327.61	227.16
1.50~<1.60	7.73	2.61	14.54	1.19	6.54	1.42	13.35	2.00	19.00	9.29	178.22	87.31
1.60~<1.80	8.12	1.20	21.10	4.01	4.11	−2.81	17.09	7.90	−48.00	−11.55	292.07	70.24
≥1.80	23.40	0.27	26.91	92.31	−68.91	−92.04	−65.04	8 471.40	6 019.40	6 342.48	4 277.16	4 506.71
合　计	100.00	100.00	100.00	100.00				12 615.00	7 084.40	8 753.28	5 306.97	5 433.06

根据表 3-10，按照格氏计算法公式(3-21)计算得：

$$\gamma_j=\frac{cd-be}{ad-b^2}\times 100\%=\frac{8\,753.28\times 5\,306.97-7\,084.40\times 5\,433.06}{12\,615.00\times 5\,306.97-7\,084.40\times 7\,084.40}\times 100\%$$

$$=47.52\%$$

$$\gamma_z=\frac{ae-bc}{ad-b^2}\times 100\%=\frac{12\,615.00\times 5\,433.06-7\,084.40\times 8\,753.28}{12\,615.00\times 5\,306.97-7\,084.40\times 7\,084.40}\times 100\%$$

$$=38.94\%$$

$$\gamma_g=100\%-\gamma_j-\gamma_z=100\%-47.52\%-38.94\%=13.54\%$$

④ 对计算结果进行比较，确定最佳实际产率。将计算结果综合，填入表 3-11，进行判别比较，确定最佳实际产率，表中原煤与产品实测数值是在做单机检查试验过程中的实际测量数值。

表 3-11　不同计算方法的结果比较表

计算方法	原煤（实测）	产品（实测）	格氏计算法	三产品平衡计算法（1.40~<1.80 g/cm³ 为中间产物）	三产品平衡计算法（1.50~<1.80 g/cm³ 为中间产物）
精煤产率/%	100.00	46.08	47.52	46.36	48.44
中煤产率/%		32.82	38.94	40.13	37.19
矸石产率/%		21.10	13.54	13.51	14.37
原煤与产品加权平均灰分 A_d/%	28.35	32.47	29.11	29.43	29.17
灰分误差/%		4.12	0.76	1.08	0.82
≥1.80 g/cm³ 密度物含量/%	23.40	28.43	23.11	23.40	23.40
≥1.80 g/cm³ 密度物含量误差/%		5.03	−0.29	0	0
备注		误差最大	误差小	误差小	误差最小

由表 3-11 可以看出，实际测量数据的偏差最大。而采用三产品平衡计算法时，采用

1.50～<1.80 g/cm³ 密度级作为中间产物划分浮煤、中煤、矸石是比较合适的，因此以此计算结果作为最终结果，即 $\gamma_j=48.44\%$，$\gamma_z=37.19\%$，$\gamma_g=14.37\%$。

（3）计算选煤效率

根据选煤效率计算公式进行计算：

$$\eta=\frac{\gamma_j}{\gamma_{j0}}\times100\%=\frac{48.44\%}{69.50\%}\times100\%=69.70\%$$

（4）分析

由选煤效率的计算结果（$\eta=69.70\%$）可以看出，该主选机的选煤效率较低，应采取其他措施，如增设再选机等方法提高总精煤产率。

3.3 重选工艺指标

3.3.1 选煤数量效率

选煤生产过程的目的是希望获得最好的工艺效果，评价这个效果的标准就是数量效率。数量效率表示精煤实际产率与理论产率的偏离程度。分选设备的性能、煤炭的可选性及操作工人的水平都影响着选煤数量效率。数量效率主要有以下几个用途：① 评价设备分选效果的重要指标之一；② 衡量一个分选系统是否完善的重要指标之一；③ 在一定条件下，反映了操作人员的技术水平及煤炭的可选性。

选煤的数量效率包括单机数量效率、系统数量效率和全厂数量效率。

1. 单机数量效率

单机数量效率是指单个生产设备或相同工艺环节的多个设备的数量效率，包括重选数量效率和浮选数量效率。

① 重选数量效率 $\eta_{重选}$ 可由式(3-22)计算得出。

$$\eta_{重选}=\frac{\gamma_j}{\gamma_{j0}}\times100\% \tag{3-22}$$

式中 γ_j ——精煤实际产率，%；

γ_{j0} ——根据入选原煤>0.5 mm 可选性曲线查得的精煤理论产率，%。

② 浮选数量效率 η_k 可由式(3-23)计算得出。

$$\eta_k=\frac{\gamma_j}{\gamma_k}\times100\% \tag{3-23}$$

式中 γ_j ——浮选精煤实际产率，%；

γ_k ——精煤灰分相同时，浮选精煤理论产率，%。

2. 全厂数量效率

全厂数量效率 η_F 可由式(3-24)计算得出。

$$\eta_F=\frac{\gamma_j}{\gamma_{j0}}\times100\% \tag{3-24}$$

式中 γ_j ——精煤实际产率（全厂各工艺环节所产精煤量的总和，其灰分应是销售精煤灰分，根据销售精煤量和入选原煤量计算出 γ_j），%。

γ_{j0} ——精煤理论产率，%。设浮选或不设浮选但煤泥直接掺入精煤时，由 50～0 mm可选性曲线查得；不设浮选、煤泥也不掺入精煤时，由 50～0.5 mm 可选性曲线查得。

数量效率不但与设备性能、操作水平有关，还与原煤的可选性、密度组成、粒度组成密切相关。当设备相同、操作水平相同、原煤的粒度组成相同时，不同可选性的煤分选后其数量效率有显著的差异。例如，表 3-12 所示同一原煤在不同分选密度时，可选性由极难选变为易选，精煤实际产率由 44.99%增加到 71.88%，在相同的 I 值(0.20)下分选时，数量效率由 71.39%增加到 95.69%。

表 3-12　某选煤厂不同分选密度条件下的数量效率测试结果

分选密度 δ/(g/cm³)	精煤		去矸 $\gamma_{\delta_p \pm 0.1}$ /%	理论产率/%	数量效率/%
	产率 γ/%	灰分 A_d/%			
1.40	44.99	9.05	57.12	63.02	71.39
1.45	53.49	9.75	32.89	66.42	80.53
1.50	59.91	10.34	18.10	69.33	86.41
1.55	64.58	10.90	11.21	71.54	90.27
1.60	69.05	11.43	7.34	73.56	93.87
1.65	71.88	12.02	5.20	75.12	95.69

数量效率由于其本身的局限性，一般不能单独作为评定重选设备或全厂的分选效果的指标。在实际应用中，数量效率因其计算方便，可以作为厂内原煤可选性基本不变时的分选效果评价指标，而对可选性不同的原煤，就没有可比性。对相同的原煤，采用重介质分选的数量效率往往要高于水介质或空气介质的选煤方法，特别是当可选性较差、分选密度较低时，重介质分选的优越性更为显著。

3.3.2　分配曲线与 E、I 指标

以密度级别的平均密度值为横坐标，分配率为纵坐标，将资料中各密度级别的相应数据标在坐标系中，将各点连成曲线，该曲线称为分配曲线。分配曲线是荷兰学者特鲁姆普于 1937 年提出的，因此分配曲线又称为特鲁姆普曲线。

使用已经知道的实际产率指标，将精煤、中煤、矸石的同一密度级的产率(占入料的百分数)相加，计算原煤的密度级，将每一个密度级的精煤、中煤和矸石占本级的浮沉组成数据折算为占入料原煤的基准，将折算后的同一密度级的精煤、中煤和矸石产率相加，为该密度级的计算原煤 y_1，如表 3-13 分配率计算表所示。跳汰分选的第一段先分选出矸石，因此第二段计算入料 y_2 为中煤和精煤(表中第 6、7 栏)之和。

表 3-13 分配率计算表

密度级 $\delta/(g/cm^3)$	原煤与产品浮沉组成（占本级）				产品浮沉组成（占全样）			计算原煤 $y_1/\%$	第二段计算入料 $y_2/\%$	第一段沉物分配率 $\varepsilon_1/\%$	第二段沉物分配率 $\varepsilon_2/\%$
	原煤 $Y/\%$	精煤 $J/\%$	中煤 $Z/\%$	矸石 $G/\%$	精煤 $j/\%$	中煤 $z/\%$	矸石 $g/\%$				
(1)	(2)	(3)	(4)	(5)	(6)	(7)	(8)	(9)	(10)	(11)	(12)
<1.30	19.61	32.29	13.99	0.04	16.55	2.90	0.01	19.46	19.45	0.05	14.91
1.30～<1.40	38.45	63.88	27.99	0.08	32.74	5.79	0.02	38.56	38.53	0.05	15.02
…	…	…	…	…	…	…	…	…	…	…	…
合　计	100.00	100.00	100.00	100.00	51.26	20.70	28.04	100.00	71.96		

因此，跳汰机的第一段和第二段的沉物分配率 ε_1、ε_2 分别为：

$$\begin{cases}\varepsilon_1=\dfrac{g}{j+z+g}\times 100\% \\ \varepsilon_2=\dfrac{z}{j+z}\times 100\%\end{cases} \tag{3-25}$$

式中　j,z,g——精煤、中煤及矸石中某密度级的数量占原煤的百分数。

对于三产品重介分选设备，如三产品重介旋流器，可以将其看作串联的两段重选作业，第一段的重产物是第二段的入料，第一段排出的产物是精煤，因此分配率计算与跳汰的分配率计算有所不同。如果三产品重介分选设备的第一段产物是矸石，则分配率计算与跳汰分配率计算相同。

重介选的第一段和第二段的沉物分配率 ε_1、ε_2 分别为：

$$\begin{cases}\varepsilon_1=\dfrac{z+g}{j+z+g}\times 100\% \\ \varepsilon_2=\dfrac{g}{z+g}\times 100\%\end{cases} \tag{3-26}$$

计算出分配率 ε_1 和 ε_2 以后，绘出重力分选的第一段和第二段沉物分配曲线。

在计算分配率和绘制分配曲线之前，应计算入选原煤与计算原煤各密度级的差值的标准差 σ。

$$\sigma=\sqrt{\frac{1}{n-K-1}\sum_{i=1}^{n}\Delta_i^2} \tag{3-27}$$

式中　σ——入选原煤与计算原煤各密度级的差值的标准差，取至小数点后两位；

Δ_i——入选原煤与计算原煤在某一密度级的差值；

n——资料中密度级数目；

K——二产品时 $K=0$，三产品时 $K=1$。

标准差的计算值，主选跳汰机为 1.20，再选跳汰机或重介选为 0.60。如果计算标准差不符合标准，将<1.40 g/cm³ 密度级合并再重新计算。在确认计算原煤符合要求之后，才可以认为格氏计算法计算出的实际指标可用。用这个指标分别与浮沉试验的数据相乘，得出 j、z、g 作为绘制各密度级分配曲线的基础。计算第一段和第二段分配率并绘制分配曲线，如图 3-6 所示。

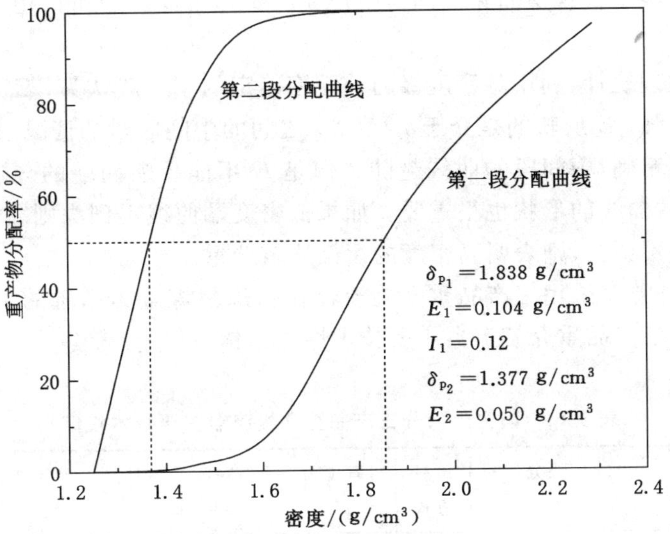

图 3-6　跳汰第一段和第二段沉物分配曲线

绘制分配曲线所需的浮沉试验资料，理想情况是多做几个密度级。对于含量较高的那些密度级，尤其是分选密度附近的那些密度级，最好按密度间隔为 0.05 g/cm^3 进一步划窄。否则在分配曲线右方的密度点很少，甚至一个也没有，从而画不出一条完整的曲线。一般来说，应使分配曲线在分选密度两侧都有 2～3 个点才合适。

分配曲线图形能最直观、最详尽地描述全部物料按密度分选的结果。为了便于对比和分析问题，我们可以将分配曲线用 2 个或 3 个特征参数来描述。由于分配率是某密度级进入产物中的概率，最初，特鲁姆普主张把分配曲线当作一种误差概率分布曲线，从而服从误差分布理论中的普遍规律——高斯正态分布，因此，分配曲线符合正态分布的累积概率曲线，其理论模型为：

$$\varepsilon_i = \frac{1}{\sigma\sqrt{2\pi}}\int_{-\infty}^{\delta} e^{-\frac{(\delta-\delta_p)^2}{2\sigma^2}} d\delta \tag{3-28}$$

式中　σ——标准差。

由式(3-28)可以看出，各密度级的分配率 ε_i 只与分选密度 δ_p 和标准差 σ 两个参数有关。只要这两个参数确定，按照 ε_i 与 δ 的关系就可绘制出整条分配曲线。因此，当分配曲线呈现正态分布时，可用两个参数来描述它：

① 分选密度 δ_p。即分配曲线上分配率为 50%的点所对应的分选密度，它反映分配曲线在图上的位置。

② 可能偏差 E。实际分配曲线与理论分配曲线接近的程度反映选煤设备的工作效果与操作水平，用可能偏差 E 表示。可能偏差 E 反映分配曲线的陡度。

$$E = \frac{1}{2}(\delta_{75} - \delta_{25}) \tag{3-29}$$

式中　E——可能偏差(数值取到小数点后第三位)，g/cm^3；

δ_{75}，δ_{25}——分配曲线上分配率为 75%、25%时对应的密度，g/cm^3。

如果分配曲线不很规整而无法同时获得 δ_{75} 和 δ_{25} 时，E 也可以用 $\delta_{75}-\delta_{50}$ 或 $\delta_{50}-\delta_{25}$ 代替。

E 是基于数理统计，利用各密度级的分配率确定的。一般认为，E 与煤的可选性无关，因此可比性比较强。E 反映的是介于 δ_{25} 和 δ_{75} 之间的中间区段的情况。E 越小，表示分选设备按密度分选越精确，中间段的曲线越陡。但是 E 不能反映两端的分选情况，因此对于分配曲线，观察两端曲线的形状也很重要。如果低密度端曲线不到头则表明跑煤比较严重；如果高密度端曲线不到头，则表明高密度的污染比较严重。

目前，国内外普遍采用三产品重介旋流器作为炼焦煤重力精选的主要设备，表 3-14 列出了国内外部分三产品重介旋流器主要技术性能指标，可供参考。

表 3-14 国内外部分三产品重介旋流器主要技术性能指标

国别	型号	二段分选密度调节方法	给料方式	处理能力/(t/h)	入料粒度/mm	E_1	E_2	原煤
俄罗斯	ГТУ710/500	1	有压	90	13～0.5	0.050～0.055	0.060～0.070	分级脱泥
俄罗斯	ГТУ900/630	1	有压	200	50～0.5	0.023～0.038	0.050～0.087	脱泥
中国	3NWX700/500	2	无压	90	50～0	0.030～0.040	0.040～0.060	不脱泥不分级
中国	3NWX1200/850	2	无压	250	85～0	0.030～0.040	0.030～0.050	不脱泥不分级
中国	3GDMC1400/1000A	3	无压	500	100～0	0.025	0.065	不脱泥不分级

注，二段分选密度调节方法为：1——停产更换底流器；2——内置式在线调节溢流管插入深度；3——外置式在线调节溢流管插入深度。

分配曲线呈正态分布的必要和充分条件是分选密度波动和按相对密度分选只存在随机因素，不存在其他系统误差，而且设备对各密度级的识别误差亦应相同。而实际上，除第一个条件外，其他两个条件是很难满足的，因此分配曲线呈偏态分布已是公认的事实。目前，国内外普遍将可能偏差 E 作为评定重介质分选设备工艺效果的指标，而评定以水为介质的选煤设备（如跳汰机）工艺效果的指标多使用不完善度 I。

$$I=\frac{E}{\delta_p-1} \tag{3-30}$$

式中 I ——不完善度（数值取到小数点后第二位）；

δ_p ——分选密度（或分配密度）分配曲线上分配率为 50%时的密度，g/cm³。

在实际工作中，E 与 I 有时也互相通用。由式(3-30)可以看出，特别是在分选密度 δ_p 比较高时，I 与 E 接近，只有在低分选密度时，I 与 E 有很大的差异。I 计算公式中的分母实际是分选密度与分选介质水的密度（$\rho=1$ g/cm³）的差。因此，对于干选脉动分选设备来说，I 的计算公式为：

$$I=\frac{E}{\delta_p} \tag{3-31}$$

由于水介质分选的分配曲线偏离正态分布较大，使用 E 或 I 作为特性参数可能会出现较大偏差。中国矿业大学张荣曾教授在研究窄粒级（3～6 mm）煤的跳汰分选行为时，提出用可能误差 K 表示分配曲线的形状特征和分选效果。

$$K=\frac{E}{\delta_{\mathrm{p}}^{2}}g \tag{3-32}$$

式中　g ——重力加速度，cm/s^2。

试验结果表明，随着分选密度变化，可能偏差 E 和不完善度 I 发生规律性变化，而可能误差 K 基本没有变化，因此相比可能偏差 E 和不完善度 I，用可能误差 K 表征分配曲线形状参数更合适。目前，可能误差 K 没有被广大选煤工作者接受和使用。

绘制与使用分配曲线时需要注意以下几个影响分配曲线的问题。

① 平均密度的影响。

手工绘制分配曲线时，各密度级的平均密度一般用算术平均值代表。如 1.3～1.4 g/cm^3 的平均密度为 1.35 g/cm^3。按照《评定煤用重选设备工艺性能的计算机算法》(MT/T 145—1997)的拉格朗日插值法计算的实际平均密度，与算术平均值比较接近，但不等同。分配曲线两段（<1.3 g/cm^3、>1.8 g/cm^3 或>2.0 g/cm^3）平均密度的确定，对分配曲线的形状也有一定的影响，尤其是分选密度比较高时，高密度端平均密度对分配曲线形状的影响尤为明显，因此在手工绘制分配曲线时，人为确定或规定的平均密度计算数值会影响分配曲线的准确性。

② 原煤可选性的影响。

理论上，原煤各密度级产品数量的变化，以及密度组成和可选性变化，对分配曲线的特性即形状是没有影响的。实际上，随着原煤密度组成的变化，在相同的情况下，原煤分选界面的分散状态和分层条件都会发生变化，从而对分配曲线的形状产生影响。一般情况下，原煤中高密度物数量增多，会影响分层效果，从而导致 E（或 I）有增高的趋势。反之，则 E 等有降低的趋势。

③ 分选密度的影响。

分选密度变化相应地会影响分配曲线的形状。对于重介质选煤，分选密度增加，重介质的流变黏度随之加大，从而对颗粒的运动速度产生不利影响，分配曲线形状的变化体现为特性参数可能偏差 E 变大。对于水介质选煤来说，随着分选密度增加，不完善度 I 则逐渐减小。

④ 原煤粒度及粒度组成的影响。

随着原煤粒度的减小，分层速度降低，分选效果将恶化，反映在分配曲线的形状上，表现为与理想分选的分配曲线（呈折线形）偏离更大。

在重选产品的计算过程中，分配曲线工艺参数的获取与计算应该基于实际分配率，也可基于正态分布近似法。由于实际分配率计算涉及的曲线平移比较麻烦，需要的试验数据比较多，目前重选工艺参数的计算基本采用正态分布近似法。由于煤质、操作、管理等条件的不同，正态分布近似法获得的结果与实际生产情况会有一定的偏差。

3.3.3　污染曲线与污染指标

前面我们讨论了可能偏差 E 和不完善度 I 的计算过程。通过 E 或 I，可以衡量选煤设备分选密度的准确性及不完善程度，但不能确定各产品的污染及损失量的大小。为了克服这一缺点，下面介绍错配物曲线和错配物含量指标。所谓错配物是指混杂到重产品中的低密度物和混入轻产品中的高密度物，即低密度物在重产品中的损失量和高密度物在轻产品中的污染量,其大小可通过式(3-33)计算。

$$M_0 = M_j + M_g \tag{3-33}$$

式中 M_0——总错配物含量(占入料),%;

M_j——密度大于分选密度的物料在轻产品中的错配量(污染量)(占入料),%;

M_g——密度小于分选密度的物料在重产品中的错配量(损失量)(占入料),%。

当 $M_j = M_g$ 时,错配物总量 M_0 取最小值。我们把两个错配物含量 $M_j = M_g$ 的点所对应的密度称为等误密度 δ_e。由于该密度的错配物总量最小,有时我们也把该密度作为分选密度。一般情况下,计算错配物总量时,密度采用分配密度 δ_p 或等误密度 δ_e。

计算第二段错配物时,将第二段视为一个单独的分选过程,把第一段的轻产物看作第二段的入料,要将其浮沉结果换算成占本段入料的百分数,计算方法与第一段错配物的计算方法相同。

绘制错配物曲线要注意以下几点:

① 在多段分选时,错配物曲线应分段绘制。

② 每段的错配物按占本段计算入料的百分数计算。

③ 损失曲线和污染曲线的交点对应等误密度,错配物总量曲线的最低点对应分选密度。

错配物总量是从产品的角度来评价分选效果的,其概念与分配率不同。分配率是把每个密度级看成100%,它的大小与原煤中该密度级的含量关系不大;而错配物总量与原煤的密度组成密切相关,因此,错配物总量与数量效率相似,并不是一种客观评定分选效果的方法。错配物总量评价法的优点是可以比较全面地评价分选情况,一般和可能偏差 E 配合使用。

在实际应用过程中我们会发现,从错配物曲线上获得的等误密度与分配曲线上分配率为50%的密度不一致。获得错配物曲线的相关资料还是比较麻烦的,故实际生产应用过程中很少使用。为了表征产品的污染和损失,我们常用污染指标法。

日常生产技术检查过程中的快速浮沉试验,可以快速获得污染指标,从而及时指导司机操作,也可用于评定设备工作效果。表3-15是某选煤厂跳汰机分选污染指标的示例。污染指标是指将产品按两个密度分成三个密度级,算出的各密度级占本级的百分比。当原煤可选性、分选密度变化不大时,各产品的污染指标不会太大。由于快速浮沉试验比较易做,计算简单,绝大多数选煤厂在日常生产中仍然采用污染指标指导司机操作,快浮也成为日常生产检查中与快灰同样重要的试验项目。

表3-15 某选煤厂跳汰机分选的污染指标示例

密度级 δ/(g/cm³)	原煤 Y/%	精煤 J/%	中煤 Z/%	矸石 G/%
<1.50	61.94	96.59	59.37	0.90
1.50~<1.80	12.15	3.08	22.24	9.14
≥1.80	25.91	0.33	18.39	89.96
合计	100.00	100.00	100.00	100.00

3.3.4　选煤厂辅助工艺指标

除了前面提到的常用指标外，选煤厂还有一些辅助工艺指标，如辅助材料消耗、设备完好率、全员效率、生产成本等。

其中，设备完好率是指选煤过程中选煤设备的完好程度，可以用入选一定量原煤时的设备维修量来表示。

全员效率是指选煤厂每一个职工一天所能入选加工的原煤量，即

$$\text{全员效率}=\frac{\text{日选原煤量(或日产精煤量，或日产总值)}}{\text{全部职工人数}}$$

通过计算全员效率，可以清楚选煤厂职工的生产效率和所创造的价值。

生产成本等于吨煤价格加上吨煤加工费。生产成本主要由固定费用和变动费用组成。固定费用有原煤费用、工资、大修费、折旧费、社会福利金等。变动费用有辅助材料费，如水电费、药剂费等。通过生产成本的计算可以了解选煤厂的经济效益情况。

主要材料指选煤生产过程中构成产品实体的原材料，辅助材料则是指生产过程中不构成产品实体的原材料。

3.3.5　分选设备工艺评价示例

【例 3-5】　某选煤厂的某台跳汰机分选效果单机检查资料见表 3-16，评定其分选效果。

表 3-16　入料和产品密度组成分析

密度级 δ/(g/cm^3)	入料(Y)		精煤(J)		中煤(Z)		矸石(G)	
	产率 γ/%	灰分 A_d/%	产率 γ/%	灰分 A_d/%	产率 γ/%	灰分 A_d/%	产率 γ/%	灰分 A_d/%
<1.30	19.61	4.83	32.29	6.77	13.99	8.20	0.04	8.00
1.30～<1.40	38.45	10.14	63.88	7.25	27.99	10.20	0.08	9.25
1.40～<1.45	5.54	15.61	2.60	15.52	17.69	16.97	0.02	14.87
1.45～<1.50	2.88	20.66	1.01	20.01	11.84	21.56	0.21	19.99
1.50～<1.60	2.03	27.38	0.21	24.95	13.48	28.81	0.27	30.55
1.60～<1.80	2.67	40.80	0.01	34.90	9.17	39.12	0.81	34.47
1.80～<2.00	0.85	55.14	0	0	1.54	53.35	1.98	53.66
≥2.00	27.97	89.57	0	0	4.30	81.18	96.59	88.12
合计	100.00	33.47	100.00	7.48	100.00	21.34	100.00	86.59

解：

(1) 计算产品实际产率

产品实际产率计算采用格氏计算法，计算见表 3-17。

表 3-17 分选产品实际产率的格氏计算表

密度级 δ/(g/cm³)	$Y-G$	$J-G$	$Z-G$	$a=(J-G)^2$	$b=(J-G)\times(Z-G)$	$c=(J-G)\times(Y-G)$	$d=(Z-G)^2$	$e=(Z-G)\times(Y-G)$
<1.30	19.57	32.25	13.95	1 040.06	449.89	631.13	194.60	273.00
1.30～<1.40	38.37	63.80	27.91	4 070.44	1 780.66	2 448.01	778.97	1 070.91
1.40～<1.45	5.52	2.58	17.67	6.66	45.59	14.24	312.23	97.54
1.45～<1.50	2.67	0.80	11.63	0.64	9.30	2.14	135.26	31.05
1.50～<1.60	1.76	−0.06	13.21	0	−0.79	−0.11	174.50	23.25
1.60～<1.80	1.86	−0.80	8.36	0.64	−6.69	−1.49	69.89	15.55
1.80～<2.00	−1.13	−1.98	−0.44	3.92	0.87	2.24	0.19	0.50
≥2.00	−68.62	−96.59	−92.29	9 329.63	8 914.29	6 628.01	8 517.44	6 332.94
合计				14 451.99	11 193.12	9 724.17	10 183.09	7 844.73

精煤、中煤和矸石的实际产率分别为：

$$\gamma_j=\frac{cd-be}{ad-b^2}\times100\%=\frac{9\ 724.17\times10\ 183.09-11\ 193.12\times7\ 844.73}{14\ 451.99\times10\ 183.09-11\ 193.12^2}\times100\%=51.26\%$$

$$\gamma_z=\frac{ae-bc}{ad-b^2}\times100\%=\frac{14\ 451.99\times7\ 844.73-11\ 193.12\times9\ 724.17}{14\ 451.99\times10\ 183.08-11\ 193.12^2}\times100\%=20.70\%$$

$$\gamma_g=100\%-\gamma_j-\gamma_z=100\%-51.26\%-20.70\%=28.04\%$$

(2) 计算分配率和标准差

分配率及离差计算见表 3-18。

表 3-18 分配率及离差计算

密度级 δ/(g/cm³)	计算指标				离差 Δ'	离差平方 Δ'^2	平均密度 $\bar{\delta}$/(g/cm³)	分配率 ε/%	
	精煤 J /%	中煤 Z /%	矸石 G /%	计算原煤 /%				第一段 ε_1	第二段 ε_2
<1.30	16.55	2.90	0.01	19.46	−0.15	0.02	1.25	0.05	14.91
1.30～<1.40	32.74	5.79	0.02	38.56	0.11	0.01	1.35	0.05	15.03
1.40～<1.45	1.33	3.66	0.01	5.00	−0.54	0.29	1.42	0.20	73.35
1.45～<1.50	0.52	2.45	0.06	3.03	0.15	0.02	1.47	1.98	82.49
1.50～<1.60	0.11	2.79	0.08	2.97	0.94	0.88	1.55	2.69	96.29
1.60～<1.80	0.01	1.90	0.23	2.13	−0.54	0.29	1.70	10.80	99.73
1.80～<2.00	0	0.32	0.56	0.87	0.02	0	1.90	64.37	100.00
≥2.00	0	0.89	27.09	27.98	0.01	0	2.29	96.78	100.00
合计	51.26	20.70	28.06	100.00		1.51			

计算标准差，审核数据合理性。

$$\sigma=\sqrt{\frac{1}{n-K-1}\sum_{i=1}^{n}\Delta_i'^2}=\sqrt{\frac{1}{8-1-1}\times 1.51}=0.50<1.20$$

数据资料合理有效。绘制分配曲线如图 3-6 所示。

(3) 绘制可选性曲线，计算数量效率

在绘制原煤理论可选性曲线时，一般采用入选原煤的浮沉试验资料进行计算，如果有完整的产品浮沉试验资料，建议采用计算原煤的浮沉数据来计算可选性，这是因为计算原煤数据考虑了入选原煤在分选过程中的破碎解离现象。利用表 3-18 所示分配率计算表中计算原煤数据来计算可选性数据，见表 3-19 和表 3-20。可选性曲线如图 3-7 所示。

表 3-19　计算原煤的生成

密度级 δ/(g/cm³)	精煤		中煤		矸石		计算原煤	
	产率 γ/%	灰分 A_d/%	产率 γ/%	灰分 A_d/%	产率 γ/%	灰分 A_d/%	产率 γ/%	灰分 A_d/%
<1.30	16.55	6.77	2.90	8.20	0.01	8.00	19.46	6.98
1.30～<1.40	32.74	7.25	5.79	10.20	0.02	9.25	38.56	7.69
1.40～<1.45	1.33	15.52	3.66	16.97	0.01	14.87	5.00	16.58
1.45～<1.50	0.52	20.01	2.45	21.56	0.06	19.99	3.03	21.26
1.50～<1.60	0.11	24.95	2.79	28.81	0.08	30.55	2.97	28.71
1.60～<1.80	0.01	34.90	1.90	39.12	0.23	34.47	2.13	38.61
1.80～<2.00	0	0	0.32	53.35	0.56	53.66	0.87	53.55
≥2.00	0	0	0.89	81.18	27.09	88.12	27.98	87.90
合计	51.26	7.48	20.70	21.34	28.06	86.60	100.00	32.53

表 3-20　计算原煤的可选性

密度级 δ/(g/cm³)	计算原煤		浮物累计		沉物累计		密度 δ/(g/cm³)
	产率 γ/%	灰分 A_d/%	产率 γ/%	灰分 A_d/%	产率 γ/%	灰分 A_d/%	
<1.30	19.46	6.98	19.46	6.98	100.00	32.54	1.30
1.30～<1.40	38.56	7.69	58.02	7.46	80.54	38.71	1.40
1.40～<1.45	5.00	16.58	63.01	8.18	41.98	67.20	1.45
1.45～<1.50	3.03	21.26	66.04	8.78	36.98	74.04	1.50
1.50～<1.60	2.97	28.71	69.02	9.64	33.95	78.74	1.60
1.60～<1.80	2.13	38.61	71.15	10.51	30.98	83.54	1.80
1.80～<2.00	0.87	53.55	72.02	11.03	28.85	86.86	2.00
≥2.00	27.98	87.90	100.00	32.54	27.98	87.90	2.30
合计	100.00	32.53					

当精煤实际灰分为 7.48%时，由图 3-7 可查得精煤的理论产率 γ_{j_0} 为 58.18%，理论分选密度 δ_{p_0} 为 1.401 g/cm³。数量效率为：

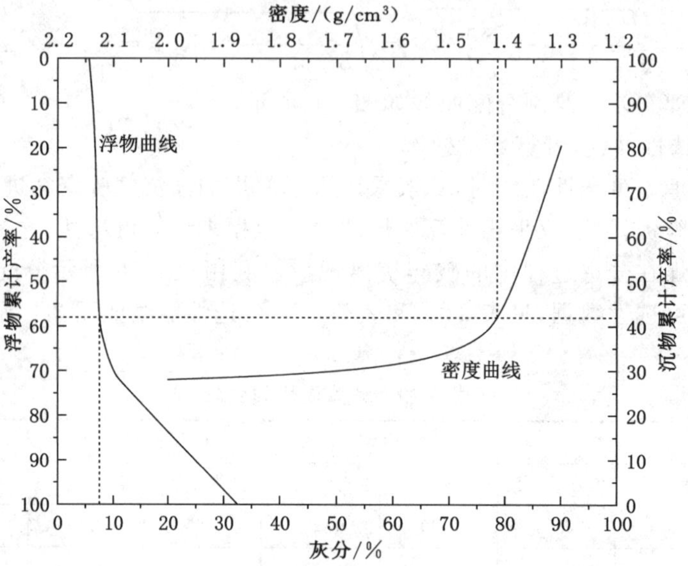

图 3-7 可选性曲线

$$\eta=\frac{\gamma_{j}}{\gamma_{j_0}}\times 100\%=\frac{51.26\%}{58.18\%}\times 100\%=88.11\%$$

当精煤实际产率为51.26%时，由图3-7可查得精煤的理论灰分 $A_{j_0}=6.85\%$，则灰分误差为：

$$A_0=A_j-A_{j_0}=7.48\%-6.85\%=0.63\%$$

(4) 绘制错配物曲线，计算错配物总量

错配物含量计算见表3-21和表3-22，绘制的错配物曲线分别如图3-8和图3-9所示。

表 3-21 第一段错配物计算

密度级 δ/(g/cm³)	占入料/% 精煤	中煤	矸石（重产物）	轻产物（精煤＋中煤）	密度/(g/cm³)	错配物含量/% 轻产物中沉物 ↑Σ	重产物中浮物 ↓Σ	合计
					δ_{min}	71.95	0	71.95
<1.30	16.55	2.90	0.01	19.45	1.30	52.51	0.01	52.52
1.30～<1.40	32.74	5.79	0.02	38.54	1.40	13.97	0.03	14.00
1.40～<1.45	1.33	3.66	0.01	4.99	1.45	8.98	0.04	9.02
1.45～<1.50	0.52	2.45	0.06	2.97	1.50	6.01	0.10	6.11
1.50～<1.60	0.11	2.79	0.08	2.90	1.60	3.11	0.17	3.29
1.60～<1.80	0.01	1.90	0.23	1.90	1.80	1.21	0.40	1.61
1.80～<2.00	0	0.32	0.56	0.32	2.00	0.89	0.96	1.85
≥2.00	0	0.89	27.09	0.89	δ_{max}	0	28.05	28.05
合计	51.26	20.70	28.06	71.95				

表 3-22　第二段错配物计算

密度级 $\delta/(g/cm^3)$	占入料/%		占本段入料/%		密度 $\delta/(g/cm^3)$	错配物含量/%		
	精煤	中煤	轻产物	重产物		轻产物中沉物 ↑Σ	重产物中浮物 ↓Σ	合计
					δ_{min}	71.23	0	71.23
<1.30	16.55	2.90	23.00	4.03	1.30	48.23	4.03	52.26
1.30～<1.40	32.74	5.79	45.50	8.05	1.40	2.73	12.08	14.81
1.40～<1.45	1.33	3.66	1.85	5.09	1.45	0.88	17.17	18.05
1.45～<1.50	0.52	2.45	0.72	3.41	1.50	0.16	20.57	20.73
1.50～<1.60	0.11	2.79	0.15	3.88	1.60	0.01	24.45	24.46
1.60～<1.80	0.01	1.90	0.01	2.64	1.80	0	27.09	27.09
1.80～<2.00	0	0.32	0	0.44	2.00	0	27.53	27.53
≥2.00	0	0.89	0	1.24	δ_{max}	0	28.77	28.77
合计	51.26	20.70	71.23	28.78				

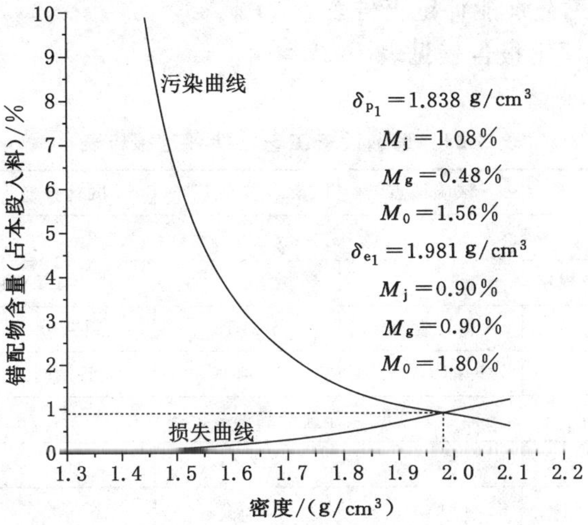

图 3-8　第一段错配物曲线

① 第一段：

分选密度 $\delta_{p_1}=1.838$ g/cm³ 时，轻产物中的污染物含量 $M_j=1.08\%$，重产物中的损失量 $M_g=0.48\%$，错配物总量 $M_0=1.56\%$。

等误密度 $\delta_{e_1}=1.981$ g/cm³ 时，轻产物中的污染物含量 $M_j=0.90\%$，重产物中的损失量 $M_g=0.90\%$，错配物总量 $M_0=1.80\%$。

② 第二段：

分选密度 $\delta_{p_2}=1.377$ g/cm³ 时，轻产物中的污染物含量 $M_j=5.07\%$，重产物中的损失

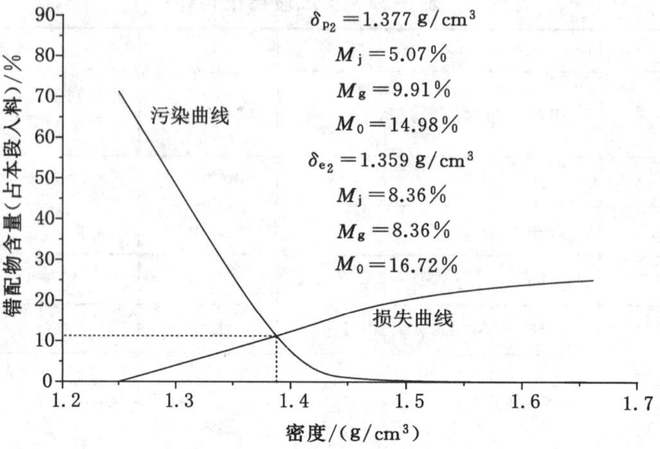

图 3-9　第二段错配物曲线

量 $M_g=9.91\%$，错配物总量 $M_0=14.98\%$。

等误密度 $\delta_{e_2}=1.359\ g/cm^3$ 时，轻产物中的污染物含量 $M_j=8.36\%$，重产物中的损失量 $M_g=8.36\%$，错配物总量 $M_0=16.72\%$。

(5) 填写重选设备工艺性能评定报告表

重选设备工艺性能评定报告表见表 3-23。

表 3-23　重选设备工艺性能评定报告表

试验编号	TX-75	试验地点	××选煤厂	试验日期	××××年××月××日
概　　况					
设备型号及规格			LTX-14		
入料煤种	气煤	入料粒度/mm	50～13	入料灰分/%	33.47
作业性质	主选	处理能力/(t/h)	140	试验用时/h	48
分选产品					
精煤		中煤		矸石	
产率/%	51.26	产率/%	20.70	产率/%	28.06
灰分/%	7.48	灰分/%	21.34	灰分/%	86.59
分选密度/(g/cm³)		标准差	理论分选指标		
一段	1.838	0.50	理论精煤产率/%		58.18
二段	1.377		理论分选密度/(g/cm³)		1.401
工艺性能评定结果					
给料速度/(t/h)			109		
可能偏差 E		一段		二段	
不完善度 I		0.124		0.133	

表 3-23(续)

数量效率/%	88.11	
灰分误差/%	0.63	
错配物总量/%	1.56	14.98
等误密度/(g/cm^3)	1.981	1.359
邻近密度物含量/%		

(6) 测定结果分析

该分选设备工艺性能良好,对极难选煤数量效率达到了 88.11%,错配物总量分别为 1.56%和 14.98%,污染和损失较轻。

跳汰机第一段和第二段的不完善度 I 分别为 0.124 和 0.133,分选效果较好。精煤中 $\geqslant 1.40\ g/cm^3$ 密度级含量为 1.97%,矸石中 $< 2.00\ g/cm^3$ 密度级含量为 0.97%,所占份额均很小,可以说精煤和矸石都比较纯净。

3.4　选煤理论指标转化为实际指标的方法

选煤生产技术管理中,一项重要的工作是把理论指标转化为实际指标,从而对未来一段时间的生产过程进行合理的预测分析。理论指标是按原煤可选性和产品质量要求,在不考虑选煤方法、设备性能、效率和操作水平时,即在理想条件下所达到的最佳指标。而生产中所采用的实际指标受到多种因素的影响,往往比理论指标低。数量效率是实际产率与理论产率的比值,也就是实际指标与理论指标接近的程度。显然,如果已知数量效率就能够很容易地将理论指标转化为实际指标。实际上,数量效率仅仅是实际指标与理论指标对比的结果。所以要找到实际指标与理论指标的真正关系,还要从入选原煤的粒度上下限、粒度组成和浮沉组成出发,在特定选煤方法、选煤设备和操作水平条件下,选择能反映这些因素的工艺指标,如 E、I 等,利用分配曲线,将原煤的浮沉试验资料经过计算转化为各产品的实际产率、实际灰分等。而凭经验采用数量效率将理论指标转化成实际指标,方法虽然简单,但过于粗略和不准确。

3.4.1　重选分选效果预测的方法

将理论指标转化为实际指标的具体步骤如下:

① 整理原煤浮沉试验资料,按照精煤最高产率原则将原煤分组综合,绘出原煤可选性曲线,按“等 λ ”原则和精煤灰分要求,找出精煤理论产率和理论分选密度。

整理精煤、中煤和矸石浮沉试验资料,计算产品产率,绘出分配曲线,结合原煤性质、工艺条件、操作水平,选定 E 或 I。在已知实际完成的各产品实际产率、灰分、实际分选密度 δ_p、E 和 I 的前提下,与历史上较好的指标相比,以及与国内外类似工艺指标相比,最终选定合适的 E 或 I。

选定 E 或 I,实质上是确定分配曲线的形状或者说直线化分配曲线的斜率。可以确定实际分选密度 δ_p 后平移分配曲线的位置,使分配率 $\varepsilon = 50\%$ 的水平线与 δ_p 垂直线相交,然后在分配曲线上查出各密度级的分配率 ε_i,用 ε_i 与入料的相应密度级相乘并累计算出实际产率指标。最终选用的实际指标需要经过几次试算，直到精煤、中煤和矸石的产率、灰分都符合要求为止。

② 主再选配合的计算。如果选煤工艺只有主选，没有再选，按照前面的步骤就可以确定精煤的灰分和实际产率。但若是主、再选配合分选时，应在总精煤灰分合格的前提下，从精煤产率最高的原则出发，考虑主、再选设备配合的问题。通常的方法是主选精煤灰分低一些，再选精煤灰分稍高一些，使两者精煤配合起来的灰分符合精煤质量要求，这样就可以保证主选和再选设备的生产负荷能相对均匀一些，从而避免设备生产负荷低而造成生产效果下降的问题。

完成上述步骤，就把理论指标转化为实际指标了。表 3-24 是二产品重选分选效果预测的示例。按照分选精度 E 或 I 和分选密度 δ_p 确定重产物分配率，计算产品的浮沉产率组成，假定原煤的每个密度级灰分与分选后产品相应密度级灰分相同，从而计算预测的产品指标。

表 3-24　二产品重选分选效果预测示例

密度级 $\delta/(g/cm^3)$	原煤		分配率 /%	中煤		精煤	
	产率 γ/%	灰分 A_d/%		产率 γ/%	灰分 A_d/%	产率 γ/%	灰分 A_d/%
(1)	(2)	(3)	(4)	(5)=(2)×(4)	(6)=(3)	(7)=(2)−(5)	(8)=(3)
<1.30	19.61	4.83	0.06	0.01	4.83	19.60	4.83
1.30～<1.40	38.45	10.14	0.06	0.02	10.14	38.43	10.14
1.40～<1.45	5.54	15.61	0.11	0.01	15.61	5.53	15.61
1.45～<1.50	2.88	20.66	1.95	0.06	20.66	2.82	20.66
1.50～<1.60	2.03	27.38	2.55	0.05	27.38	1.98	27.38
1.60～<1.80	2.67	40.80	10.67	0.28	40.80	2.39	40.80
1.80～<2.00	0.85	55.14	63.54	0.54	55.14	0.31	55.14
≥2.00	27.97	89.57	96.82	27.08	89.57	0.89	89.57
合计	100.00	33.47		28.05	88.04	71.95	12.19

在预测重选分选效果时，要注意以下几个问题：

① 一般一次只能预测两种产品的分选效果，对于多产品分选的预测，要分解成多个二产品作业的串联流程。

② 预测重选分选效果时，没有考虑原煤的解离、破碎和泥化问题，因此，假定每一密度间隔的物料有相同的性质，即精煤和尾煤中的灰分、平均密度不变。

③ 假定每一密度间隔物料的平均分配率不变。

严格地讲，以上假设是不正确的，因为同一密度间隔，如 1.30～1.40 g/cm^3 的物料依然是不同密度物料的混合物，其中有些物料接近 1.30 g/cm^3，有些物料接近 1.40 g/cm^3，它们具有不同的灰分及分配率，该密度级的灰分及分配率只是它们的平均值。实际生产中，精煤中某一密度级的灰分低于原煤和重产物中相同密度级的灰分。当密度间隔较宽时，预测结果的误差较大。

3.4.2　分配曲线与重选分选效果预测的关系

分配曲线上各点表示某一个密度级产物进入重产物(或轻产物)的概率(分配率),它只与设备性能、操作水平和原煤的密度组成有关,而与原煤的粒度组成关系不大。因此,只要有某一重选设备的分配曲线,便可求出该设备对该粒级不同分选密度的分配曲线,用于预测新的分选密度时的分选效果。

当原煤密度组成确定后,分选效果就由分配率确定。当分选密度确定后,可能偏差或不完善度增大,精煤产率就会降低,灰分升高。当可能偏差或不完善度不变时,分选密度增大时,精煤的产率和灰分均升高。表 3-25 为原煤可选性计算结果,表 3-26 和图 3-10 是分选密度为 1.50 g/cm^3 时不同不完善度 I 的预测结果,表 3-27 和图 3-11 是不完善度 I 为 0.18 时不同分选密度的预测结果。

表 3-25　原煤可选性计算结果

密度级 δ/(g/cm^3)	原煤		浮物累计		沉物累计	
	产率 γ/%	灰分 A_d/%	产率 γ/%	灰分 A_d/%	产率 γ/%	灰分 A_d/%
<1.30	2.72	2.45	2.72	2.45	100.00	22.93
1.30～<1.40	54.80	7.89	57.52	7.63	97.28	23.51
1.40～<1.45	11.03	14.03	68.55	8.66	42.48	43.65
1.45～<1.50	5.71	18.91	74.26	9.45	31.45	54.04
1.50～<1.60	4.76	25.76	79.02	10.43	25.74	61.83
1.60～<1.80	3.70	33.10	82.72	11.45	20.98	70.01
1.80～<2.00	2.29	54.40	85.01	12.60	17.28	77.92
≥2.00	14.99	81.51	100.00	22.93	14.99	81.51
合　计	100.00	22.93				

表 3-26　分选密度为 1.50 g/cm^3 时不同不完善度 I 的预测结果

不完善度 I	精煤				中煤	
	产率 γ/%	灰分 A_d/%	理论产率/%	数量效率/%	产率 γ/%	灰分 A_d/%
0.15	68.35	9.54	74.78	91.40	31.65	51.85
0.18	66.18	9.64	75.37	87.81	33.82	48.94
0.20	64.76	9.74	75.89	85.33	35.24	47.17
0.22	63.46	9.84	76.42	83.04	36.54	45.66
0.24	62.22	9.97	77.01	80.79	37.78	44.27
0.26	61.15	10.12	77.72	78.68	38.85	43.09
0.28	60.13	10.29	78.44	76.66	39.87	41.99
0.30	59.29	10.49	79.21	74.85	40.71	41.05

表 3-27　不完善度 I 为 0.18 时不同分选密度的预测结果

分选密度/(g/cm³)	精煤				中煤	
	产率/%	灰分/%	理论产率/%	数量效率/%	产率/%	灰分/%
1.40	47.64	8.63	68.23	69.82	52.36	35.94
1.45	58.37	9.15	72.37	80.65	41.63	42.25
1.50	66.18	9.64	75.37	87.81	33.82	48.94
1.55	71.62	10.10	77.63	92.26	28.38	55.31
1.60	75.34	10.51	79.28	95.03	24.66	60.87
1.65	77.93	10.90	80.59	96.70	22.07	65.41
1.70	79.81	11.28	81.69	97.70	20.19	68.98
1.80	82.35	12.06	83.57	98.54	17.65	73.65

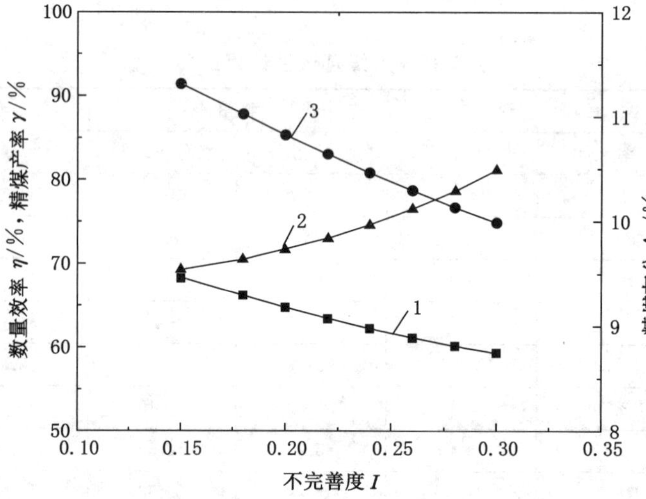

1—精煤产率；2—精煤灰分；3—数量效率。

图 3-10　分选密度为 1.50 g/cm³ 时不同不完善度 I 的预测结果

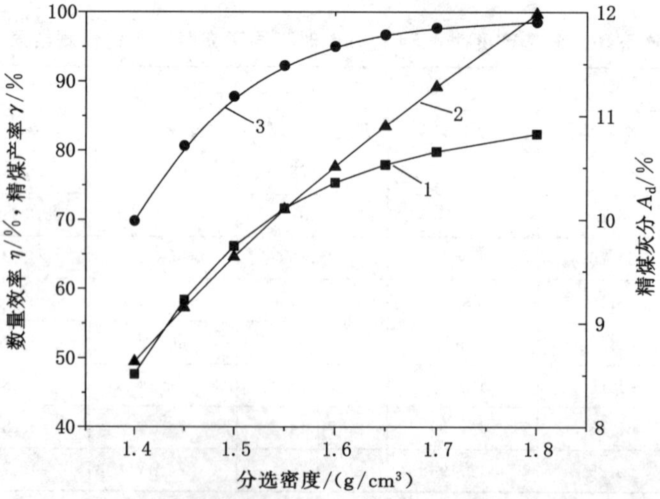

1—精煤产率；2—精煤灰分；3—数量效率。

图 3-11　不完善度 I 为 0.18 时不同分选密度的预测结果

对比上述预测结果可得，当分选密度不变，I 增加时，混杂和污染量增加，这是由于高灰分物料污染精煤和低灰分物料损失，精煤灰分升高，产率下降；当 I 不变时，混杂和污染的概率不变，随着分选密度升高，精煤灰分升高，进入精煤的高密度物料增加，这样既提高了精煤产率，也增加了精煤灰分。因此，预测重选效果的最关键问题是如何确定各密度级的分配率。

3.4.3　实际可选性曲线

用原煤浮沉试验资料可以绘出理论可选性曲线，而如果使用同一种原煤经过二产品分选设备分选后得到的精煤和中煤进行浮沉试验，基于这些浮沉试验资料计算后可以绘制出直线化分配曲线。如果用不同分选密度在分配曲线上查出分配率，就可以计算出每一个分选密度的浮物灰分和产率，将计算的结果列入表 3-28，这个计算结果就是浮物累计结果，用浮物累计结果可以推算出各个实际密度级的产率和灰分。

表 3-28　实际可选性曲线资料和原煤浮沉资料对照

密度级 $\delta/(g/cm^3)$	实际				理论			
	产率 γ/%	灰分 A_d/%	浮物累计		产率 γ /%	灰分 A_d /%	浮物累计	
			产率 γ/%	灰分 A_d/%			产率 γ/%	灰分 A_d/%
<1.30	26.93	6.91	26.93	6.91	18.20	4.44	18.20	4.44
1.30～<1.40	15.37	12.74	42.30	9.03	30.00	9.08	48.20	7.33
1.40～<1.50	11.73	20.55	54.03	11.53	9.58	17.28	57.78	8.98
1.50～<1.60	8.72	38.66	62.75	15.30	5.54	26.92	63.32	10.55
1.60～<1.70	6.54	49.63	69.29	18.54	6.86	41.25	70.18	13.55
≥1.70	30.71	62.73	100.00	32.11	29.82	75.80	100.00	32.11
合计	100.00	32.11			100.00	32.11		

用表 3-28 的资料绘出理论和实际的可选性曲线，见图 3-12。假定精煤灰分为 10%，从图 3-12 的曲线中很容易查出精煤理论产率和实际产率，同时也可以查出理论和实际的分选密度。有了精煤理论和实际的产率，也就可以计算出数量效率，还可以计算出精煤产率和分选密度的理论指标和实际指标的差异。

分析图 3-12 可知，实际可选性曲线具有下面一些特点和性质：

① 实际可选性曲线是在选煤厂中采用二产品分选设备分选一定性质的原煤，并在特定的操作条件下绘出的，对三产品分选不适用。曲线的形状随分选条件的改变而改变。E 和 I 变化后，分配率随之变化，曲线形状也变化。实际可选性曲线偏离理论可选性曲线的多少，反映了实际生产的优劣。当数量效率为 100%时，实际可选性曲线与理论可选性曲线重合。

② 实际可选性曲线与理论可选性曲线绘制方法相同，数据来源于同一原煤样本。在产

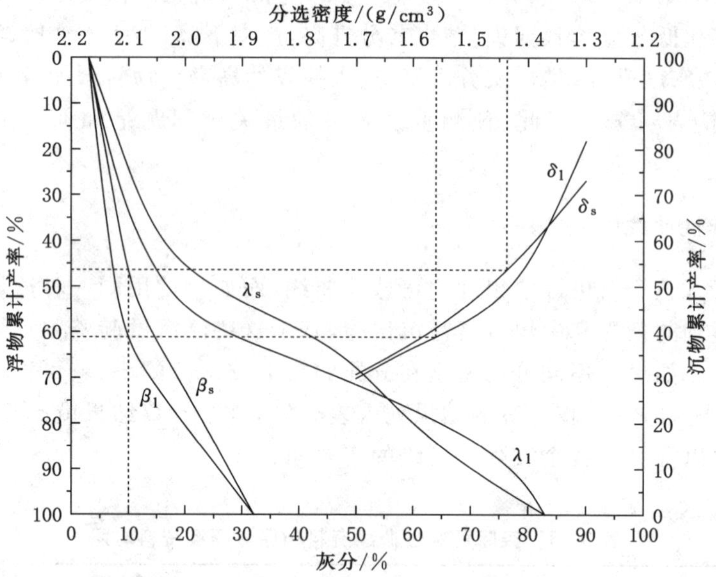

图 3-12　理论可选性曲线与实际可选性曲线

率为零或者产率为 100%处,实际可选性曲线和理论可选性曲线的灰分交点应重合。

③ 精煤理论产率高于精煤实际产率,所以理论浮物曲线 β_1 永远在实际浮物曲线 β_s 之下。也就是说,当精煤灰分相等时,精煤的实际产率低于理论产率;当精煤产率相等时,精煤实际灰分高于理论灰分。

④ 实际 β_s 曲线与实际 λ_s 曲线存在下面的关系:

$$\gamma_{js} A_{js} = \int_0^{\gamma_{js}} \lambda_s \mathrm{d}\gamma_{js} \tag{3-34}$$

式中　γ_{js} ——精煤实际产率,%;

A_{js} ——精煤实际灰分,%;

λ_s ——精煤实际基元灰分,%。

⑤ 理论与实际灰分特性曲线相交。在低密度处,因为有高密度物的混入,实际 λ_s 曲线必在理论 λ_1 曲线之上。在高密度处,因有低密度物混入,实际 λ_s 曲线必在理论 λ_1 曲线之下。理论与实际灰分特性曲线下的面积应该相等,即

$$\int_0^{100} \lambda_1 \mathrm{d}\gamma_1 = \int_0^{100} \lambda_s \mathrm{d}\gamma_s \tag{3-35}$$

式中　λ_1, λ_s ——理论和实际的基元灰分,%;

γ_1, γ_s ——理论和实际的浮物产率,%。

我们注意到,以上讨论的理论和实际可选性曲线是在原煤和产品粒度大于0.5 mm 时,在重选范围内绘制的。粒度小于 0.5 mm 的浮选部分,通过浮选机逐室取样检查并计量,得到表 3-29 所示的数据,可用于绘制浮选的实际可选性曲线,见图 3-13。

表 3-29　浮选机逐室取样试验资料

室别	各室试验资料		数据累计	
	产率 γ/%	灰分 A_d/%	产率 γ/%	灰分 A_d/%
一室	20.23	7.21	20.23	7.21
二室	8.48	7.78	28.71	7.38
三室	10.48	8.36	39.19	7.64
四室	10.82	5.59	50.01	7.20
五室	7.37	10.58	57.38	7.63
六室	14.39	15.09	71.77	9.13
七室	5.20	16.83	76.97	9.65
八室	0.83	18.29	77.80	9.74
尾煤	22.20	62.27	100.00	21.40
合计	100.00	21.40		

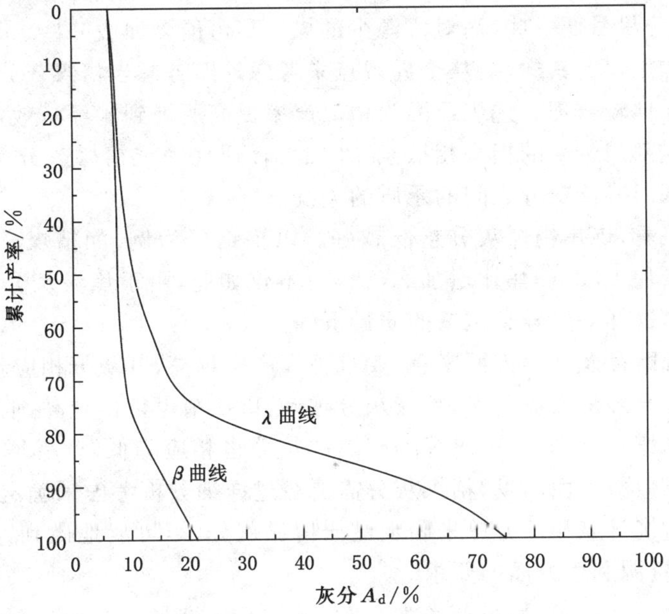

图 3-13　浮选实际可选性曲线

假定重选入料与浮选入料总和为 100%，则可以用作图法或计算法将重选和浮选两组实际可选性曲线综合成为一组实际可选性曲线，在已知总精煤实际灰分的条件下，可以从灰分特性曲线上查出总的基元灰分。在重选与浮选的基元灰分相等的条件下，可以通过实际可选性曲线确定重选、浮选各自的精煤灰分与产率等指标。这就是说，可以用类似的方法，证明精煤最高产率原则对于实际可选性曲线也是适用的。

3.5 精煤灰分的最佳选择

3.5.1 炼焦精煤灰分指标的确定

合理地确定炼焦精煤灰分，有利于煤炭资源的合理利用，节约能源，以及提高高炉工艺指标和经济效益。目前一些国家的精煤灰分多为7%～9%，焦炭灰分不超过12%。而我国精煤灰分平均为10.5%，焦炭灰分为14%。焦炭灰分每增加1%，石灰石熔剂就要增加1%～2%，炼铁焦比增加2%～3%。这样既增加了焦煤使用量，又增加了灰分，如此恶性循环，使得高炉经济效益迅速下降。

我国精煤灰分偏高主要有两方面的原因。一方面与我国现行煤价和技术政策有关。我国的选煤技术水平并不十分落后，管理方面也有相当的经验，但降低精煤灰分的潜力和积极性远没有发挥出来。另一方面，我国原煤可选性一般来说较差，多数煤的内在灰分高，这给降低精煤灰分增加了难度。如何选择最佳的精煤灰分，客观上有许多影响因素。首先，应该考虑煤炭资源的合理使用。例如我国的焦煤、肥煤储量较少，而气煤、瘦煤资源丰富，对资源多的煤种，精煤灰分尽量低一些，而对资源少的煤种尽可能多回收一些。几种煤经混合后仍为低灰优质的炼焦用煤。其次，要从全局观点来考虑。即考虑当精煤灰分提高后，精煤产率能相应提高多少才比较合理。选煤厂因为精煤产率提高所得到的经济效益常常不能与精煤灰分提高后给冶金部门带来的损失相抵偿。因此，合理地确定精煤灰分是平衡选煤厂提高精煤产率和冶金部门降低灰分之间的矛盾的关键。

从用户要求来看，炼焦精煤灰分越低越好。以炼钢厂为例，如精煤产品灰分增加1%，则焦炭的灰分将增加1.33%，焦比增加2.66%。不仅如此，由于焦炭灰分增加，焦炭中含硫量、含磷量也增加，这样必然导致钢铁的质量下降。

从煤炭的资源赋存及利用方面来看，要求精煤产率越高，其灰分相应就越大。

就选煤厂的综合经济效益而言，精煤灰分越低，单位精煤价格越高，但生产成本就越高，精煤产率越低。精煤灰分降低，中煤等副产品的灰分也相应降低，产率增加。因此，从提高选煤厂的综合经济效益方面出发，精煤灰分需要经过详细分析考虑来确定。

我们需要通过统筹兼顾的方法来确定最佳精煤灰分，尽可能地做到保证用户需求的同时，满足选煤厂及资源利用方面的要求。

设精煤灰分为$A_{d,j}$(%)，精煤产率为γ_j(%)，原煤入选量为Q(t)，精煤灰分增加1%时精煤产率增加量为$\Delta\gamma_j$(%)。根据实践经验，精煤的灰分每增加1%，其炼焦结果见表3-30。

表3-30 精煤灰分增加1%后的炼焦结果

精煤灰分/%	精煤产率/%	精煤产量/t	相应焦炭量/t	焦炭灰分/%
$A_{d,j}$	γ_j	$\gamma_j Q$	$0.75\gamma_j Q$	$1.33A_{d,j}$
$A_{d,j}+1\%$	$\gamma_j+\Delta\gamma_j$	$(\gamma_j+\Delta\gamma_j)Q$	$0.75(\gamma_j+\Delta\gamma_j)Q$	$1.33(A_{d,j}+1\%)$

精煤灰分 $A_{d,j}$ 增加 1%时，焦炭灰分增加 1.33($A_{d,j}$ + 1%)，要使焦比增加的损失小于焦炭产量增加的利益，至少应满足：

$$\frac{0.75\gamma_j Q}{C}=\frac{0.75(\gamma_j+\Delta\gamma_j)Q}{C+\Delta C} \tag{3-36}$$

式中 C ——精煤灰分为 $A_{d,j}$ 时的焦炭量，t；

ΔC ——精煤灰分增加 1%时焦炭的增量，t。

而由生产实际可知，焦炭灰分增加 1%，焦比增加 2%～3%。因此，精煤灰分增加 1%，焦炭应增加 $\Delta C=1/0.75\times(2\%\sim3\%)Q=(2.66\%\sim3.99\%)Q$，取 $\Delta C=2.66\%Q$。由式(3-36)得：

$$\frac{C+\Delta C}{C}=\frac{\gamma_j+\Delta\gamma_j}{\gamma_j},\frac{\Delta C}{C}=\frac{\Delta\gamma_j}{\gamma_j}$$

故有：

$$\Delta\gamma_j=\frac{\Delta C}{C}\gamma_j \tag{3-37}$$

将 $\Delta C=2.66\%Q$，$C=0.75\gamma_j Q$ 代入式(3-37)得：

$$\Delta\gamma_j=\frac{2.66\%Q}{0.75\gamma_j Q}\gamma_j=\frac{2.66\%}{0.75}=3.55\%$$

因此，当 $\frac{d\gamma}{dA_d}=3.55\%$ 时，称为空耗定灰点；当 $\frac{d\gamma}{dA_d}<3.55\%$ 时，称为亏空定灰点；当 $\frac{d\gamma}{dA_d}>3.55\%$ 时，称为盈余定灰点。

上述分析表明，当选煤厂在资源利用、设备性能、经济效益等诸方面因素的影响下，有必要提高精煤灰分时，精煤灰分增加 1%，而精煤产率增加 3.55%，则这增加的 3.55%的精煤产率刚好用来弥补焦炭灰分增加后的焦比的增量；也就是说，增加的精煤量由于焦比增加正好被消耗掉了。当精煤灰分增加 1%，而精煤产率的增加小于 3.55%时，表明增加的精煤量无法抵消掉焦比增耗。当精煤灰分增加 1%，而精煤产率增加大于 3.55%时，表明增加的精煤量不仅能够抵消掉焦比增加所引起的消耗，而且还有盈余。

考虑焦炭灰分增加后，在炼铁中有一半以上焦炭的能量被浪费，而真正起到能量作用的约为 1/3～1/2，而 1/2～2/3 的焦炭被浪费掉了。因此一般选煤厂的合理定灰点为：

$$\frac{d\gamma}{dA_d}=\frac{3.55\%}{1/2\sim2/3}=5.33\%\sim7.10\% \tag{3-38}$$

以上指标为理论指标，不同的选煤方法和原煤煤质情况，其选煤效率和产率指标也各有不同。对于跳汰机(一般选煤效率为 80%)，当 $\frac{d\gamma}{dA_d}=\frac{5.33\%\sim7.10\%}{80\%}=6.66\%\sim8.88\%$ 时，为合理定灰点。对于重介质选煤而言(选煤效率为 90%)，当 $\frac{d\gamma}{dA_d}=\frac{5.33\%\sim7.10\%}{90\%}=5.92\%\sim7.89\%$ 时，为合理定灰点。

也就是说，选煤厂在确定精煤(炼焦精煤)灰分指标时，应使跳汰选煤的定灰点在单位灰分区域内增减 7.0%～9.0%，重介质选煤增减 6.0%～8.0%。只有这样，才能做到既保证煤炭资源节约利用，使选煤厂有一定的经济效益，又能满足用户的需要。所以说，该定灰点方法是选煤厂确定分选煤灰分质量指标的根本出发点。

3.5.2 按最佳经济效益原则确定选煤产品的灰分指标

炼焦精煤的合理定灰点方法只确定了一个灰分范围，那么在这个范围内究竟哪一个点的灰分是最佳的呢？下面介绍确定最佳灰分点的方法。

(1) 精煤灰分与经济效益的关系

决定经济效益的因素有利税和生产成本，而利税和生产成本又由以下几部分组成：① 生产成本包括固定费用和变动费用。固定费用是指原煤费用、工资、折旧费、大修费、福利基金及其他；变动费用是指辅助材料费、水电费等。② 利是指上缴煤炭总公司的那部分收入。③ 税是指上缴国家财政部门的那部分收入。

利税与生产成本的关系为：利税 J = 销售收入 T − 生产成本 C。而销售收入又可通过式(3-39)计算：

$$T=\sum_{i=1}^{n}Q_iP_i=\sum_{i=1}^{n}Q_0\gamma_iP_i=\sum_{i=1}^{n}Q_0\left(\gamma_i\frac{P_i}{P_k}\right)P_k=Q_0P_k\sum_{i=1}^{n}\left(\gamma_i\frac{P_i}{P_k}\right)=Q_0P_k\gamma_{折} \tag{3-39}$$

式中 Q_i—— 某种产品的产量，t；

Q_0—— 原煤量，t；

P_i—— 某种产品的销售价格，元/t；

P_k—— 所要求生产的精煤的价格，元/t；

γ_i—— 某种产品的产率，%；

$\gamma_{折}$——各产品按比价折算精煤后的合计产率。

根据上述计算公式可知，吨原煤的销售收入 T_0(元/t)为 $T_0=P_k\gamma_{折}$，生产成本可由式(3-40)计算：

$$C=Q_0(P_0+S) \tag{3-40}$$

式中 P_0—— 原煤价格，元/t；

S—— 吨原煤的加工费用，元/t。

所以，吨原煤的利税生产成本 C_0(元/t)为：

$$C_0=\frac{C}{Q_0}=\frac{Q_0(P_0+S)}{Q_0}=P_0+S \tag{3-41}$$

所以，吨原煤的利税 J_0(元/t)为：

$$J_0=T_0-C_0=P_k\gamma_{折}-(P_0+S) \tag{3-42}$$

由式(3-42)可以看出，在精煤价格、原煤价格和加工费用等一定的情况下，$\gamma_{折}$越大，利税也越大，而与 $\gamma_{折}$相对应的是精煤灰分。因此，我们可以寻找最大折合产率为途径，最终确定精煤灰分，从而达到最大经济效益。

(2) 确定合理灰分点的步骤

① 综合原煤的筛分浮沉资料，绘制可选性曲线，找出第一段和第二段的分选密度范围。

② 根据不同的分选密度，计算各产品的筛分浮沉组成和精煤灰分。

③ 根据不同的精煤灰分，找出各产品相应产率。

④ 根据不同的精煤灰分和相应的价格，计算相应精煤折合产率。

⑤ 根据不同的精煤灰分，计算各产品的产值。

⑥ 计算不同的精煤灰分对应的销售收入。

⑦ 将计算结果列入精煤灰分与对应的经济效益表以及精煤灰分与技术经济效益对照表。

⑧ 绘制精煤质量及技术经济指标关系图（包括精煤产品曲线、产品总折合产率曲线、销售收入曲线、成本曲线及利税曲线等）。

⑨ 根据最大经济效益原则合理确定灰分点。

通过对上述内容的讨论，我们可以知道，选煤厂的选煤产品的数量、质量指标的确定不是盲目的，而是有其内在的规律性的，技术工作者就是要通过理论寻找其规律性，并与生产实际相结合，指导生产实际，以达到提高经济效益的目的。

3.6　最优化理论与最高产率原则的验证

在生产实际中，经常遇到这样的问题：一个选煤厂入选多个矿的原煤，如何来分选这些原煤呢？是混合入选还是单独分选？这就涉及在什么样的情况下能使选煤厂获得最佳的工艺生产指标（即选煤产品的最优化指标）。为了解决这个问题，下面介绍选煤生产过程中应用较广的最优化理论。

3.6.1　最优化理论

最优化理论包括两个方面：一是最佳经济效益原则，如前面介绍，运用该理论，可以合理确定选煤厂在入选原煤一定的情况下的产品灰分（即综合原煤的精煤产品的灰分）；二是最高产率原则。所谓最高产率原则即等 λ 原则，是由苏联教授维尔霍夫斯基于 1949 年首次提出，福明柯等在 1978 年加以补充和论证的。该原则指出，当从两种或两种以上的煤中选出一定质量的综合精煤时，必须按相等的边界灰分分选，才能使综合精煤的产率最大。

选煤厂很少入选单一来源的原煤，多数情况是同时入选一个矿井几个煤层的原煤，或者同时入选几个矿井的多个煤层的原煤，不同入选原煤的灰分与可选性也不一定相同。即使是入选单一来源的原煤，在选煤厂内也存在重介质分选、主再选跳汰、浮选之间的配合，以取得最高产率的问题。为了说明问题，现假设有两种原煤在两个流程中分别进行分选，并得到两种不同灰分的精煤，经混合后成为一种灰分的综合精煤销售。提出了这两种精煤灰分怎样确定才能得到最高产率，在要求两种精煤灰分相同的条件下，是否能得到最高的精煤产率等问题。

假设有两种原煤，其中一种原煤的精煤产率为 γ_1，灰分为 A_{d1}，另一种原煤的精煤产率为 γ_2，灰分为 A_{d2}，两种煤混合精煤产率为 γ，相应的灰分为 A_d，故有：

$$\begin{cases}\gamma = \gamma_1 + \gamma_2 \\ \gamma A_d = \gamma_1 A_{d1} + \gamma_2 A_{d2}\end{cases} \tag{3-43}$$

将式(3-43)中的 γ_1、γ_2 看作自变量，γ 为它们的函数，由可选性曲线的绘制原理可知，精煤灰分量与灰分特性曲线的积分面积相同，故有：

$$d\gamma_1 + d\gamma_2 = d\gamma$$

$$\int_0^{\gamma_1} d\gamma_1 + \int_0^{\gamma_2} d\gamma_2 = \gamma A_d$$

$$\lambda_1 d\gamma_1 + \lambda_2 d\gamma_2 = A_d d\gamma$$

式中　λ_1，λ_2——两种精煤相应的基元灰分。

因为 $d\gamma_2 = d\gamma - d\gamma_1$，所以 $\lambda_1 d\gamma_1 + \lambda_2 d\gamma - \lambda_2 d\gamma_1 = A_d d\gamma$，即

$$\frac{d\gamma}{d\gamma_1} = \frac{\lambda_1 - \lambda_2}{A_d - \lambda_2} \tag{3-44}$$

$$\frac{d^2\gamma}{d\gamma_1^2} = \frac{1}{A_d - \lambda_2}\frac{d\lambda_1}{d\gamma_1} - \frac{A_d - \lambda_1}{(A_d - \lambda_2)^2}\frac{d\lambda_2}{d\gamma_1} \tag{3-45}$$

根据数学中求极值的原理可知，如果函数式 $\gamma = \gamma_1 + \gamma_2$ 中一阶导数 $\frac{d\gamma}{d\gamma_1}$ 等于零，且二阶导数 $\frac{d^2\gamma}{d\gamma_1^2}$ 为非正值时有极大值。因此令 $\frac{d\gamma}{d\gamma_1} = 0$，则 $d\gamma_1 = -\frac{\lambda_2}{\lambda_1} d\gamma_2$，将其代入式(3-45)，有：

$$\frac{d^2\gamma}{d\gamma_1^2} = \frac{1}{A_d - \lambda_2}\frac{d\lambda_1}{d\gamma_1} + \frac{A_d - \lambda_1}{(A_d - \lambda_2)^2}\frac{\lambda_1}{\lambda_2}\frac{d\lambda_2}{d\gamma_2} \tag{3-46}$$

由 $\frac{d\gamma}{d\gamma_1} = 0$，得 $\lambda_1 = \lambda_2 = \lambda$。因为 $A_d < \lambda$，所以 $A_d < \lambda_1$，$A_d < \lambda_2$。同时，从可选性曲线基元灰分曲线绘制原理分析，产率增加，则基元灰分一定增加，反之亦然，所以有 $\frac{d\lambda_1}{d\gamma_1} \geqslant 0$，$\frac{d\lambda_2}{d\gamma_2} \geqslant 0$，从而：

$$\frac{d^2\gamma}{d\gamma_1^2} = \frac{1}{A_d - \lambda_2}\frac{d\lambda_1}{d\gamma_1} + \frac{A_d - \lambda_1}{(A_d - \lambda_2)^2}\frac{\lambda_1}{\lambda_2}\frac{d\lambda_2}{d\gamma_2} \leqslant 0 \tag{3-47}$$

因此，证明两种原煤在边界灰分相同的情况下，分选得到的总精煤产率最大，即在 $\lambda_1 = \lambda_2$ 的条件下，所确定的精煤灰分为 A_{d1} 和 A_{d2}，相对应的精煤产率为 γ_1 和 γ_2，混合精煤的产率 $\gamma = \gamma_1 + \gamma_2$ 为最大值。

如果不是按最高的精煤产率确定精煤灰分，而是将精煤产率确定为一定值，那么找到混合精煤灰分最低的条件，仍是 $\lambda_1 = \lambda_2$。因为 γ 为常数，则 $d\gamma = 0$，所以有 $d\gamma_1 = -d\gamma_2$，将之代入式 $\lambda_1 d\gamma_1 + \lambda_2 d\gamma_2 = A_d d\gamma$ 中，因 A_d 为变量，故有 $\gamma dA_d = \lambda_1 d\gamma_1 - \lambda_2 d\gamma_1 = (\lambda_1 - \lambda_2) d\gamma_1$，则：

$$\frac{dA_d}{d\gamma_1} = \frac{\lambda_1 - \lambda_2}{\gamma} \tag{3-48}$$

$$\frac{d^2 A_d}{d\gamma_1^2} = \frac{1}{\gamma}\left(\frac{d\lambda_1}{d\gamma_1} - \frac{d\lambda_2}{d\gamma_2}\right) \tag{3-49}$$

因为 $d\gamma_1 = -d\gamma_2$，所以 $\frac{d^2 A_d}{d\gamma_1^2} = \frac{1}{\gamma}\left(\frac{d\lambda_1}{d\gamma_1} + \frac{d\lambda_2}{d\gamma_1}\right)$。当 $\frac{dA_d}{d\gamma_1} = 0$ 时，则 $\lambda_1 = \lambda_2$，可以看出 $\frac{d^2 A_d}{d\gamma_1^2} \geqslant 0$。其二阶导数为正值，说明当精煤产率 γ 一定时，即在 $\lambda_1 = \lambda_2$ 的条件下找到 γ_1 和 γ_2，分别确定 A_{d1} 和 A_{d2}，这时混合精煤灰分 A_d 最低。

从上述论述可以推论，两种或两种以上的原煤进入选煤厂加工时，不论是分组分选，还是混合配煤分选，都必须在等边界灰分的条件下进行。如果是精煤灰分要求一定，则能得到精煤最高产率；如果是精煤产率一定，则能得到最低的精煤灰分，这就是精煤最高产率原则

的概念。

例如，某选煤厂≥13 mm 块煤和<13～0.5 mm 末煤的比例分别为 40%和 60%，当分别按等边界灰分、等精煤灰分和不等边界灰分三种不同方案配合时，得到的精煤产率和灰分是不同的，三种不同方案的分选结果见表 3-31。

表 3-31 三种不同方案的分选结果

方案	物料名称	占原煤比例/%	精煤			边界灰分 A_{λ}/%
			$\gamma_{本级}$/%	$\gamma_{原煤}$/%	A/%	
Ⅰ	≥13 mm 块煤	40	43.95	17.58	10.50	18.00
	<13～0.5 mm 末煤	60	60.75	36.45	8.75	18.00
	总精煤			54.03	9.32	
Ⅱ	≥13 mm 块煤	40	35.50	14.20	9.32	14.50
	<13～0.5 mm 末煤	60	63.50	38.10	9.32	21.50
	总精煤			52.30	9.32	
Ⅲ	≥13 mm 块煤	40	48.50	19.40	11.26	20.75
	<13～0.5 mm 末煤	60	57.50	34.50	8.23	15.20
	总精煤			53.90	9.32	

结果表明，方案Ⅰ总精煤的产率最大，方案Ⅲ次之，方案Ⅱ最小。以该厂入选块末煤能力 300 万 t/a 计算，方案Ⅰ比方案Ⅲ一年要多回收精煤 3 900 t，如果精煤售价为 800 元/t，则一年可多收益 312 万元。

由于各分选作业入选原煤的性质不同，按等边界灰分分选时，精煤灰分可能有较大差距。例如，都按边界灰分 18%分选，块精煤灰分为 10.50%，末精煤灰分为 8.75%，两者相差 1.75%。如果看不到问题的实质，就会误认为末精煤灰分太低，片面降低块精煤灰分而提高末精煤灰分，从而致使总精煤产率下降。

3.6.2 最高产率原则的验证

表 3-32 为两个矿井 50～0.5 mm 原煤浮沉试验资料。根据表 3-32 的数据分别绘制两个矿井的原煤可选性曲线。按照表 3-32 选用的边界灰分数值，分别从可选性曲线上查出一矿和二矿浮物产率。假设一矿与二矿入选原煤各占 50%（假定这两个矿原煤所含煤泥相等），折算并综合后的浮物产率见表 3-33 中的“综合浮物产率”。使用表 3-33 中的“基元灰分”和“综合浮物产率”对应的数值，绘制成一矿、二矿原煤综合后的可选性曲线（见图 3-14）。根据表 3-33中基元灰分与综合浮物产率的数据直接绘出灰分特性曲线 λ，用绘图方法从 λ 曲线上绘出浮物曲线 β。

表 3-32　两个矿井 50～0.5 mm 原煤浮沉试验资料

密度级 δ/(g/cm³)	一矿				二矿			
	浮沉组成		浮物累计		浮沉组成		浮物累计	
	产率 γ/%	灰分 A_d/%	产率 γ/%	灰分 A_d/%	产率 γ/%	灰分 A_d/%	产率 γ/%	灰分 A_d/%
<1.30	13.67	6.47	13.67	6.47	21.20	4.57	21.20	4.57
1.30～<1.40	42.58	12.71	56.25	11.19	34.54	11.13	55.74	8.63
1.40～<1.50	19.04	22.50	75.29	14.05	12.67	21.18	68.41	10.96
1.50～<1.60	6.87	31.89	82.16	15.54	8.13	30.35	76.54	13.02
1.60～<1.80	6.78	42.93	88.94	17.63	6.54	42.31	83.08	15.32
≥1.80	11.06	75.21	100.00	24.00	16.92	74.83	100.00	25.39
合计	100.00	24.00			100.00	25.39		

表 3-33　基元灰分对应浮物产率表

项　目	数　　值														
基元灰分/%	2.5	5	10	15	20	25	30	35	40	45	50	60	70	80	90
一矿浮物产率/%	0	2.5	27	45	60	60	76	80.5	82.5	86.5	87	89.5	92.5	96	100
二矿浮物产率/%	0	10	31	50.5	60.5	67	72.5	75.5	78.6	80.5	82	85	88.5	93	100
综合浮物产率/%	0	6.25	29	47.75	60.25	63.5	74.25	78	80.55	83.5	84.5	87.25	90.5	94.5	100

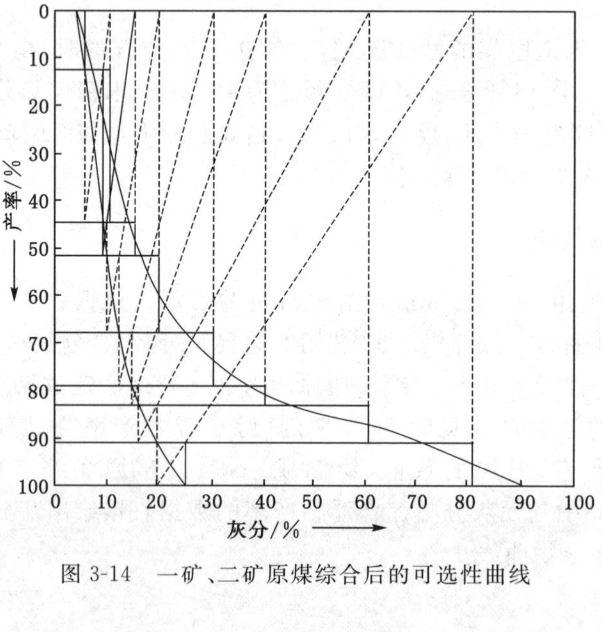

图 3-14　一矿、二矿原煤综合后的可选性曲线

将从图 3-14 的曲线中得到的精煤产率、精煤平均灰分和边界灰分等指标分 5 个方案列在表 3-34 中。实践证明，凡是符合精煤最高产率原则的，精煤总产率最高，或精煤总灰分最低，否则就不是最佳指标。

表 3-34　不同精煤指标组成的分选方案

方案	分选条件	矿别	各矿精煤指标			总精煤指标		是否符合最高产率原则
			γ/%	A_j/%	边界灰分/%	$\gamma_{(总)}$/%	A_j/%	
1	精煤灰分相等	一矿	60	12.0	20.0	66	12.0	不符合
	基元灰分不等	二矿	72	12.0	29.5			
2	基元灰分相等	一矿	72	13.5	26.0	70	12.0	符合
	精煤灰分不等	二矿	68	10.5	26.0			
3	基元灰分相等	一矿	68	13.0	23.0	66	11.55	符合
	精煤灰分不等	二矿	64	10.0	23.0			
4	精煤灰分不等	一矿	73.5	14.0	27.0	70	12.25	不符合
	基元灰分不等	二矿	66.5	10.3	25.0			
5	精煤灰分不等	一矿	70.5	13.3	25.0	70	12.16	不符合
	基元灰分不等	二矿	69.5	11.0	27.0			

比较 5 个方案可以看出：只有在等边界灰分的条件下才能得到精煤最高产率或最低灰分的结果。方案 1 未考虑原煤可选性，对不同的原煤都要求选出灰分为 12%的精煤，由于边界灰分相差太大而得不到最佳指标，这种情况在生产实际中是常遇到的。方案 2 在等边界灰分条件下分选，总精煤灰分也是 12%，但总精煤产率提高了 4%。方案 3 与方案 1 相比，在总精煤产率相同的条件下，总精煤灰分可以达到最低，比方案 1 的总精煤灰分降低了 0.45%。方案 4 和方案 5 说明总精煤产率维持在 70%，在边界灰分不相等的前提下不论怎样调整，总精煤灰分都超过 12%。以上方案中精煤产率降低或者精煤灰分提高的现象，是在边界灰分不相等的情况下产生的。

如以边界灰分不相等使总精煤产率降低这 情况为例。如果两种煤分选时各采取一种边界灰分，一种煤用较高的基元灰分混入精煤，另外一种煤就必须用较低的基元灰分掺入精煤，从而使总的精煤灰分保持不变。由灰分特性曲线的形状可以看出，要想得到较低的基元灰分，就必须降低更多的产率，这样就使总的精煤产率降低了。同理，因为用第一种煤高基元灰分部分替代了同样数量另一种煤低基元灰分部分，如果要保持原有的总精煤产率不变，则总的精煤灰分必然提高。

3.7　精煤最高产率原则的用途

获得最高精煤产率和最大经济效益是选煤厂经营管理追求的两大主要目标。只有取得最高精煤产率，才能最有效地利用煤炭资源，取得最佳社会效益；只有取得最大经济效益，才能使企业获得高额利润，为职工多谋福利，为国家多上缴利税，从而增强企业的竞争力。最大产率原则是选煤厂生产工艺管理的最优化基础，它具有下列多种用途：

① 为分级、分组问题的决策提供依据。

② 用来确定两种或两种以上的煤是否可以混合入选，混合入选时最合理的理论分选条件和选后产品的数量、质量指标；不能混合入选时各自最合理的理论分选条件和选后产品的数量、质量指标。

③ 当几种选煤方法联合使用时，确定各种选煤方法最合理的理论分选条件和选后产品的理论指标。

④ 当一种选煤机械联合使用时(即主选和再选、粗选和扫选等)，确定各自的理论分选条件和产品理论指标。

⑤ 用于对选煤厂生产实际情况的分析，计算入料的合理掺配。

3.7.1 原煤分级与分组

无论是设计一个选煤厂，还是组织多种原煤进厂入选，首先遇到的就是原煤分级和分组问题。为此，先要取得原煤浮沉试验资料，尤其是解决原煤分级问题时，还需要原煤各粒级的浮沉试验资料。原煤浮沉试验资料是理论数据。假定煤种、选煤设备、操作水平三个因素是固定的，在分选密度与可能偏差 E 或不完善度 I 不变的情况下，可不考虑实际可选性曲线，直接从几种原煤理论可选性曲线上查出分选密度和基元灰分。如果分选密度和基元灰分相近的话，就可混合入选，否则要分组入选。原煤密度与基元灰分大致呈线性关系，见图 3-15。

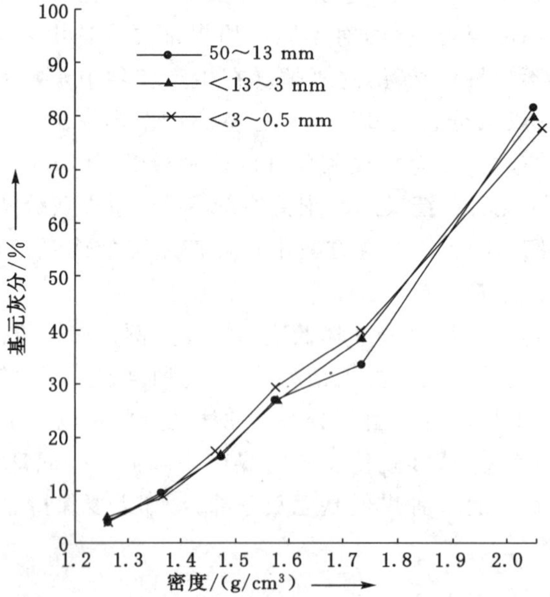

图 3-15　入选原煤密度与基元灰分的关系

原煤密度采用表 3-35 中密度级的平均密度，则密度级的平均灰分就变成了基元灰分。由表 3-35 中的资料可以绘制三条不同粒度的 δ-λ 曲线，从曲线上选择适合混合入选的密度，否则，还要考虑分级入选的问题。

表 3-35　某厂入选原煤筛分浮沉试验结果

密度级 δ/(g/cm³)	50～13 mm			<13～3 mm			<3～0.5 mm			合计		
	占本级/%	占全样/%	灰分/%	占本级/%	占全样/%	灰分/%	占本级/%	占全样/%	灰分/%	占本级/%	占全样/%	灰分/%
筛分试验	—	18.32	42.52	—	26.75	23.75	—	33.37	17.71	—	78.44	25.56
<1.30	10.42	1.89	4.79	18.90	5.00	4.22	30.15	9.66	4.06	21.59	16.55	4.19
1.30～<1.40	37.32	6.78	9.16	44.52	11.78	8.56	44.28	14.18	8.22	42.71	32.74	8.54
1.40～<1.50	4.34	0.79	16.66	10.41	2.75	15.77	9.92	3.18	16.97	8.77	6.72	16.44
1.50～<1.60	1.07	0.19	26.06	3.56	0.94	26.21	2.29	0.73	28.80	2.44	1.87	27.21
1.60～<1.80	1.03	0.19	32.92	3.01	0.80	37.70	2.29	0.73	38.76	2.24	1.72	37.63
≥1.80	45.82	8.32	79.90	19.60	5.19	78.58	11.07	3.55	74.41	22.25	17.05	78.36
合　计	100.00	18.16	41.87	100.00	26.46	23.72	100.00	32.03	16.33	100.00	76.65	24.93

图 3-16 是原煤不同粒级基元灰分与密度的关系。把基元灰分与密度的关系理想化为线性关系。通常大粒度与小粒度基元灰分相同时，粒度大的具有较低的分选密度。实际资料也表明，在跳汰机操作条件相同的情况下，大粒级的原煤分选密度低，而小粒级的原煤分选密度高。粒级之间的分选密度约差 0.01～0.02 g/cm³。图 3-16 中各粒级的 δ-λ 曲线的排列恰好适合跳汰机不同粒级按等边界灰分分选的要求。如果这个排列顺序相反，那么这种原煤就不适合混合入选了。实践结果表明：不同粒级的分选密度偏差小于0.05 g/cm³ 时可以混合入选，不必采用分级入选。

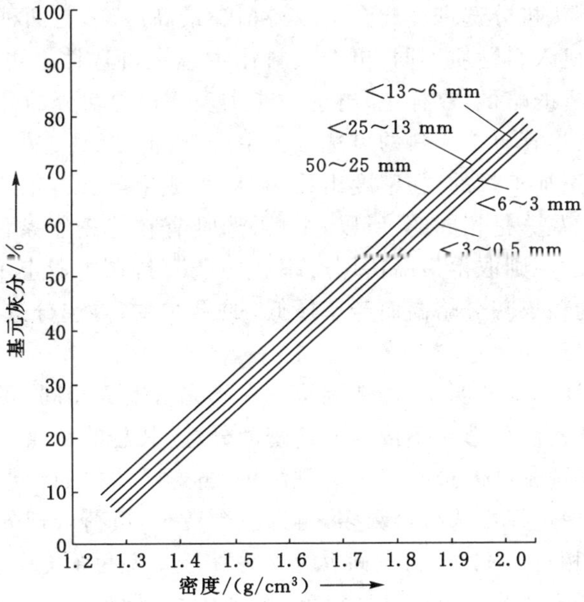

图 3-16　原煤不同粒级基元灰分与密度的关系

3.7.2 不同选煤方法配合

选煤厂所用的选煤方法往往不是单一的，而是配合使用的，例如，块煤重介＋末煤跳汰＋煤泥浮选，混煤跳汰＋重介旋流器精选＋煤泥浮选，块煤重介＋末煤重介旋流器选＋煤泥浮选等。

采用两种以上方法分选就存在等边界灰分取得最高精煤产率的问题。采用什么选煤方法，使用哪种工艺流程是在设计选煤厂时早已经确定的。我们必须在既定的生产条件与工艺流程的前提下，设计最佳、最有利的工艺条件与生产指标，以便能合理使用煤炭资源，同时得到良好的经济效益。现以跳汰与浮选流程为例，为了使问题简单化，假定入选原煤进入跳汰，煤泥水进入浮选，粗煤泥回收问题暂不考虑，这样在跳汰与浮选之间就有等边界灰分问题，考虑精煤产率最高原则是正确的。但生产实际中还要考虑浮选成本比跳汰高，而且浮选尾煤灰分往往为了适合用户需求又不能太高的现实。过去有些选煤厂将尾煤灰分选到70％左右而抛弃，这是很不经济的。所以在设计选煤厂和确定生产管理指标时，重选与浮选的精煤灰分都应当按精煤最高产率原则确定，并使两种精煤混合起来的质量符合销售精煤灰分的要求。

3.7.3 主、再选的配合

我国早期的选煤厂使用跳汰工艺的比例较大，而且很多厂都设置了主、再选跳汰机。主、再选两个环节配合得合理，对于全厂获得最高的生产指标和最大的经济效益具有重要意义。跳汰机主要是按密度进行分选的，原煤密度与基元灰分大体为正比关系，所以在考虑基元灰分相等的条件时，用分选密度相等的条件来代替，结果也可实现精煤最高产率。

如何在主、再选跳汰机分选密度配合上取得精煤最高产率，有两种不同的观点。一种观点认为：主、再选跳汰机入料性质不同，再选入料比主选在可选性上更难选，因此，再选机的分选密度必须比主选机的略低，这样主、再选才能实现等边界灰分的分选并获得最高精煤产率。另一种观点认为：尽管再选入料的可选性比主选难，但主、再选处理的是同一来源的煤，因为再选入料是经主选加工过的，在密度组成、粒度组成上与原煤有差异。主、再选入料密度相同的部分，其基元灰分是相同的，所以，主、再选唯有在等密度条件下进行分选，才能实现按等边界灰分分选的原则取得最高精煤产率。再选入料在组成上不同于主选，但它是来自主选的中煤，选出的精煤灰分略高而产率还低，如果在主、再选分选密度相同的条件下操作，总的精煤产率必然最高。

生产实际和理论计算都证明主、再选跳汰机在不完善度 I 相同，要求的总精煤灰分也相同的条件下，按等分选密度分选比不按等分选密度分选，其总的精煤产率约高1％。

主、再选跳汰机分选密度的选择与主选跳汰机、再选跳汰机的台数或跳汰室面积的比例有关。设计上一般考虑选择主选机台数多，再选机台数少，负荷合理分配，此时主、再选跳汰机分选密度应相等或相近。如主、再选跳汰室面积相等时，为了充分发挥再选跳汰机的效能，应当有意识地压低主选跳汰机的分选密度，增加中煤排量，使再选跳汰机有足够的负荷并得到理想的分选效果。此时，再选较主选的分选密度高。显然，无论从精煤最高产率出发，还是从跳汰机负荷出发，应尽量不实行分选密度“主高再低”的方案。

在主、再选跳汰机配合方面，还有一种主张，认为主、再选跳汰机之间必须在实际边界灰分λ相等的条件下，才能得到最高精煤产率。不过在理论推导上需要证明，在实际边界灰分λ相等的条件下能否获得最高精煤产率。

3.7.4 合理产品结构

选煤厂的生产系统是由不同的分选作业组成的，其最终产品由这些作业的产品混合而成。具体到某一种产品，各分选作业选出的产品灰分和产率都不尽相同，这就要求在满足质量要求的前提下，寻求最佳的不同分选作业产品的质量搭配方案，也就是寻求最佳的分选密度的配合方案。然而对于选煤厂出多个产品的方案来说，如有一号精煤、二号精煤、优质动力煤，还有洗混煤等，有时其精煤产率最大时，经济效益不一定最好。选煤厂或筛选厂出产的多种产品，在使用最高产率原则时，把产品结构有意地调整或合理地掺混，有时会带来更好的经济效益。

例如，表3-36、表3-37为某选煤厂精煤组成的两个方案，显然两种方案的经济效益是不同的。

表3-36　某选煤厂精煤组成方案一

产品名称	产率/%	灰分/%
总精煤	54.58	10.49
其中：重选末精煤	30.29	9.37
重选块精煤	9.32	11.58
浮选精煤	12.95	11.79
煤泥筛上精煤	2.02	14.01

表3-37　某选煤厂精煤组成方案二

产品名称	产率/%	灰分/%
低灰精煤	30.29	9.37
其中：重选末精煤	30.29	9.37
高灰精煤	24.29	11.89
其中：重选块精煤	9.32	11.58
浮选精煤	12.95	11.79
煤泥筛上精煤	2.02	14.01

选煤厂的处理量比较大，如果每吨煤的效益增加一点，那么增加的总收益就是可观的。比如，选煤厂的精煤产品方案进行调整，方案二的总销售额比方案一多0.5元/t原煤，那么，年处理200万t原煤，一年就可以多获利润100万元。当然，还可寻求更佳的精煤搭配方案。

中煤、洗混煤是作为动力燃料使用的，如果把中煤、洗混煤筛分后得到不同的粒级煤，销售额还有可能增加。不同煤炭使用设施对煤炭粒度的要求是不一样的。例如，3～25 mm粒度的动力煤是最适合层燃锅炉燃烧使用的，粒度过大的煤燃烧会不完全，而细颗粒煤会被鼓引风吹扬起来而造成烟尘超标；粒度较大的动力煤适用于烘干用热风炉等燃煤设备，原煤或洗混煤的粒度范围比较宽，用户需要对外购燃料煤进行筛分，筛下的细颗粒煤只能低价二次销售。

如果将中煤、洗混煤筛分后获得不同粒级的产品，那么在质量相同的情况下，大块、中块、小块、粒煤的售价均比混煤和末煤高。选煤厂甚至可以对矸石进一步分选加工，获得适合沸腾炉使用的劣质燃料和满足工业建材要求的低残碳纯净矸石；将中煤再选，生产质优的混煤和低热值煤。这些副产品的加工可以增加选煤厂的利润，但并不影响精煤的产率。

一个选煤厂虽然已经确定了设备和分选工艺流程，但只要对操作制度做一些调整，或者对流程做一些简单的变动，如增设一台筛子或带式输送机，或是对产品的灰分做些调整，都会增加收入，而且增收效益十分显著。因此，选煤厂的经营管理者要经常考虑厂内各作业处分选指标的合理配合问题，要经常对市场进行调查研究，确定各作业最合理的分选密度、精煤灰分、污染指标以及最终产品的最佳组合。

3.7.5 产品的合理掺配

通过产品的合理掺配，将某个质量指标不合格的产品掺入合格的产品中，就可以获得各项质量指标都满足要求的更多的产品。

如图 3-17 所示的迈耶尔曲线是某动力煤选煤厂的可选性曲线。对原煤筛分后的块煤进行分选。图中曲线Ⅰ代表入选的块煤，平均灰分为 24%，分选后的块精煤灰分为 12%。从曲线Ⅰ上可以查出块精煤的产率为 51.0%（A 点纵坐标）。图中曲线Ⅱ代表筛分后的末煤，平均灰分为 18%。因为末煤未经分选，可假定筛分后末煤为均质灰分为 18%的原煤。灰分为 18%的末煤达不到精煤灰分 12%的要求，如果降低块煤分选的灰分，掺入部分末煤，这样就可以在不改变生产工艺流程的情况下获得更多的精煤产品。

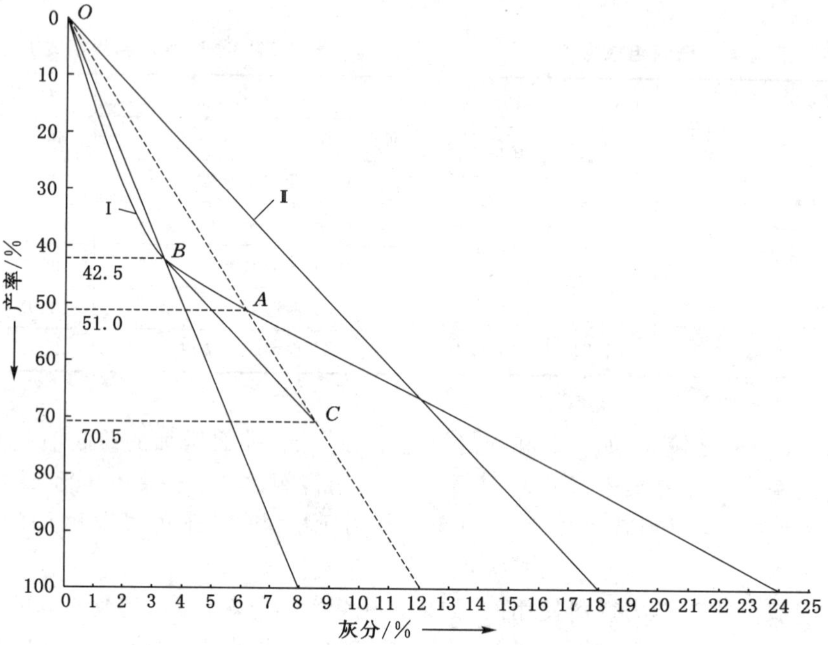

图 3-17 某动力煤选煤厂的迈耶尔曲线

如图 3-17 所示，作直线Ⅱ的平行线与曲线Ⅰ相切于 B 点，与 12%灰分线相交于 C 点。B 点对应产率为 42.5%，延长 OB，说明取基元灰分为 18%时，块煤的精煤灰分为 8%，其余用灰分为 18%的末煤掺入，最终总精煤灰分也是 12%，但 C 点对应的产率为 70.5%，这样在合理掺配后，精煤产率提高了 19.5%。

某选煤厂采用跳汰＋浮选联合工艺流程，生产灰分为 9.51%～10.00%的炼焦精煤，产率为 68%，年生产精煤 40 万 t 左右。通过对选煤厂附近煤炭资源的考查和筛分浮沉试验，选煤厂采取掺配筛分末煤的方式提高了精煤产率。方法是：高价购买当地灰分为 12.5%～15.5%的优质原煤，经 25 mm 振动筛筛分后获得灰分为 11%～11.5%的末煤；选煤厂分选精煤灰分调整为8.51%～9.00%，精煤产量减少10万t；掺入15万～20万t的末煤使精煤灰分满足要求。通过增加的筛分处理工艺，选煤厂总精煤产量得到提高。

3.7.6　最高产率原则应用实例

最高产率原则可以用于根据实际情况确定各工艺环节的合理工艺指标。下面以三个案例来了解最高产率原则在确定实际生产指标方面的使用情况。

【例3-6】　配煤入选的判定示例

甲、乙两矿的原煤（50～0.5 mm）及混合煤的浮沉组成分别见表3-38、表3-39和表3-40，试确定其混合入选的最合理的工艺指标。如不能混合入选，确定其不能混合入选时工艺指标。（已知精煤理论灰分为12.0%，混合时甲、乙两矿各占50%）

表3-38　甲矿50～0.5 mm原煤浮沉组成

密度级 $\delta/(g/cm^3)$	占本级 $\gamma/\%$	占全样 $\gamma/\%$	灰分 $A_d/\%$	浮物累计		沉物累计	
				产率 $\gamma/\%$	灰分 $A_d/\%$	产率 $\gamma/\%$	灰分 $A_d/\%$
<1.30	1.21	0.96	3.53	1.21	3.53	100.00	29.36
1.30～<1.40	32.16	25.42	9.21	33.37	9.00	98.79	29.68
1.40～<1.50	23.88	18.87	15.55	57.25	11.73	66.63	39.56
1.50～<1.60	6.17	4.88	25.34	63.42	13.06	42.75	52.97
1.60～<1.80	5.81	4.59	36.44	69.23	15.02	36.58	57.63
≥1.80	30.77	24.32	61.63	100.00	29.36	30.77	61.63
合计	100.00	79.04	29.36				

表3-39　乙矿50～0.5 mm原煤浮沉组成

密度级 $\delta/(g/cm^3)$	占本级 $\gamma/\%$	占全样 $\gamma/\%$	灰分 $A_d/\%$	浮物累计		沉物累计	
				产率 $\gamma/\%$	灰分 $A_d/\%$	产率 $\gamma/\%$	灰分 $A_d/\%$
<1.30	1.88	1.50	4.14	1.88	4.14	100.00	26.67
1.30～<1.40	29.86	23.78	9.39	31.74	9.08	98.12	27.10
1.40～<1.50	27.14	21.62	16.81	58.88	12.64	68.26	34.85
1.50～<1.60	11.62	9.26	25.88	70.50	14.82	41.12	46.76
1.60～<1.80	9.34	7.44	35.53	79.84	17.25	29.50	54.98
≥1.80	20.16	16.06	63.99	100.00	26.67	20.16	63.99
合计	100.00	79.65	26.67				

表 3-40 甲乙两矿 50～0.5 mm 混合原煤浮沉组成

密度级 δ/(g/cm³)	甲矿		乙矿		混合煤		浮物累计		沉物累计	
	产率/%	灰分/%	产率/%	灰分/%	产率/%	灰分/%	产率/%	灰分/%	产率/%	灰分/%
<1.30	1.21	3.53	1.88	4.14	1.55	3.90	1.55	3.90	100.00	28.02
1.30～<1.40	32.16	9.21	29.86	9.39	31.01	9.30	32.56	9.04	98.47	28.39
1.40～<1.50	23.88	15.55	27.14	16.81	25.51	16.22	58.07	12.19	67.46	37.18
1.50～<1.60	6.17	25.34	11.62	25.88	8.90	25.69	66.97	13.99	41.95	49.92
1.60～<1.80	5.81	36.44	9.34	35.53	7.58	35.88	74.55	16.21	33.05	56.45
≥1.80	30.77	61.63	20.16	63.99	25.47	62.56	100.00	28.02	25.47	62.56
合计	100.00	29.36	100.00	26.67	100.00	28.02				

解：

① 根据表 3-38、表 3-39 和表 3-40 所示的原煤浮沉组成，绘制甲、乙两矿原煤及其混合原煤的可选性曲线，如图 3-18 所示。

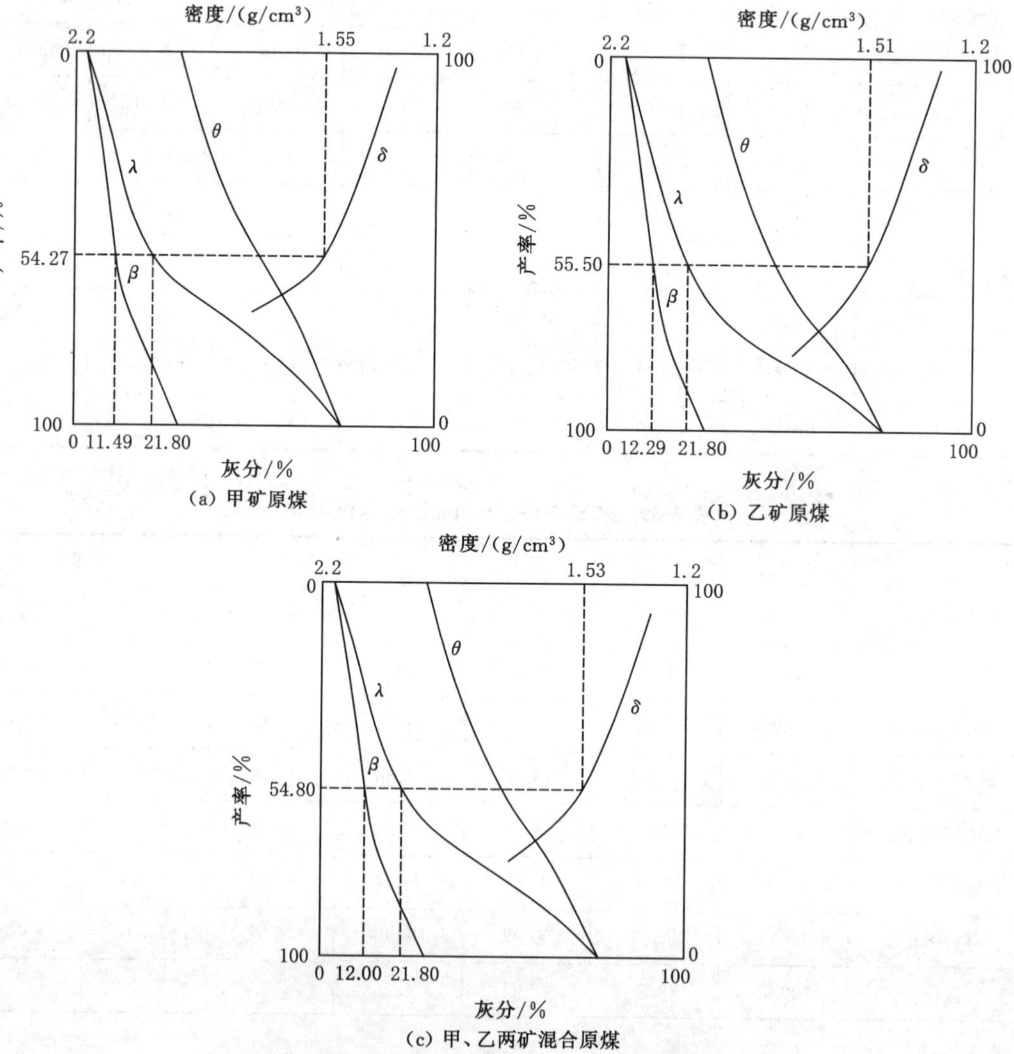

图 3-18 甲、乙两矿原煤及其混合原煤的可选性曲线

② 根据精煤理论灰分 $A_d=12.00\%$，查图 3-18(c)的甲、乙两矿混合原煤可选性曲线，得到精煤理论产率 $\gamma=54.80\%$，理论基元灰分 $\lambda=21.80\%$，理论分选密度 $\delta=1.53\ g/cm^3$。

③ 根据混合原煤的边界灰分 $\lambda=21.80\%$，以及等 λ 原则，分别在甲、乙矿的原煤可选性曲线上查得甲矿的理论分选指标 $\gamma_1=54.27\%$，$A_{d1}=11.49\%$，$\delta_1=1.55\ g/cm^3$，乙矿的理论分选指标 $\gamma_2=55.50\%$，$A_{d2}=12.29\%$，$\delta_2=1.51\ g/cm^3$。

④ 对等 λ 情况下理论分选密度 δ_1、δ_2 进行比较，则分选密度偏差 $\Delta=|\delta_1-\delta_2|=|1.55-1.51|=0.04<0.05$，所以甲、乙两矿的原煤可以混合入选，混合入选时的理论分选密度 $\delta=1.53\ g/cm^3$，精煤理论产率 $\gamma=54.80\%$，理论基元灰分 $\lambda=21.80\%$。

这里，如果分选密度偏差 $\Delta=|\delta_1-\delta_2|>0.05$，则表示不能混合入选，需要分开入选。当分开入选时，甲矿的理论分选密度 $\delta_1=1.55\ g/cm^3$，精煤理论产率 $\gamma_1=54.27\%$，精煤理论灰分 $A_{d1}=11.49\%$，边界灰分 $\lambda_1=21.80\%$；乙矿的理论分选密度 $\delta_2=1.51\ g/cm^3$，精煤理论产率 $\gamma_2=55.50\%$，精煤理论灰分 $A_{d2}=12.29\%$，边界灰分 $\lambda_2=21.80\%$。

【例 3-7】 分级入选的判定示例

某选煤厂入选原煤 50～13 mm 和<13～0.5 mm 级原煤浮沉资料分别见表 3-41 和表 3-42，其中 50～13 mm 占 30.99%，<13～0.5 mm 占 53.35%。试确定其是否能进行混合入选。如能混合入选，则确定理论工艺指标；如不能混合入选，则确定其分级入选时各自的理论工艺指标，其中精煤灰分要求 10%。

表 3-41　50～13 mm 入选原煤浮沉组成

密度级 δ/(g/cm³)	占本级 γ/%	灰分 A_d/%	浮物累计		沉物累计	
			产率 γ/%	灰分 A_d/%	产率 γ/%	灰分 A_d/%
<1.30	6.45	7.15	6.45	7.15	100.00	39.75
1.30～<1.40	41.44	9.33	47.89	9.04	93.55	42.00
1.40～<1.50	7.60	17.95	55.49	10.26	52.11	67.98
1.50～<1.60	3.23	27.83	58.72	11.22	44.51	76.53
1.60～<1.80	3.12	38.73	61.84	12.61	41.28	80.34
≥1.80	38.16	83.74	100.00	39.75	38.16	83.74
总计	100.00	39.75				

表 3-42　<13～0.5 mm 入选原煤浮沉组成

密度级 δ/(g/cm³)	占本级 γ/%	灰分 A_d/%	浮物累计		沉物累计	
			产率 γ/%	灰分 A_d/%	产率 γ/%	灰分 A_d/%
<1.30	17.27	5.18	17.27	5.18	100.00	22.94
1.30～<1.40	44.62	8.67	61.89	7.70	82.73	26.64
1.40～<1.50	11.68	18.02	73.57	9.34	38.11	47.68
1.50～<1.60	5.52	26.92	79.09	10.56	26.43	60.79
1.60～<1.80	5.24	38.56	84.33	12.30	20.91	69.74
≥1.80	15.67	80.16	100.00	22.94	15.67	80.16
总计	100.00	22.94				

解：

① 根据表 3-41 和表 3-42 及 50～13 mm 和<13～0.5 mm 原煤的筛分浮沉组成计算 50～0.5 mm的筛分浮沉组成，见表 3-43 和表 3-44，并绘制各粒级可选性曲线，如图 3-19 所示。

表 3-43　50～0.5 mm 综合原煤筛分浮沉组成

密度级 δ/(g/cm^3)	50～13 mm			<13～0.5 mm			50～0.5 mm		
	占本级 γ/%	占全样 γ/%	灰分 A_d/%	占本级 γ/%	占全样 γ/%	灰分 A_d/%	占本级 γ/%	占全样 γ/%	灰分 A_d/%
<1.30	6.45	2.00	7.15	17.27	9.21	5.18	13.29	11.21	5.53
1.30～<1.40	41.44	12.84	9.33	44.62	23.80	8.67	43.45	36.65	8.90
1.40～<1.50	7.60	2.36	17.95	11.68	6.23	18.02	10.18	8.59	18.00
1.50～<1.60	3.23	1.00	27.83	5.52	2.94	26.92	4.68	3.95	27.15
1.60～<1.80	3.12	0.97	38.73	5.24	2.80	38.56	4.46	3.76	38.60
≥1.80	38.16	11.83	83.74	15.67	8.36	80.16	23.93	20.19	82.26
总计	100.00	30.99	39.75	100.00	53.35	22.94	100.00	84.34	29.12

表 3-44　50～0.5 mm 入选原煤筛分浮沉组成

密度级 δ/(g/cm^3)	占本级 γ/%	灰分 A_d/%	浮物累计		沉物累计	
			产率 γ/%	灰分 A_d/%	产率 γ/%	灰分 A_d/%
<1.30	13.29	5.53	13.29	5.53	100.00	29.12
1.30～<1.40	43.45	8.90	56.74	8.11	86.70	32.73
1.40～<1.50	10.18	18.00	66.92	9.62	43.25	56.67
1.50～<1.60	4.68	27.15	71.60	10.76	33.07	68.57
1.60～<1.80	4.46	38.60	76.06	12.39	28.39	75.40
≥1.80	23.93	82.26	100.00	29.12	23.93	82.26
总计	100.00	29.12				

② 根据总精煤灰分要求 $A_d=10\%$，在 50～0.5 mm 原煤的可选性曲线[图 3-19(c)]上查得理论基元灰分 $\lambda=24.0\%$，精煤理论产率 $\gamma=66.4\%$，理论分选密度 $\delta=1.50$ g/cm^3。

③ 50～0.5 mm 原煤的理论基元灰分 $\lambda=24.0\%$，由等 λ 原则，在 50～13 mm 原煤的可选性曲线[图 3-19(a)]上，根据 $\lambda_1=\lambda=24.0\%$，查得 50～13 mm 原煤的理论分选密度 $\delta_1=1.50$ g/cm^3，精煤理论灰分 $A_{d1}=10.2\%$，精煤理论产率 $\gamma_1=54.8\%$；在<13～0.5 mm 原煤的可选性曲线[图 3-19(b)]上，根据 $\lambda_2=\lambda=24.0\%$，查得<13～0.5 mm 原煤的理论分选密度 $\delta_2=1.51$ g/cm^3，精煤理论灰分 $A_{d2}=9.4\%$，精煤理论产率 $\gamma_2=73.1\%$。

④ 根据上述计算结果，计算分选密度偏差 $\Delta=|\delta_1-\delta_2|=|1.50-1.51|=0.01<0.05$，可以混合入选，不必采用分级入选。混合入选时的理论分选密度 $\delta=1.50$ g/cm^3，精煤理论产率 $\gamma=66.4\%$，理论基元灰分 $\lambda=24.0\%$。

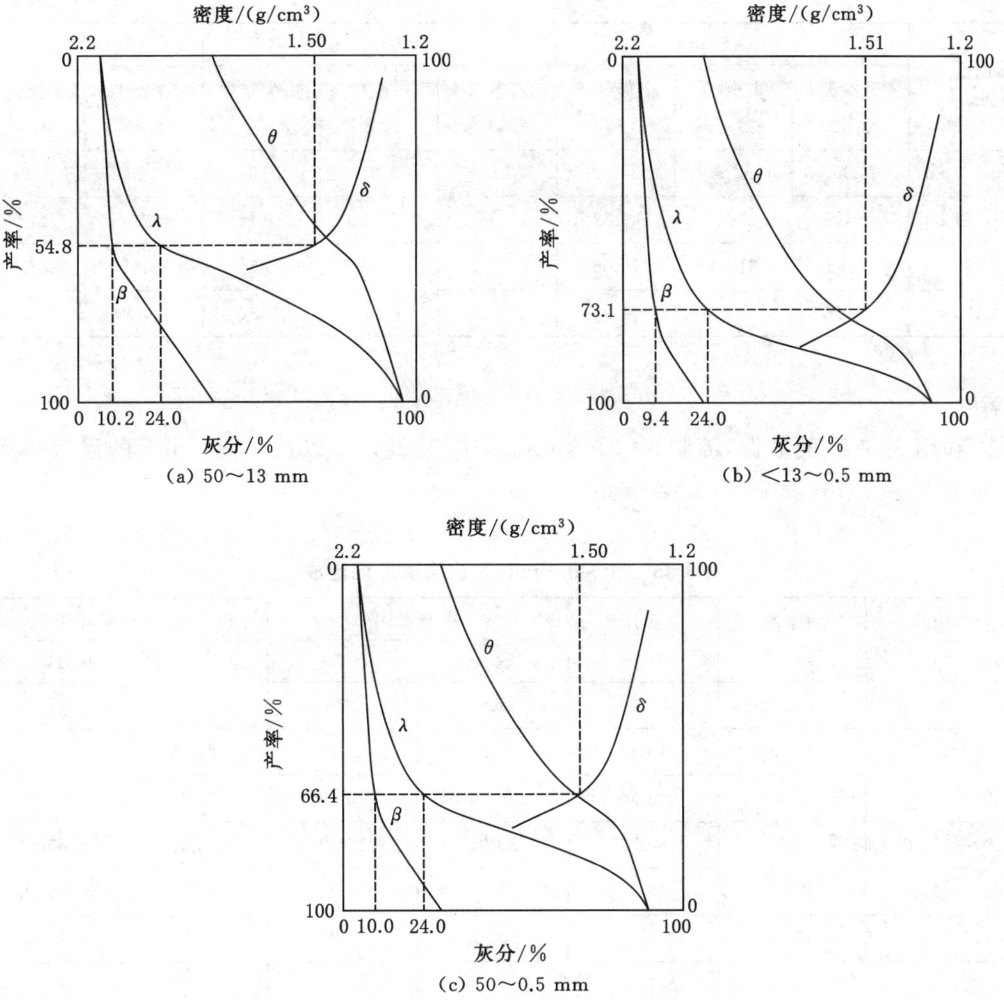

图 3-19　原煤各粒级的可选性曲线

【例 3-8】　重选与浮选的指标配合示例

某选煤厂入选原煤的 50～0.5 mm 和<0.5～0 mm 的浮沉组成见表 3-45。试确定在精煤灰分为 12.5%时，50～0.5 mm 用跳汰选、<0.5～0 mm 用浮选时各自的理论分选指标。

表 3-45　某选煤厂入选原煤 50～0.5 mm 和<0.5～0 mm 的浮沉组成

密度级 δ/(g/cm³)	50～0.5 mm			<0.5～0 mm			50～0 mm	
	占本级 γ/%	占全样 γ/%	灰分 A_d/%	占本级 γ/%	占全样 γ/%	灰分 A_d/%	占全样 γ/%	灰分 A_d/%
<1.30	11.86	9.91	4.69	10.94	1.80	2.56	11.71	4.36
1.30～<1.40	22.43	18.74	13.54	34.59	5.69	5.69	24.43	11.71
1.40～<1.50	12.45	10.40	23.30	16.05	2.64	14.21	13.04	21.46

表 3-45(续)

密度级 δ/(g/cm³)	50～0.5 mm			<0.5～0 mm			50～0 mm	
	占本级 γ/%	占全样 γ/%	灰分 A_d/%	占本级 γ/%	占全样 γ/%	灰分 A_d/%	占全样 γ/%	灰分 A_d/%
1.50～<1.60	6.30	5.26	34.32	8.33	1.37	23.64	6.63	32.11
1.60～<1.80	9.47	7.91	46.82	7.96	1.31	31.14	9.22	44.59
≥1.80	37.50	31.33	75.05	22.13	3.64	69.53	34.97	74.48
总计	100.00	83.55	41.23	100.00	16.45	24.36	100.00	38.45

解:

① 利用表 3-45 的数据,编制 50～0.5 mm、<0.5～0 mm 以及 50～0 mm 的浮沉组成综合表,分别见表 3-46、表 3-47 和表 3-48。

表 3-46　50～0.5 mm 入选原煤浮沉组成

密度级 δ/(g/cm³)	占本级 γ/%	灰分 A_d/%	浮物累计		沉物累计	
			产率 γ/%	灰分 A_d/%	产率 γ/%	灰分 A_d/%
<1.30	11.86	4.69	11.86	4.69	100.00	41.23
1.30～<1.40	22.43	13.54	34.29	10.48	88.15	46.15
1.40～<1.50	12.45	23.30	46.74	13.89	65.72	57.28
1.50～<1.60	6.30	34.32	53.04	16.32	53.27	65.22
1.60～<1.80	9.47	46.82	62.51	20.94	46.97	69.36
≥1.80	37.50	75.05	100.00	41.23	37.50	75.05
总计	100.00	41.23				

表 3-47　<0.5～0 mm 入选原煤浮沉组成

密度级 δ/(g/cm³)	占本级 γ/%	灰分 A_d/%	浮物累计		沉物累计	
			产率 γ/%	灰分 A_d/%	产率 γ/%	灰分 A_d/%
<1.30	10.94	2.56	10.94	2.56	100.00	24.36
1.30～<1.40	34.59	5.69	45.53	4.94	89.06	27.04
1.40～<1.50	16.05	14.21	61.58	7.35	54.47	40.60
1.50～<1.60	8.33	23.64	69.91	9.29	38.42	51.62
1.60～<1.80	7.96	31.14	77.87	11.53	30.09	59.37
≥1.80	22.13	69.53	100.00	24.36	22.13	69.53
总计	100.00	24.36				

表 3-48　50～0 mm 入选原煤浮沉组成

密度级 δ/(g/cm³)	占本级 γ/%	灰分 A_d/%	浮物累计		沉物累计	
			γ/%	A_d/%	γ/%	A_d/%
<1.30	11.71	4.36	11.71	4.36	100.00	38.45
1.30～<1.40	24.43	11.71	36.14	9.33	88.29	42.98
1.40～<1.50	13.04	21.46	49.18	12.55	63.86	54.94
1.50～<1.60	6.63	32.11	55.81	14.87	50.82	63.53
1.60～<1.80	9.22	44.59	65.03	19.08	44.19	68.24
≥1.80	34.97	74.48	100.00	38.45	34.97	74.48
总计	100.00	38.45				

② 根据表 3-46、表 3-47 和表 3-48 的数据绘制 50～0.5 mm、<0.5～0 mm 和 50～0 mm 原煤的可选性曲线，如图 3-20 所示。

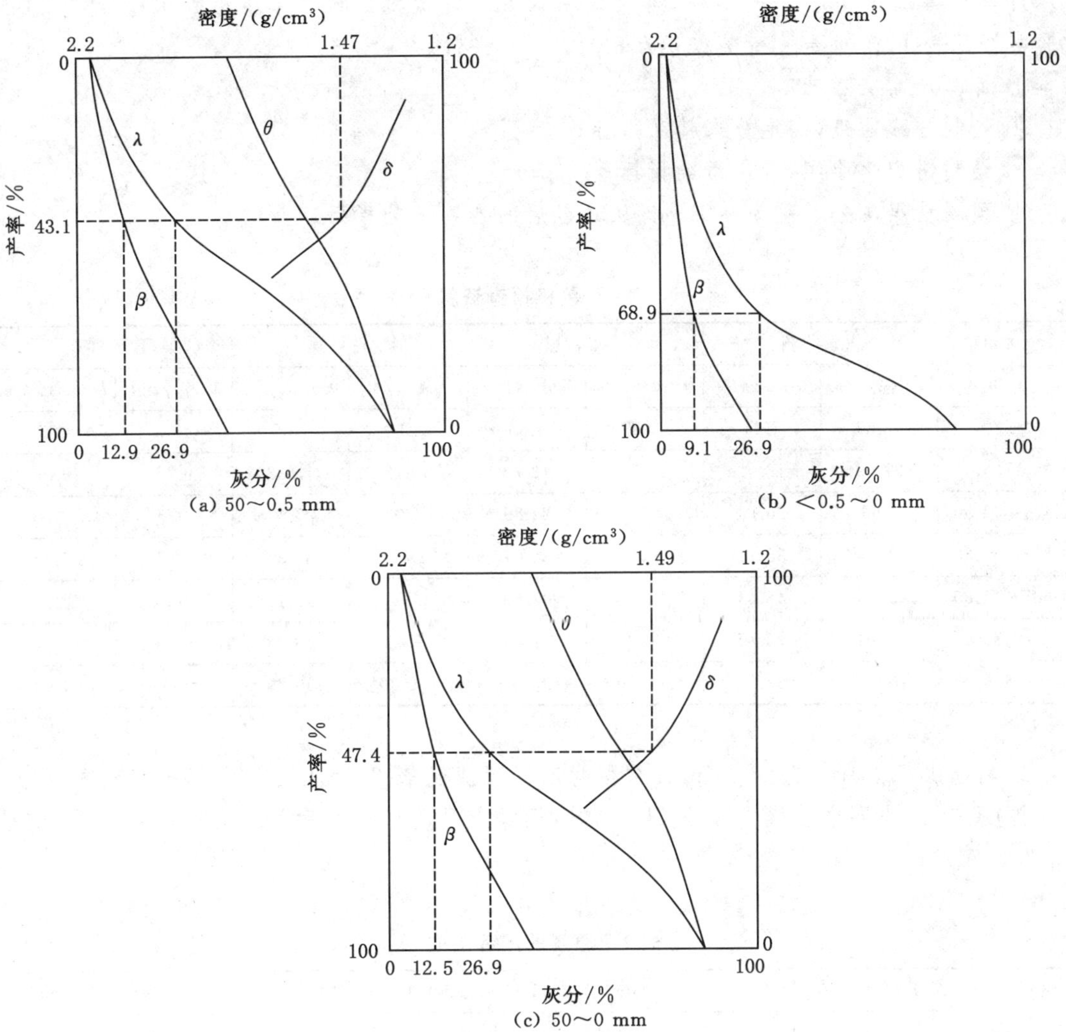

图 3-20　各粒级原煤的可选性曲线

③ 在图 3-20(c)所示的 50～0 mm 原煤的可选性曲线上，根据总精煤灰分 $A_d=12.5\%$，查浮物累积曲线、基元灰分曲线、密度曲线，可得 $\gamma=47.4\%$，$\lambda=26.9\%$，$\delta=1.49\ g/cm^3$。

④ 根据边界灰分 $\lambda=26.9\%$ 和等 λ 原则，在 50～0.5 mm 原煤的可选性曲线上查得重选理论分选指标为 $\gamma_1=43.1\%$，$A_{d1}=12.9\%$，$\delta_1=1.47\ g/cm^3$；查<0.5～0 mm 原煤的可选性曲线，可得浮选理论分选指标为 $\gamma_2=68.9\%$，$A_{d2}=9.1\%$。

⑤ 根据上述结果可知，50～0.5 mm 原煤用跳汰选的理论工艺指标为 $A_{d1}=12.9\%$，$\gamma_{1本}=43.1\%$，$\gamma_{1全}=43.1\%\times 83.55\%/100\%=36.01\%$，$\delta_1=1.47\ g/cm^3$；<0.5～0 mm 原煤用浮选的理论工艺指标为 $A_{d2}=9.1\%$，$\gamma_{2本}=68.9\%$，$\gamma_{2全}=68.9\%\times 16.45\%/100\%=11.33\%$。

思 考 题

1. 某矿务局选煤厂于＊＊＊＊年＊＊月对 82# 跳汰机进行了单机检查试验，整理后的试验数据见表 1，已知要求精煤灰分为 8.01%～8.50%。

① 计算产品实际产率；

② 绘制分配曲线，确定分选精度指标；

③ 绘制错配物曲线，确定污染指标；

④ 预测精煤灰分调整为 9.01%～9.50%后的各项工艺指标。

表 1　单机检查资料

密度级 $\delta/(g/cm^3)$	入料		精煤		中煤		矸石	
	产率 γ/%	灰分 A_d/%	产率 γ/%	灰分 A_d/%	产率 γ/%	灰分 A_d/%	产率 γ/%	灰分 A_d/%
<1.30	43.80	5.24	63.23	4.86	29.99	7.09	4.97	8.25
1.30～<1.40	27.59	12.41	31.16	12.72	25.12	13.83	9.76	15.96
1.40～<1.50	7.63	26.70	4.37	24.89	14.02	27.47	4.75	27.70
1.50～<1.60	2.45	36.14	0.59	34.61	2.67	35.31	4.87	37.23
1.60～<1.80	3.52	48.43	0.23	41.60	9.74	45.49	10.35	48.52
≥1.80	15.01	78.79	0.42	67.80	18.46	78.36	65.30	82.87
合计	100.00	22.17	100.00	8.71	100.00	29.29	100.00	64.23

2. 某选煤厂本月入选≥0.5 mm 原煤的浮沉组成见表 2，而上月的实际生产结果（月综合资料）见表 3，当要求精煤灰分为 11.5%时，根据上月的生产实际预测本月产品数量、质量指标（γ、A_d）。

表 2　原煤的浮沉组成

密度级 $\delta/(g/cm^3)$	<1.30	1.30～<1.40	1.40～<1.45	1.45～<1.50	1.50～<1.60	1.60～<1.80	≥1.80	合计
产率 γ/%	19.81	15.67	6.41	3.95	5.25	8.80	40.11	100.00
灰分 A_d/%	4.68	18.80	25.02	33.82	41.20	51.59	78.42	44.97

表 3　上月月综合资料

密度级 δ/(g/cm³)	原煤		精煤		中煤		矸石	
	产率 γ/%	灰分 A_d/%	产率 γ/%	灰分 A_d/%	产率 γ/%	灰分 A_d/%	产率 γ/%	灰分 A_d/%
＜1.30	28.56	4.25	64.61	4.10	9.37	6.70	0.22	5.69
1.30～＜1.40	17.49	16.65	30.16	12.53	29.47	10.08	0.32	13.74
1.40～＜1.45	6.54	26.74	3.30	24.71	15.32	25.76	0.09	27.11
1.45～＜1.50	2.43	33.68	0.48	30.68	8.65	33.32	0.16	31.5
1.50～＜1.60	3.98	44.04	0.62	38.09	13.07	39.77	0.64	41.17
1.60～＜1.80	7.45	51.41	0.57	46.00	15.49	57.22	8.12	52.42
≥1.80	33.55	77.19	0.26	61.40	8.63	70.63	90.45	78.18
合计	100.00	38.17	100.00	8.05	100.00	30.58	100.00	75.37

3. 某动力煤选煤厂入选原煤灰分为 20.32%，入选能力为 100 万 t，采用动筛分选 50～13 mm 块煤(其原煤浮沉组成见表 4)，生产灰分为 12%的动力精煤，＜13 mm 粒级平均灰分为 18.01%，作为原煤销售。为了提高精煤产率，在总精煤灰分 12%不变的前提下，合理掺配两产品，试利用最高产率原则求提高后的精煤产率、掺入量及精煤增加量。

表 4　50～13 mm 原煤浮沉组成

密度级 δ/(g/cm³)	＜1.30	1.30～＜1.40	1.40～＜1.50	1.50～＜1.60	1.60～＜1.80	≥1.80	合计
产率 γ/%	40.22	30.84	7.22	2.87	2.51	16.34	100.00
灰分 A_d/%	8.95	13.08	21.14	27.45	34.4	67.64	21.86

4. 表 5 是某选煤厂的实际可选性曲线资料和原煤浮沉资料，绘制理论可选性曲线和实际可选性曲线，查值并计算精煤灰分为 11.00%时的数量效率。

表 5　实际可选性曲线资料和原煤浮沉资料

密度级 δ/(g/cm³)	实际				理论			
	产率 γ/%	灰分 A_d/%	浮物累计		产率 γ/%	灰分 A_d/%	浮物累计	
			产率 γ/%	灰分 A_d/%			产率 γ/%	灰分 A_d/%
＜1.30	20.59	7.74			5.93	3.79		
1.30～＜1.40	30.01	8.93			57.17	8.57		
1.40～＜1.50	18.53	14.12			14.09	16.18		
1.50～＜1.60	9.40	21.15			3.66	27.22		
1.60～＜1.80	5.56	38.07			4.73	41.40		
≥1.80	15.91	65.93			14.42	77.10		
合计	100.00				100.00			

第4章　选煤生产情况分析

对选煤厂生产情况进行评定和分析是选煤厂生产技术管理的主要任务。只有经常对生产情况进行分析，才能及时发现问题，找到问题的内部原因和外部原因，提出改进的方案，为正确决策提供依据。本章借助生产示例重点介绍原煤准备、重选、浮选、脱水、水力分级和浓缩等选煤生产过程的工艺效果评定指标和评定方法，并对入选原煤的管理进行分析。

4.1　选煤生产情况分析概述

选煤是由多环节组成的机械化、连续性的生产过程。在许多环节和设备中难免出现各种各样的问题和故障。随着生产的发展和客观条件的变化，必然会出现一些薄弱的环节，或不适合要求的工艺和设备。所以生产情况分析的任务就是了解生产人员、设备、原材料等的情况，并进行分析，发现问题，解决问题，不仅保证生产顺利进行，而且挖掘生产中的潜力，使选煤厂完成甚至超额完成预定的任务。

从选煤厂生产技术管理的角度出发，对生产情况的分析主要开展以下三方面的工作：

① 对主要环节和设备的工艺效果进行评价，对选煤生产工艺流程进行分析和评价，对全厂技术效果进行评价。

② 对分选条件进行评价，确定最佳的分选条件，解决主要工艺环节的优化配合问题。

③ 分析和掌握具体的生产条件，发现问题并采取措施解决问题。

选煤厂生产调度工作侧重于了解本班的具体生产条件。调度人员要及时发现并解决生产中出现的任何故障和问题，以便正常指挥生产，完成生产任务。而选煤厂技术管理对生产情况的分析侧重于挖掘生产的潜力，得到理想的工艺技术指标，达到最高的精煤产率，充分地、合理地利用煤炭资源，节约水、电、浮选药剂、重介质等。本章主要内容是对选煤生产情况的分析。

4.1.1　选煤生产情况分析的基础资料

1. 日常生产检查资料

日常生产检查资料包括各种产品的快灰、快浮；悬浮液的密度、磁性物含量；日常检查的灰分、硫分、水分、浓度、发热量；各种产品的产量(率)；单机检查、系统检查、月综合分析资料等。在以上资料中，大部分是选煤厂日常生产中常规检查或在线检测仪器测得的，每天有大量的数据。大多数选煤厂每月还进行月综合分析资料试验。有的资料是为评定和分析需要而专门测得的。由于生产条件的限制，日常生产检查资料主要代表现有生产系统和工艺参数下的生产状况。

2. 实验室试验资料

实验室试验包括分级浮沉试验、分步释放浮选试验、不同絮凝剂及添加工艺的煤泥水沉降试验、不同煤泥脱水设备及工艺的脱水试验、原煤和产品中不同粒度不同密度煤的总硫及形态硫分布试验以及重力方法或浮选方法脱硫试验等。实验室试验资料可以代表实验室进行相同流程或工艺参数试验的分选效果，也可以认为是工业生产条件下经过努力可以达到的目标。同时，试验是对不同生产系统、不同工艺参数进行的，其结果可以为技术改造提供依据，是选煤厂技术创新所必需的。

选煤厂生产效果的评定和分析没有一个固定的模式，分析的结果一方面依赖于信息量及信息的可靠性，另一方面还依赖于分析者的水平和经验。所以，选煤厂获取资料后，应该对资料的可靠性进行检查，去除可疑数据，并进行必要的数据处理，在此基础上进行评定和分析。

4.1.2　选煤生产情况分析的依据

1. 国家及行业的相关标准

我国是国际上唯一存在强制性标准和推荐性标准的国家，不仅有国家强制性标准，也有行业和地方强制性标准。全国煤炭标准化技术委员会选煤分技术委员会广泛收集了国内外相关标准和资料，经过专家论证，结合我国国情制定了选煤标准，确定了比较客观的评定方法。选煤标准包括国家标准、行业标准和指导性技术文件等，一般会进行不定期修订，使用时应查找标准的最新版本。选煤标准主要规定了选煤厂内各种试验方法、各种工艺过程工作效果的评定方法、采制样方法、煤炭中主要成分的分析测试方法和选煤机械标准。标准代号中，GB 表示强制性国家标准，GB/T 表示推荐性国家标准，MT 表示强制性煤炭行业标准，MT/T 表示推荐性煤炭行业标准。标准代号最后的数字为发布日期或修订日期。如《煤用重选设备工艺性能评定方法》(GB/T 15715—2014)就是 2014 年修订的推荐性国家标准，《选煤厂技术检查》(MT/T 808—1999)则是 1999 年修订的推荐性煤炭行业标准。新标准发布后，旧版标准即被取代并作废。

2. 国内外同行的水平

没有比较就没有鉴别，在对选煤厂生产情况分析时除了与本厂历史指标相比较，厂内各车间班组相比较外，还要与国内外先进水平相比较，要及时掌握国内外同行，特别是国外同行的信息。当今社会是信息社会，获取信息的途径更加广泛。例如，通过参观访问，参加国内、国际学术会议，阅读国内外相关行业的科技论文，参加国内外有关的展览，利用网络查询相关的资料等方式来掌握国内外相关行业的信息。

4.1.3　选煤生产情况分析的方法

1. 现场直接观察

现场直接观察是根据日常技术检测资料和采用眼睛看、手摸并结合观察现场安装的仪器、仪表所反映的信息的方式对生产情况作出大致的判断。其对象一是现场主要工艺环节的操作者对本环节的分析和判断，二是现场的工程技术人员通过观察现场各环节对生产运行情况作出的判断。现场直接观察基于长期的经验积累，通过这种观察可以粗略地判断各工艺环节是否处于受控状态，并能在现场出现问题时及时提出解决措施。

2. 借助技术检测资料分析

通过现场直接观察发现而不能解决的问题一般要借助技术检测资料进行进一步的分析。该工作一般由技术检测部门负责，主要是进行单机检查，对该环节的原料情况、工艺参数和设备参数进行分析并制定改进措施。

3. 全厂技术效果分析

全厂技术效果分析主要借助月综合资料和必要的系统大检查资料。月综合分析最主要的一个指标是选煤效率，如果选煤效率低了，就要分析各产品的指标和各个环节的指标，找出造成选煤效率降低的原因；如果连续几个月选煤效率都低又不能及时从其他指标上找出原因，就要开展必要的系统大检查以及对原煤的详细分析，其中重点检查主要分选设备的分选状况以及各环节之间的配合情况。

4.2 入选原煤的管理

选煤生产是对原煤进行分选加工的过程，原煤质量管理状况将直接决定选煤产品的数量、质量状况和各工艺环节的工作效果。为使选煤生产处于最佳状态，获得较好的经济效益，必须对入选原煤进行严格管理。

4.2.1 入选原煤煤质预报

要想保证选煤生产顺利进行，就必须及时了解矿井和供煤单位煤质状况，做到早期预报，以便于生产的组织和分选工艺的调整，避免因煤质变化而造成选煤质量的波动。

入选原煤煤质预报的主要依据是矿井的煤层煤样（包括分层煤样和可采煤样）和生产煤样资料。煤层煤样是在生产矿井的采掘工作面上或在采样探巷及巷道中，直接由一个煤层中采取的煤样。生产煤样是在矿井正常生产条件下，从运输设备或煤流中按国标规定采取的能代表一个整班所采煤的各种性质的煤样。通过煤层煤样可以了解矿井各工作面煤的大致情况，通过生产煤样可以准确了解各工作面和入厂原煤的质量指标。当来煤质量有变化时，应及时通报生产组织部门调整操作条件，同时对供煤矿井提出煤质的要求。

煤质管理部门要编制原煤年计划、月计划和周计划，为生产和销售部门预测原煤质量和产品结构情况提供依据。

4.2.2 入选原煤质量管理

入选原煤质量管理包括矿井煤质管理、原煤可选性分析和入选原煤的质量控制 3 个方面。

1. 矿井煤质管理

矿井煤质管理包括合理配采、优化采煤工艺、煤矸分流、完善排水设施和加强拣矸工作等。矿井应对高低灰分、高低硫分和不同煤种的煤进行合理配采，以避免出现选煤厂一会全吃“粗粮”、一会全吃“细粮”的局面，保证选出的产品满足用户的要求。工作面条件发生变化后，矿井应及时改变采煤工艺，减少夹矸的混入。对煤和矸石要做到分装、分运、分储，保证煤矸分流。要完善井下排水设施，尽量减少防尘水进入煤中，降低原煤的水分。拣矸不仅要拣出煤中大块矸石，还应拣出煤中的木块、铁器等杂物。

2. 原煤可选性分析

对原煤进行筛分浮沉试验，能够得到入选原煤的筛分浮沉组成情况。根据筛分浮沉组成可以绘制原煤的粒度特性曲线和可选性曲线。根据原煤粒度特性曲线可以了解原煤任一粒级的数量、质量；根据原煤的可选性曲线可以确定原煤的可选性等级及选煤产品的理论指标，并由可选性等级选择适当的选煤方法。根据入选原煤的可跌碎性差异，可以考虑是否用选择性破碎机代替繁重的人工拣矸作业。根据入选原煤的浸碎性差异，可以预估分选过程中的煤泥量，以便正常指导浮选生产作业。总之，只有综合考虑入选原煤各方面的特性，加强对入选原煤的数量、质量的管理，才能实现优质、高产、高效、低耗和节能的选煤生产。

3. 入选原煤的质量控制

入选原煤的质量控制主要控制原煤的各项煤质指标。由于产品用途不同，不同类型的选煤厂对原煤关注的指标不同。如动力煤选煤厂主要关注的指标有硫分、灰熔融性、可磨性和粒度等，炼焦煤选煤厂主要关注的指标有煤种、水分、灰分、精煤产率、精煤灰分、精煤硫分等。同一类选煤厂不同工艺环节关注的重点也不一样。因每日测定上述指标工作量大，也没必要，选煤厂一般采取定期测定和在入厂煤质特性有变化时进行测定。

入选原煤质量控制的另一个方面是对供煤单位弄虚作假的行为进行监控，对不合格原煤进行折价处理或停止其供煤资格。对供煤质量稳定的矿点，一般进行常规检测，一旦煤质出现波动，要实行严格检验。

为了保证分选产品的质量和数量，选煤厂更关注原煤质量问题，原煤入选的第一个环节就是原煤准备工艺对入选原煤质量的控制问题。

选煤厂应对原煤分级筛筛孔尺寸、原煤入选前的除铁效果、选矸效果进行定期检查，确保入选原煤粒度组成稳定，确保无杂物混入分选环节。尽管在矿井生产过程中采取了一系列管理措施，矿井生产的毛煤中仍然或多或少地混有一定量的围岩碎块，且随着煤矿机械化程度的日益提高，毛煤质量有变差的趋势。另外，在生产过程中，往往还有木块、铁器等杂物混入煤中。为了保证入选原煤的质量，一般采用筛分、人工拣选的工艺处理，部分选煤厂采用浅槽重介、动筛等设备进行大块物料的排矸除杂处理。常规人工拣选将大于分选设备粒度上限的块煤中的矸石、铁器和碎木杂物全部拣出，拣矸工效率一般为 3～4 t/(班・工)，因此根据毛煤量、毛煤含矸率，需要设置较多的拣矸工人，且劳动强度较大。随着选煤设备与技术的改进，目前多数选煤厂只设置检查性人工拣矸工序，拣矸工人只拣出较大的纯矸石和碎木杂物。

4.2.3　合理配煤

配煤是将不同煤质的煤按照规定要求掺配成混合煤的过程。配煤是选煤厂调整原煤可选性和产品结构的重要手段。配煤的目的是改变原煤化学组成，优化产品结构，提高煤炭分选效率，减少废物排放，提高经济效益。以下情况需要配煤：单一煤分选生产不出符合合同要求的产品，单一煤分选成本较高。

配煤的方式有两种：一种是原煤入选前的配煤，目的是调整原煤的可选性，并保证入选煤的性质稳定；另一种是单一原煤单独入选，对产品进行配煤，即在生产或销售过程中将几种不同煤质的煤炭产品进行掺配。在入选原煤特征相差不大的情况下，前者能使产品质量更加均匀稳定，应优先选择(因入选前配煤如有失误，选后也可以采取相应的补救措施)。

生产中可以依据煤种配煤，如长焰煤与贫瘦煤配煤入选，无烟煤与烟煤配煤入选；也可以依据原煤浮物硫分配煤入选；还可以依据灰分配煤入选。

配煤按照以下步骤进行：确定配煤产品预期参数；分析化验原煤煤质；计算配煤比；模拟配煤后化验结果；分析效益；按一定工艺进行配煤；生产出配煤产品。灰分、水分、硫分具有较好的直线可加性，在进行配煤方案计算时，按各种煤种的配比对其进行加权平均计算即可；发热量和挥发分也具有相对较好的直线可加性，但试验表明，配煤产品的实测值与计算值有一定差异；配煤后的产品灰熔融温度、黏结指数等与单种煤不呈线性关系，应通过多元回归方程计算或掺配后进行工业性试验测得。

配煤效果用混煤效率 η_h 进行评价，在堆煤时不均质的原煤往往成层堆积，可在各层取样化验灰分，计算灰分测定的标准差 σ_α，同样计算出经混煤后测定的标准差 σ_β，则混煤效率 $\eta_h=\sigma_\alpha/\sigma_\beta$。显然，混煤前的标准差 σ_α 大于混煤后的标准差 σ_β，η_h 值越高，则配煤效果越好。

很多选煤厂不具备原煤混合均质入选的条件，则原煤应在分别接受、分别存储、分别入选方面采取措施。常用的配煤设施有配煤仓、堆取料机和混料场等。常用的配煤技术有配煤专家系统或在线灰分、硫分检测仪。

下面介绍某矿业公司选煤厂通过配煤提高经济效益的实例。该选煤厂入选煤的煤矿位于内蒙古西部地区，属西卓子山煤田，其中 9 号煤为 1/3 焦煤，16 号煤为肥煤，可选性为难选煤和极难选煤，煤质为中灰、中高硫煤，黏结指数高($G=92$)。用户对精煤产品的要求是 $G=85$，$S_{t,d}<1.2\%$，$A_d\leqslant 12\%$。根据上述情况，通过配一些低黏结、低灰、低硫的煤混合入选即可满足用户需求。附近的神府东胜煤田的煤属低灰、低硫长焰煤，G 值小于 30；进口的蒙古煤属低灰、低硫焦煤，G 值在 75 左右。经过计算，配 5%的神府东胜煤田煤和 5%进口蒙古煤即达到了用户的要求，而且精煤实际产率提高了 10%，精煤售价提高了 90 元/t。

4.3 原煤准备情况的分析

不同选煤设备对原煤入选粒度有不同的要求。例如，重介质浅槽分选机的入料粒度范围一般为 300～6 mm；重介旋流器的入料粒度范围多为 50～0.5 mm；跳汰机的入料粒度范围一般为 100～50 mm，有效分选下限为 0.5～0.3 mm；浮选设备的入料粒度范围为 0.5～0 mm。入厂原煤的粒度组成往往不能满足上述各种选煤设备的要求，所以在入选前必须对其进行准备加工。原煤准备作业包括筛分、选矸和破碎 3 个环节。

4.3.1 分级筛工作效果的检查及评定

1. 影响筛分效率的因素分析

(1) 原煤性质

原煤性质包括原煤的粒度特性、湿度、含泥量、形状和密度特性等。粒度特性指原煤中易筛粒、难筛粒、阻碍粒、细粒等对筛分过程有特定意义的各种粒级物料的组成情况，难筛粒及阻碍粒相对其他粒级较多时，对筛分过程不利；易筛粒和非阻碍粒相对其他粒级较多时，对筛分过程有利；细粒含量较大时，筛子的生产率也大。原煤湿度较大时，筛分效率降低；但筛孔尺寸增大时，水分影响相应减小，所以对于水分较高的原煤可以采用加大筛孔的办法改善筛分效率。原煤含泥量越高，筛分越困难；反之，则越容易。对于含泥量高的原煤，可以采取加喷水的办法改善筛分效率。三维尺寸比较接近的颗粒如球体、立方体、多面体等筛分容易；三维尺寸有较大差别的颗粒如薄片体、长条体等筛分较难。粗粒密度小，细粒密度大，筛分容易；粗粒密度大，细粒密度小，筛分困难。

(2) 筛面性质及结构参数

实践证明，振动筛筛分效率高(一般大于 90%)，生产能力大，用于原煤准备作业较为合适。对于一定的物料来说，筛面越宽，处理能力越大，但受结构强度限制，煤用振动筛筛面宽度一般小于 2.5 m。筛面越长，筛分时间越长，效率越高，但时间太长，筛分效率的增加逐渐变慢；所以通过增加筛面长度来提高筛分效率是不合理的。目前，筛面长度一般为 4～6 m，选煤用的筛分机筛面长宽比一般为 2～3。

有效的筛分面积(由筛孔面积与整个筛面面积之比表征)越大，则筛面的单位面积生产率和筛分效率越高。筛孔越大，单位面积处理能力越高，筛分效率也越高。正方形筛孔和长方形筛孔有效筛分面积大，处理能力高，可减少处理含水物料时的堵塞现象。

筛面倾角大，移动速度大，生产能力大，筛分效率低；筛面倾角小，移动速度小，生产能力小，筛分效率高。我国目前用于原煤准备筛分的筛面倾角为 15°～20°。抛射角(筛箱运动方向与筛面所呈的角度)越大，物料被抛得越高，越有利于物料的透筛，筛分效率越高，但处理能力降低；反之亦然。目前，直线振动筛的抛射角一般为 30°～65°，国产直线振动筛抛射角为 45°。

(3) 操作条件

筛箱振幅和频率决定物料运动的速度和加速度，速度、加速度太小，物料达不到一定的松散程度，不利于物料的分层和透筛；速度、加速度太大，物料与筛面接触机会较少，也不利于透筛，而且对设备强度有影响。一般筛箱最大加速度不应超过 70～85 m/s^2。细粒原煤的筛分可以用小的振幅和大的频率，粗粒原煤的筛分可以用大的振幅和小的频率。

给料均匀性对筛分效率影响很大，当筛子的负荷较大时，筛分效率降低。所以要保证物料沿整个筛面宽度均匀连续给入，而且要保证任一瞬时的筛子负荷相等。要及时清理维修筛面。

2. 筛分设备工艺效果检查和评定

筛分设备工艺效果检查以试验的方法进行，对入筛原煤、筛下物、筛上物分别做筛分试验，其筛分级别可适当减少。当只分为两级时，所用筛子的筛孔尺寸必须与规定粒度的大小一致，当规定粒度与国家标准及部颁规程所规定的筛孔尺寸不相符时，则筛分级别应满足能绘制粒度特性曲线的要求，一般不少于 4 级。例如，规定粒度为 20 mm，国标及规程的筛孔系列中没有这个级别，则可进行 25 mm、13 mm 和 6 mm 三级筛分，得到 4 个粒级产物，绘制粒度特性曲线，再从曲线上查出规定粒度为 20 mm 的有关数据以计算评定指标。关于双层筛筛分效率测定的相关内容这里不作详述。

在测定入料和产品粒度组成的同时，必须记录筛子的型号、规格、筛孔尺寸、规定粒度及处理能力。另外，根据需要记录或测定原煤水分、灰分，设备技术特征，筛板材料，筛子倾角、振幅、频率和入料状况等。

筛分设备工艺效果评定依据《煤用筛分设备工艺性能评定方法》(GB/T 15716—2005)。评定筛分设备工艺性能的指标包括分离精度、错配物含量、综合分离指数(筛分效率)、给料速度、分级参考粒度、分离难度和物料特性等。下面重点介绍分离精度、错配物含量、综合分离指数(筛分效率)等指标。

（1）分离精度

分离精度用平均可能偏差 E_{pm} 表示，并且作为评定指标列入筛分设备性能报告表中。

$$E_{pm}=\frac{1}{2}(d_{75}-d_{25}) \tag{4-1}$$

式中　d_{75}，d_{25}——分配曲线上对应分配率为75%、25%的粒度。

当分配曲线不很规整，无法同时求得 d_{75} 和 d_{25} 时，可以使用上可能偏差 $E_{pu}=d_{75}-d_{50}$ 或下可能偏差 $E_{pl}=d_{50}-d_{25}$ 代替。

（2）错配物含量

总错配物含量 M_0 可由计算得出，计算方法如下：

$$M_0=M_c+M_f=100\times(\gamma_c O_f+\gamma_f U_c) \tag{4-2}$$

式中　M_c——粗粒（筛上）产品中的错配物含量，即粗粒产品中细粒物占入料的百分数，%；

M_f——细粒（筛下）产品中的错配物含量，即细粒产品中粗粒物占入料的百分数，%；

γ_c——粗粒（筛上）产品的实际产率，%；

γ_f——细粒（筛下）产品的实际产率，%；

O_f——粗粒（筛上）产品中的细粒物含量（占本级），%；

U_c——细粒（筛下）产品中的粗粒物含量（占本级），%。

计算总错配物含量时，一般用分配粒度划分粗粒物和细粒物。

（3）综合分离指数（筛分效率）

综合分离指数（筛分效率）S_i 作为评定指标列入筛分设备性能报告表中，用式（4-3）计算：

$$S_i=E_c+E_f-100=\frac{\gamma_c-M_c}{\gamma_{c,t}}\times100+\frac{\gamma_f-M_f}{\gamma_{f,t}}\times100-100 \tag{4-3}$$

式中　E_c，E_f——粗粒级正配效率、细粒级正配效率，%；

$\gamma_{c,t}$——粗粒（筛上）产品的理论产率，%；

$\gamma_{f,t}$——细粒（筛下）产品的理论产率，%。

在分级参考粒度下各粒级产品的理论产率可由计算入料的粒度特性曲线确定，也可以按式（4-4）和式（4-5）计算。

$$\gamma_{c,t}=\gamma_c-M_c+M_f \tag{4-4}$$

$$\gamma_{f,t}=\gamma_f-M_f+M_c \tag{4-5}$$

（4）指标的计算

① 每一层筛面均可计算出一组评定指标（筛分效率、平均分配误差和总错配物含量），有 n 层筛面的筛分机，根据需要最多可算出 n 组指标；当计算第 i 层指标时，应单独以第 i 层筛面的入料、筛上产品和筛下产品为准。

② 产品产率应尽量由计量法直接测定，当计量有困难时，可按规定的方法计算。评定指标的数值修约到小数点后两位。

③ 采样应在正常的生产、试验条件下进行。采样、试验工作按标准《生产煤样采取方法》（MT/T 1034—2006）和《煤炭筛分试验方法》（GB/T 477—2008）及其他有关规程执行。

④ 在测定入料和产品粒度组成的同时，必须记录筛子的型号规格、用途、筛孔尺寸、规定粒度及处理能力等。另外，根据需要尚需要记录和测定如下项目：入料水分、灰分，设备技术特征，筛板材料，筛子倾角、振幅、振次，入料状况等。

⑤ 将记录及计算的主要数据按表 4-1 格式填写。

表 4-1　筛分设备工艺性能评定报告表

<table>
<tr><th colspan="2">性能参数</th><th colspan="3">测定值/mm</th></tr>
<tr><td>分配曲线
分配粒度：
25%的截取值：
75%的截取值：
平均可能误差：
上可能偏差：
下可能偏差：</td><td>
d_{50}
d_{25}
d_{75}
$(d_{75}-d_{25})/2$
$d_{75}-d_{50}$
$d_{50}-d_{25}$</td><td colspan="3"></td></tr>
<tr><td>错配物曲线
等误粒度：</td><td>
d_e</td><td colspan="3"></td></tr>
<tr><td colspan="2">错配物</td><td colspan="2">占计算入料百分数/%</td><td>占产品百分数/%</td></tr>
<tr><td>粗粒产品中的错配物含量(M_c)</td><td>在 d_{50} 时：
在指定粒度 d_d 时：</td><td colspan="2"></td><td></td></tr>
<tr><td>细粒产品中的错配物含量(M_f)</td><td>在 d_{50} 时：
在指定粒度 d_d 时：</td><td colspan="2"></td><td></td></tr>
<tr><td>总错配物含量(M_0)</td><td>在 d_{50} 时：
在指定粒度 d_d 时：
在等误粒度 d_e 时：</td><td colspan="2"></td><td></td></tr>
<tr><td>产率与分配率
粗粒产品的实际产率：
细粒产品的实际产率：</td><td>
γ_c
γ_f</td><td colspan="3"></td></tr>
<tr><td colspan="2"></td><td>d_d</td><td>d_{50}</td><td>d_e</td></tr>
<tr><td>粗粒产品的理论产率：
细粒产品的理论产率：
粗粒产品的正配效率：
细粒产品的正配效率：
综合分离指数(筛分效率)：</td><td>$\gamma_{c.t}$
$\gamma_{f.t}$
E_c
E_f
S_i</td><td></td><td></td><td></td></tr>
<tr><td colspan="2">筛分难度：
邻近密度物含量：</td><td></td><td></td><td></td></tr>
</table>

4.3.2　破碎机工作效果的检查及评定

破碎作业应满足以下两点要求：一是破碎产品应达到要求的粒度，即排料中超限粒要少；二是防止过粉碎，即排料中细粒含量要低。破碎作业主要围绕这两方面进行分析和评定。

破碎作业工艺效果评定依据煤炭行业标准《选煤厂破碎设备工艺效果评定方法》(MT/T 2—2005)执行。

1. 选择性破碎机工艺效果检查与评定

选择性破碎机工艺效果检查与评定采用试验的方法进行。试验项目包括入料及产品的筛分试验(一级筛孔与选择性破碎机筛孔相符,另一级筛孔尺寸为 0.5 mm)和入料中>50 mm夹矸煤的碎选试验。

选择性破碎机采用选矸效率、筛上物含煤率、矸石破碎率以及<0.5 mm 煤粉产率等 4 项指标进行综合评定。

(1) 选矸效率 η_x 计算:

$$\eta_x = \frac{q_1 - q_2}{q} \times 100\% \tag{4-6}$$

式中 q ——入料中>50 mm(或大于破碎机筛孔尺寸)的矸石量,kg;

q_1——筛上物中>50 mm(或大于破碎机筛孔尺寸)的矸石量,kg;

q_2——经碎选试验后入料中夹矸煤中>50 mm 的矸石量,kg。

(2) 筛上物含煤率 η_s 计算:

$$\eta_s = \frac{q'_u}{q_u} \times 100\% \tag{4-7}$$

式中 q_u ——筛上物总质量,kg;

q'_u——筛上物中煤的质量,kg。

(3) 矸石破碎率 η'_p 计算:

$$\eta'_p = \frac{q - (q_1 - q_2)}{q} \times 100\% = 1 - \eta_x \tag{4-8}$$

式中 q, q_1, q_2——含义与式(4-6)相同。

(4) <0.5 mm 煤粉产率通过破碎产品筛分试验得出。

2. 其他破碎机工艺效果检查与评定

其他破碎机工艺效果检查与评定也通过试验方法进行。试验分析项目包括入料和排料的筛分试验,测定时筛分级别可适当减少,但应包括与要求破碎粒度、破碎机排料口尺寸和细粒上限大小相应的级别。若上述级别与国标或部颁规程规定的级别不符时,则筛分级别的数目应满足能绘制粒度特性曲线的要求,一般不少于 4 级。计算评定指标所需要的粒级含量可通过粒度特性曲线查取。

试验过程中必须测定和记录破碎机的型号、规格、用途、破碎粒度、细粒上限、设计与实际处理能力、入料与排料中大于或小于要求破碎粒度的含量和细粒的含量、破碎效率、细粒增量等,必要时对入料的硬度、脆性、可碎性、可磨性、含矸率、黄铁矿含量、全水分等进行测定,也可以测定入料的均衡性,以及计算破碎每吨入料所需的功率等。

煤炭行业标准《选煤厂破碎设备工艺效果评定方法》(MT/T 2—2005)的评定方法适用于选煤厂中各种类型破碎设备(滚筒碎选机除外)工艺效果的评定。选择性破碎机以外的各类破碎机工艺效果的评定采用破碎效率为主要指标,细粒增量为辅助指标。

(1) 破碎效率 η_p 按式(4-9)计算:

$$\eta_p = \frac{\beta_{<d} - \alpha_{<d}}{\alpha_{>d}} \times 100\% \tag{4-9}$$

式中　η_p—— 破碎效率，有效数字取到小数点后一位，%；

$\alpha_{>d}$—— 入料中大于要求破碎粒度 d 的含量，%；

$\alpha_{<d}$—— 入料中小于要求破碎粒度 d 的含量，%；

$\beta_{<d}$—— 排料中小于要求破碎粒度 d 的含量，%。

(2) 细粒增量 Δ 按式(4-10)计算：

$$\Delta = \beta_{<a} - \alpha_{<a} \tag{4-10}$$

式中　Δ——细粒增量，%，有效数字取到小数点后一位；

$\beta_{<a}$ ——排料中的细粒级含量，%；

$\alpha_{<a}$ ——入料中的细粒级含量，%。

细粒级的粒度下限规定为 0 mm，粒度上限 a 规定如下：

① 对排料粒度大于或等于 50 mm 的粗碎，a 取 13 mm；

② 对排料粒度小于 50 mm 的中碎和细碎，a 取 0.5 mm。

入料和排料各粒度组成的测定按《煤炭筛分试验方法》(GB/T 477—2008)执行。如无特别要求，可不进行大于 25 mm 各级别的手选以及所有级别的全硫、挥发分和发热量的测定。

将记录及计算的主要数据填写入破碎设备工艺效果试验报告表中。

3. 破碎设备工艺效果评定示例

某选煤厂破碎机入料及产品筛分试验结果见表 4-2。破碎机入料是经过预先筛分并除去大块矸石和黄铁矿的原煤，煤的牌号为 1/3 焦煤，水分为 7%～8%，破碎机型号为 ϕ600×1000 单齿辊，规定破碎粒度为 50 mm。

表 4-2　某选煤厂破碎机入料及产品筛分试验结果

粒级/mm	入料/%	排料/%
>150	16.40	0
150～100	40.81	0
100～50	35.64	3.83
50～13	6.19	58.64
13～0	0.96	37.53
合计	100.00	100.00

(1) 破碎效率计算

$$\alpha_{>50} = \alpha_{>150} + \alpha_{150\sim100} + \alpha_{100\sim50} = 16.40\% + 40.81\% + 35.64\%$$
$$= 92.85\%$$

$$\alpha_{<50} = \alpha_{50\sim13} + \alpha_{13\sim0} = 6.19\% + 0.96\% = 7.15\%$$

$$\beta_{<50} = \beta_{50\sim13} + \beta_{13\sim0} = 58.64\% + 37.53\% = 96.17\%$$

破碎效率：

$$\eta_p = \frac{\beta_{<d} - \alpha_{<d}}{\alpha_{>d}} \times 100\% = \frac{\beta_{<50} - \alpha_{<50}}{\alpha_{>50}} \times 100\%$$

$$=\frac{96.17\%-7.15\%}{92.85\%}\times 100\%=95.88\%$$

(2) 细粒增量计算(粗碎 $a=13$ mm)

入料中细粒含量:$\alpha_{<13}=0.96\%$;

排料中细粒含量:$\beta_{<13}=37.53\%$;

细粒增量:$\Delta=\beta_{<a}-\alpha_{<a}=\beta_{<13}-\alpha_{<13}=37.53\%-0.96\%=36.57\%$。

将上述结果及相关试验测定记录项目填入破碎设备工艺效果试验报告表 4-3。

表 4-3 破碎设备工艺效果试验报告表

破碎机的型号和规格	用途	破碎粒度 d/mm	粒度上限 a/mm	处理能力/(t/h)		入料中含量/%			排料中含量/%			破碎效率 η_p/%	细粒增量 Δ/%
				设计值	实际值	$\alpha_{>d}$	$\alpha_{<d}$	$\alpha_{<a}$	$\beta_{>d}$	$\beta_{<d}$	$\beta_{<a}$		
ϕ600×1000 单齿辊	原煤准备破碎	50	13		35	92.85	7.15	0.96	3.83	96.17	37.53	95.88	36.57

4. 选矸作业评定分析

传统的人工选矸由于工人工作负荷大、效率低而逐步被重介质分选机、动筛跳汰机和选择性破碎机等高产高效的机械选矸代替。手选后的原煤直接作为产品出售,则含矸率不得超出 1%～3%,而选出的矸石中含煤率也不应超出 1%～1.5%。如果手选目的在于提高煤炭的质量,可以用拣出矸石数量与原煤中矸石数量的比值计算拣矸效率 η_j。

如果是检查性手选,除了特大块矸石需要清除外,一般以选出大块铁器、木块等杂物为目的。若原煤中结核状黄铁矿含量较多,必要时可单独作为产品选出。黄铁矿拣出率的计算办法可参考含矸率和拣矸效率的计算方法。因为检查性手选不以拣矸为目的,故不计算拣矸效率。但可以试行通过计算由于大块矸石、铁器、木材等引起停机或机械事故的故障率来考核手选的工作效率。

使用选择性破碎机可以代替筛分、手选和破碎三个作业。但使用这种设备之前必须对原煤做跌落试验,以确定煤与矸石在脆性、可碎性方面是否有明显的差异。试验要求跌落次数一般为 15 次以内,而>50 mm 的煤量占入料量要低于 1%,否则不宜采用选择性破碎机。实际生产中要检查选择性破碎机筛上物中煤损失量,如果煤损失量超过入料量的 1%,则应调整选择性破碎机的运转参数,如加快转速、改变提升板的角度等。必要时可以将筛孔加大,但必须考虑对后面各作业的影响。在使用选择性破碎机时,还要考虑防尘、除尘、减少噪声等措施,为工人创造一个健康的生产环境。用重介选排矸代替手选,在技术上是个好方法,尤其是露天矿出产的原煤经过重介选排矸能节省大量劳动力。

4.4 重选工艺效果的检查与评定

重力选煤(简称重选)工艺效果评定执行《煤用重选设备工艺性能评定方法》(GB/T 15715—2014),其中规定重力选煤作业效果评定的指标有:以分配曲线为基础的可能偏差或不完善度；以入选原煤可选性曲线为基础的数量效率；以产品的错配物曲线为基础的总错配物含量。其他指标还包括灰分误差、给料速度和邻近密度物含量等。

4.4.1　重力选煤生产情况分析的方法和步骤

重力选煤生产情况分析主要包括两个方面的内容：一是通过快灰、快浮从数量、质量方面对选煤生产状况进行日常检查；二是通过系统检查、单机检查和月综合试验掌握分选设备的分选效果和工作状况。重力选煤评定和预测的依据是可选性曲线和分配曲线。

重力选煤生产情况分析的方法和步骤是：

① 确定各产品的实际数量、质量指标。

根据实际产品数量、质量(产率)指标，计算不同产品的分配率并绘制分配曲线，由分配曲线查 δ_p，计算可能偏差 E 或不完善度 I。

② 计算并绘制错配物曲线，由错配物含量曲线查对应的等误密度和错配物含量。

③ 绘制入料的可选性曲线，在精煤实际灰分的条件下，查理论产率，算出分选效率 η。

④ 由理论分选密度 δ 得出相应的 $\gamma_{\delta\pm0.1}$；整理分析结果，得出结论。

4.4.2　重力选煤生产情况分析实例

1. 跳汰选煤情况分析实例

某选煤厂为了了解本厂主再选跳汰机的工作性能和工作效果，进行了一次系统检查。测试的项目有原煤数量、质量及可选性情况，产品数量、质量情况，跳汰机的小时处理量和小时用水量，跳汰机风水制度，床层情况，分选效果等。测试结果如下。

(1) 原煤数量、质量及可选性情况

① 原煤数量、质量。大于 0.5 mm 的原煤占 50～0 mm 的 86.49%，灰分为 28.35%；小于0.5 mm的原煤占 50～0 mm 的 13.51%，灰分为 20.09%；50～0 mm 综合灰分为 27.50%。

② 原煤可选性等级。根据可选性曲线，当精煤实际灰分为 11.50%时，精煤理论产率为 69.50%；当精煤实际产率为 48.44%时，精煤理论灰分为 6.50%；分选密度 $\delta=1.63\ g/cm^3$，$\gamma_{\delta\pm0.1}=28.50\%$，可选性等级为较难选，接近难选。

(2) 产品质量和分选效果

① 主选精煤灰分。大于 0.5 mm 的精煤灰分为 8.84%，小于 0.5 mm 的精煤灰分为 19.74%。

② 再选精煤灰分。大于 0.5 mm 的精煤灰分为 13.38%，小于 0.5 mm 的精煤灰分为 18.00%。

③ 精煤实际产率。主选精煤实际产率为 48.44%，再选精煤实际产率为 12.35%(占入料，再选入料产率为 37.19%)，总产率为 53.03%。

④ 选煤效率。主选作业数量效率为 69.70%，再选作业数量效率为 32.98%，总数量效率为 76.30%。

⑤ 实际分选密度。$\delta_{p_1}=1.895\ g/cm^3$，$\delta_{p_2}=1.485\ g/cm^3$(主选)。

⑥ 可能偏差及不完善度。$E_1=0.078$，$E_2=0.070$；$I_1=0.087$，$I_2=0.140$。

⑦ 主再选处理能力。主选机为 140 t/h，再选机为 52 t/h。

⑧ 主选与再选产品快速浮沉组成见表 4-4。

表 4-4 主选与再选产品快速浮沉组成

密度级 $\delta/(g/cm^3)$	主选产品快速浮沉组成			再选产品快速浮沉组成	
	精煤 $\gamma/\%$	中煤 $\gamma/\%$	矸石 $\gamma/\%$	精煤 $\gamma/\%$	中煤 $\gamma/\%$
<1.50	46.47	13.92	0.36	11.35	27.31
1.50～<1.80	1.84	13.26	0.75	0.98	31.26
≥1.80	0.13	10.01	13.26	0.02	29.08
合计	48.44	37.19	14.37	12.35	87.65

根据上述测试资料知：

① 原煤属于较难选煤(偏难选)，选择跳汰选煤是比较合理的。

② 主再选单机处理能力满足跳汰机负荷，再选机略偏低。

③ 主选机选煤效率为 69.70%，大大低于标准值(一般要求主选机的选煤效率应在 80%～90%)。

④ 总数量效率为 76.30%，远低于标准(90%左右)。

⑤ 主选精煤在矸石中损失 0.36%，在中煤中损失 13.92%，主选精煤受矸石污染 0.13%，受中煤污染 1.84%。

由上述数据可以看出，主选的精煤和矸石纯度较大，精煤在矸石中的损失量较小，矸石对精煤的污染也不严重；但主选精煤在中煤中损失很大，这是因为再选机选煤效率偏低；另外，再选机的处理能力偏低、处理负荷不足、床层太薄是入选原煤不能有效分选、精煤损失过高的主要原因。

针对以上情况，选煤厂采取了一系列措施：改变跳汰机的结构，将主选机 10 m^2 的筛下空气室跳汰机改为 12 m^2 的筛下空气室跳汰机，将主洗机的风阀改为数控电磁风阀，将排料机构由排料口的下浮板排料改为上浮板排料。另外，主选入选能力增大且处理效果变好，再选设备停用。

上述措施的实施取得了理想的效果。单机检查结果表明：精煤实际灰分 $A_d=11.50\%$，精煤实际产率 $\gamma_j=59.33\%$；精煤理论产率 $\gamma_{j_0}=69.50\%$；选煤数量效率 $\eta=85.37\%$。改进前后比较，分选指标得到明显改善。另外，取消再选工艺，节约了再选电耗和水耗，减少了再选设备及其维修，节省了人力、财力，提高了经济效益。

2. 重介选煤情况分析实例

因块煤重介质分选机在生产管理中较易把握，故在此主要对重介旋流器在末煤分选中的情况进行分析。选煤厂建成后，重介旋流器的型号和参数已经确定。投入生产后，当原煤密度组成发生变化或用户对产品灰分要求发生变化时，需要对旋流器的底流量和溢流量作相应的调整。变化过大时，旋流器的锥比将不能适应，这势必影响旋流器的分选效果或生产能力。所以在重介旋流器使用中一定要重视入料密度组成和产品灰分要求发生变化时对旋流器生产情况的影响。下面以有压给料二产品重介旋流器为例来说明这个问题。

某选煤厂采用有压给料二产品重介旋流器分选小于 13 mm 的末原煤，原设计精煤灰分为 13%，处理能力约为 600 t/h。投产后因市场需求变化，要求精煤灰分改为 11%，分选密度降低，这导致旋流器溢流量减小、底流量增大，旋流器原设计锥比不能适应现状，底流口排出能力满足不了底流物料量增大的要求，从而致使旋流器不能正常分选，该厂只能将处理能力降低到不足400 t/h。

(1) 主选重介旋流器检查试验示例分析

某选煤厂主选重介旋流器各产品浮沉资料统计见表4-5，其入选原煤筛分资料见表4-6。

表4-5　某选煤厂主选重介旋流器各产品浮沉资料统计表

密度级 $\delta/(g/cm^3)$	主选旋流器入料			主选旋流器溢流			主选旋流器底流		
	产率 γ /%	灰分 A_d /%	$S_{t,d}$ /%	产率 γ /%	灰分 A_d /%	$S_{t,d}$ /%	产率 γ /%	灰分 A_d /%	$S_{t,d}$ /%
<1.40	40.63	8.07	1.49	68.60	8.62	1.46	1.75	8.46	1.52
1.40～<1.50	20.75	14.97	1.70	23.49	16.10	1.88	2.68	24.28	2.68
1.50～<1.60	7.22	24.71	2.30	6.54	18.22	2.23	9.17	26.45	2.98
1.60～<1.70	2.35	34.09	3.83	0.69	32.22	4.01	8.31	33.18	3.96
1.70～<1.80	2.73	35.81	3.02	0.21	36.21	5.55	4.83	40.78	4.40
1.80～<2.00	2.73	49.20	4.41	0.13	45.89	6.83	6.17	47.56	5.08
≥2.00	23.59	72.74	10.63	0.34	60.06	8.69	67.09	72.89	11.34
小计	100.00			100.00			100.00		
不带煤泥	96.97	28.45	3.92	96.03	11.45	1.67	99.78	59.79	8.83
煤泥	3.03	28.35	2.04	3.97	17.39	1.86	0.22	59.35	5.20
总计	100.00	28.45	3.86	100.00	11.69	1.68	100.00	59.78	8.82

表4-6　入选原煤筛分资料

粒级/mm	产率 γ/%	灰分 A_d/%	$S_{t,d}$/%
≥13	13.45	42.08	7.30
<13～6	9.03	40.62	4.63
<6～3	24.63	35.65	3.82
<3～0.5	35.48	27.61	3.18
<0.5	17.41	23.51	2.77
总计	100.00	32.00	3.95

根据入料、溢流、底流的综合浮沉资料计算并绘制主选旋流器沉物分配曲线(图4-1)，从图上可以查得：$\delta_{75}=1.620\ g/cm^3$，$\delta_{25}=1.520\ g/cm^3$，$\delta_p=1.560\ g/cm^3$。计算可得$E=0.05$。

由旋流器入料的浮物累积曲线可知，当精煤灰分为11.45%时，精煤理论产率为66.40%，经格氏计算法计算，精煤实际产率为62.86%，数量效率$\eta=62.86\%/66.40\%\times100\%=94.67\%$。

从测试的效果看，主选旋流器的可能偏差为0.05，不满足选煤厂设计规范对主选旋流器

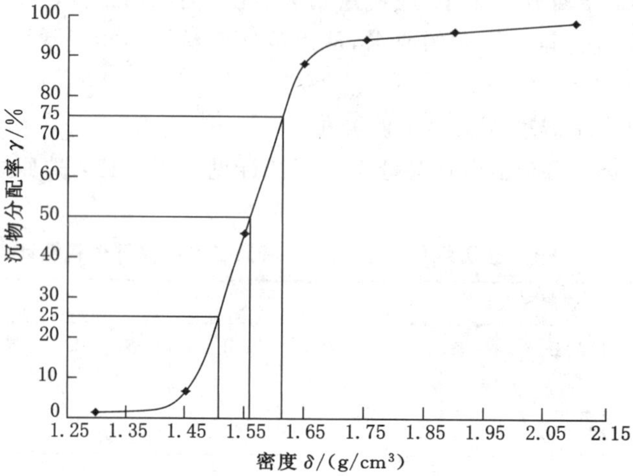

图 4-1 主选旋流器沉物分配曲线

的分选精度要求。分析原因后认为，其值偏高主要和入料原煤粒度及邻近密度物含量有关。原煤粒度越细，分选精度越低，从表 4-6 原煤筛分资料中可以看出，该选煤厂入选原煤的粒度较细，3 mm 以下的原煤含量为 52.89%，这成为导致分选精度较低的一个主要因素；另外，邻近密度物产率较高，这也影响主选旋流器的分选精度；从浮沉资料计算得知，$\gamma_{\delta\pm0.1}$ 含量为25.50%，属较难选煤。通过以上分析可知，该厂在今后的生产中必须重点关注旋流器的处理量，通过合理地控制处理量，确保旋流器处于良好的工艺状况。

(2) 再选重介旋流器检查试验实例分析

某选煤厂再选重介旋流器各产品浮沉资料统计见表 4-7。

表 4-7 某选煤厂再选重介旋流器各产品浮沉资料统计表

密度级 $\delta/(g/cm^3)$	再选旋流器入料			再选旋流器溢流			再选旋流器底流		
	产率 $\gamma/\%$	灰分 $A_d/\%$	$S_{t,d}/\%$	产率 $\gamma/\%$	灰分 $A_d/\%$	$S_{t,d}/\%$	产率 $\gamma/\%$	灰分 $A_d/\%$	$S_{t,d}/\%$
<1.80	14.36	32.72	3.47	24.58	32.41	3.11	3.26	33.11	3.19
1.80～<2.00	7.26	51.30	4.49	12.62	49.74	4.23	1.78	54.29	4.32
2.00～<2.40	15.08	62.87	3.84	24.02	61.47	4.07	5.32	60.97	4.57
2.40～<2.60	20.71	77.52	2.47	23.86	77.99	3.46	18.82	78.38	2.57
2.60～<2.80	18.06	80.23	4.29	7.81	79.06	3.35	30.78	80.66	5.10
≥2.80	24.53	69.69	26.27	7.11	68.14	25.44	40.04	66.92	31.79
小计	100.00			100.00			100.00		
不带煤泥	99.70	65.54	9.13	99.86	58.64	5.17	97.90	71.66	15.21
煤泥	0.30	65.50	5.27	0.14	63.61	3.81	2.10	76.14	3.40
总计	100.00	65.54	9.12	100.00	58.65	5.17	100.00	71.75	14.96

经实测，底流流量为 49.28 t/h（含水、含介），入料、溢流和底流的百分浓度分别为 66.58%、63.13%和 72.30%，底流和入料中<0.5 mm 磁性物含量分别为 64%和 68.6%，溢流中<0.5 mm 煤泥含量为 28%。

根据入料、溢流与底流的浮沉资料，采用最小二乘法计算出溢流与底流的实际产率分别为 50.45%和 49.55%。经计算，底流中小于 0.5 mm 的干煤泥量为 6.66 t/h，底流的干煤泥量为 23.79 t/h，溢流干煤泥量为 23.93 t/h，入料干煤泥量为 47.72 t/h，入料带介、带水量为 131.91 t/h 。

根据入料、溢流、底流的综合浮沉资料计算并画出再选旋流器沉物分配曲线（图 4-2），从图上查得：$\delta_{75}=2.581\ \text{g/cm}^3$，$\delta_{25}=2.285\ \text{g/cm}^3$，$\delta_{\text{p}}=2.480\ \text{g/cm}^3$。计算可得 $E=0.148$。

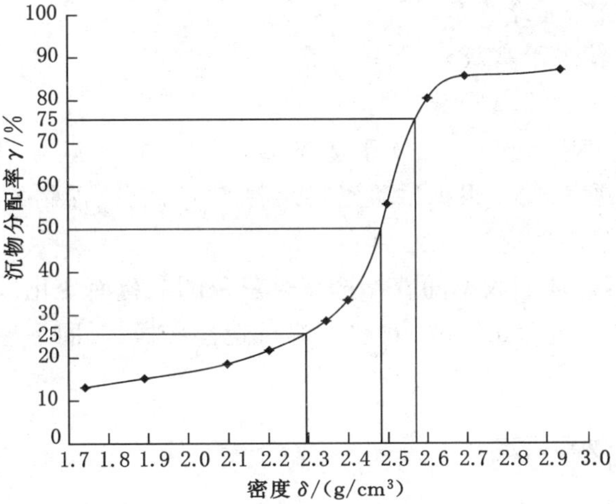

图 4-2　再选旋流器沉物分配曲线

从测试的效果看，再选旋流器的可能偏差为 0.148，不满足选煤厂设计规范对再选旋流器的分选精度要求。分析原因后认为，其值偏高主要与使用大锥角重介旋流器和压力偏低有关。旋流器的锥角越大，其分选精度将越差，但使用大锥角旋流器满足了该选煤厂实现资源综合利用最大化和再选旋流器实施超高密度（分选密度大于 2.4 g/cm³）分选的经济和技术要求；另外，在日常生产中发现旋流器的压力偏低是其分选精度差的另一重要因素。因此，在今后的工作中，该厂必须把确保再选旋流器的压力作为完善再选旋流器工艺管理的重点来抓。

4.5　浮选工艺效果的检查与评定

随着采煤机械化程度的提高，原煤中粉煤（<0.5 mm）含量急剧增加，目前已达到 25%左右，有的甚至更高。在选煤厂中，<0.5 mm 粉煤主要利用浮选的方法来回收精煤。目前浮选已成为炼焦煤选煤厂不可缺少的分选方法。由于浮选工艺的吨煤处理电耗、药剂消耗和其他材料消耗比较高，早期的动力煤选煤厂普遍不配置浮选工艺，而是采用简单的浓缩压滤等工艺回收煤泥。随着煤炭产品质量要求越来越高，资源越来越紧张，部分动力煤选煤厂

也开始配置浮选工艺环节。因此，对浮选作业分选效果进行正确的分析评定和预测，已成为选煤厂生产技术管理的一个重要部分。

4.5.1 煤炭的可浮性分级

不同的选煤厂，其浮选入料的可浮性是不同的。按照国家标准《煤粉(泥)可浮性评定方法》(GB/T 30047—2013)，采用灰分符合要求条件下的浮选精煤可燃体回收率作为评定可浮性的标准。浮选精煤可燃体回收率的计算公式为：

$$E_j = \frac{\gamma_{j0}(100\% - A_{d,j})}{100\% - A_{d,y}} \tag{4-11}$$

式中 E_j——浮选精煤可燃体回收率，%；

γ_{j0}——浮选精煤理论产率，%；

$A_{d,j}$——浮选精煤干基灰分，%；

$A_{d,y}$——浮选入料干基灰分，%。

浮选精煤理论产率按《煤粉(泥)浮选试验 第2部分：顺序评价试验方法》(GB/T 30046.2—2013)进行顺序试验，根据试验资料绘制产率-灰分、浮物累积曲线，按精煤干基灰分 $A_{d,j}$ 从曲线上查出精煤理论产率 γ_{j0}。

显然，浮选精煤可燃体回收率随着浮选精煤灰分的变化而变化。一般情况下，精煤灰分增加，可浮性变得容易。与≥0.5 mm 粒级原煤可选性一样，对同一种煤，可浮性随产品质量要求的变化而变化。

4.5.2 浮选机的工艺效果评定

目前，有关煤炭浮选效果的评定方法有很多种，各国的评定方法也不一致。依据煤炭行业标准《选煤厂浮选工艺效果评定方法》(MT 180—88)，浮选工艺效果评定采用浮选精煤数量指数、浮选完善指标。浮选精煤数量指数用于评定不同煤之间的浮选工艺效果，浮选完善指标用于评定同一煤在不同工艺条件下的分选完善程度。

1. 浮选完善指标

浮选完善指标的计算见式(4-12)，计算结果取小数点后一位，第二位按数字修约规则处理。

$$\eta_{wf} = \frac{\gamma_j}{100\% - A_y} \frac{A_y - A_j}{A_y} \times 100\% \tag{4-12}$$

式中 η_{wf}——浮选完善指标，%；

A_y——计算入料灰分，%；

A_j——浮选精煤灰分，%；

γ_j——浮选精煤实际产率，%。

从浮选完善指标 η_{wf} 的计算公式可以看出，$\frac{\gamma_j}{100\% - A_y}$ 为实际产率与理论产率近似值的关系，$\frac{A_y - A_j}{A_y}$ 为相对降灰率。浮选完善指标 η_{wf} 实际上就是选煤厂广泛应用的汉考克效率公式。

2. 浮选精煤数量指数

浮选精煤数量指数的计算见式(4-13)，计算结果取小数点后一位，第二位按数字修约规则处理。

$$\eta_{if}=\frac{\gamma_j}{\gamma_j'}\times 100\% \tag{4-13}$$

式中 η_{if} ——浮选精煤数量指数，%；

γ_j ——浮选精煤实际产率，%；

γ_j'——精煤灰分相同时，标准浮选精煤产率，%。

标准浮选精煤产率不是浮选精煤理论产率。标准浮选精煤产率按《选煤实验室分步释放浮选试验方法》(MT/T 144—1997)所绘制的精煤产率曲线确定。

由于浮选过程受很多因素影响，很难获得真实的最优或者说最合适的浮选指标条件，因此会出现实际浮选结果优于分布释放试验结果，浮选精煤数量指数超过 100%的情况，从而使得浮选精煤数量指数应用可信度受到质疑。

在评价浮选实际指标与理论指标接近程度时，我们可以用类似重选数量效率和浮选精煤数量指数的指标，即浮选精煤数量效率 η_k。其计算公式为：

$$\eta_k=\frac{\gamma_j}{\gamma_{j0}}\times 100\% \tag{4-14}$$

式中 η_k ——浮选数量效率，%；

γ_j，γ_{j0} ——浮选精煤实际产率、浮选精煤理论产率，%。

在评价和研究浮选工艺效果时，国标规定的评价浮选工艺效果指标中只有浮选精煤数量指数和浮选完善指标，但是我们在评价研究浮选工艺效果时，经常用资料来源更广泛的浮选精煤可燃体回收率指标 E_j 替代浮选精煤数量指数 η_{if}。

3. 浮选工艺效果评定示例

(1) 不同选煤厂之间浮选工艺效果评定

某煤炭公司有 3 座选煤厂，为评价 3 座选煤厂浮选工艺效果，该公司进行了生产技术检查，要求浮选精煤灰分为 10.5%±0.2%，技术检查结果见表 4-8。由表 4-8 知，在要求精煤灰分为 10.5%±0.2%时，A 厂工艺效果优于 B 厂，B 厂优于 C 厂。

表 4-8 某煤炭公司选煤厂生产技术检查结果

选煤厂代号	指标	分步释放浮选试验结果							浮选结果		γ_j'/%	η_{if}/%
A	累计产率/%	50.17	56.99	68.93	78.15	85.66	92.83	100.00	73.88	100.00	78.00	94.72
	平均灰分/%	8.74	8.79	9.55	10.36	11.56	13.76	18.53	10.32	18.35		
B	累计产率/%	21.43	29.25	45.92	63.61	80.28	91.16	100.00	63.52	100.00	73.50	86.42
	平均灰分/%	6.82	6.90	7.94	9.36	11.54	14.56	10.04	10.50	20.15		
C	累计产率/%	7.27	17.30	32.82	50.86	68.51	82.70	100.00	38.67	100.00	58.50	66.10
	平均灰分/%	7.20	7.26	8.28	9.77	11.38	14.42	24.70	10.45	24.57		

(2) 同一车间不同班组间工艺效果评定

某选煤厂浮选车间有3个生产班开展技术竞赛,进行了采样,竞赛规定:浮选精煤灰分要求5%~6%,尾煤灰分大于50%;浮选精煤灰分小于5%或大于6%,或尾煤灰分小于50%,均取消竞赛资格。3个生产班的浮选生产指标见表4-9。由表4-9知,1班工艺效果最佳,2班的最差。在入料灰分相近的条件下,1班的精煤产率和尾煤灰分最高,2班的精煤产率和尾煤灰分最低。

表4-9　3个生产班浮选生产指标

班次	捕收剂耗量/(kg/t)	起泡剂耗量/(kg/t)	精煤产率/%	精煤灰分/%	尾煤灰分/%	入料灰分/%	η_{wf}/%
1	0.44	0.060	79.52	5.14	61.54	16.69	66.05
2	0.49	0.005	74.86	5.50	50.63	16.85	60.64
3	0.44	0.085	76.10	5.11	54.28	16.86	63.79

某地区的5座选煤厂的精煤数量指标见表4-10,其中1号选煤厂的浮选精煤数量指数为100.2%。直观分析5座选煤厂的浮选生产结果,各厂浮选工艺效果与浮选精煤数量指数η_{if}完全吻合,其中1号选煤厂工艺效果最佳。

表4-10　5座选煤厂的精煤数量指标

选煤厂代号	精煤产率/%	精煤灰分/%	尾煤灰分/%	入料灰分/%	标准浮选精煤产率/%	浮选精煤数量指数/%	浮选完善指标/%
1	95.67	8.29	46.63	9.95	95.5	100.2	17.72
2	76.61	9.43	46.45	19.57	78.0	98.2	49.35
3	69.33	9.17	37.73	17.93	78.0	88.9	41.27
4	59.60	9.84	42.22	22.92	78.5	75.9	44.13
5	57.97	10.62	23.11	15.87	89.5	64.8	22.79

应该提及的是,评价不同选煤厂与同一选煤厂的浮选工艺效果时,应采用两种不同的判据。其原因是在制定标准过程中,分析了大量不同可浮性等级煤的试验数据后认为,同一选煤厂的浮选入料可浮性等级和浮选产物质量要求可以作为固定因素,在这种情况下用浮选完善指标η_{wf}可以确切地表征浮选工艺效果;而对不同选煤厂因其可浮性等级不同、浮选产物质量要求也不同,用浮选精煤数量指数η_{if}更能确切地表征浮选工艺效果。对本例中5座选煤厂的浮选工艺效果采用浮选精煤数量指数η_{if}进行评价,其排序(工艺效果从优到劣)为1、2、3、4、5;而如果使用浮选完善指标η_{wf}进行评价,则其排序为2、4、3、5、1。

4.5.3　浮选生产情况分析的实例

经浮选工艺效果的评定,我们对实际的生产指标是否合理,有无潜力可挖有了初步的概念。由于浮选精煤是总精煤的一部分,其质量与数量与全厂的生产技术指标和经济效益密切相关。应充分发挥浮选的能力，将煤泥及时和尽可能多地从循环水中抽取出来进行分选；降低洗水浓度可相应改善重力选煤的效果。

在分析浮选生产情况时，应主要分析以下几个方面：在浮选精煤灰分达到预定指标的前提下，浮选机处理干煤泥的能力和每组浮选机的煤泥水通过能力是否达到要求；现有浮选机的处理能力能否处理本厂的全部煤泥；处理全部煤泥所选用的工艺流程、各项工艺指标和消耗指标是否合理。这几个方面大致概括了浮选生产情况分析的全部内容。下面通过实例对浮选生产常遇到的一些情况进行分析。

【例 4-1】 某厂对浮选机进行了单机逐槽检查，报出资料如表 4-11 所示。

表 4-11　浮选机逐槽取样小筛分试验综合报告表

项　目	数量和质量	粒度/网目								化验 A_d /%
		＞20	20～＜40	40～＜60	60～＜80	80～＜100	100～＜120	≤120	合计	
选精煤/%	产率/%	—	—	0.79	2.63	7.58	7.04	81.96	100.00	8.98
	灰分/%	—	—	4.79	4.04	4.48	5.35	9.65	8.77	
一　室	产率/%	—	—	—	—	3.35	2.77	94.88	100.00	8.15
	灰分/%	—	—	—	—	4.80	4.48	8.00	7.83	
二　室	产率/%	—	—	—	—	4.54	4.74	90.72	100.00	7.93
	灰分/%	—	—	—	—	3.83	4.57	8.19	7.82	
三　室	产率/%	—	—	1.01	4.25	9.30	9.61	75.81	100.00	8.72
	灰分/%	—	—	4.60	3.99	4.34	5.36	9.68	8.48	
四　室	产率/%	—	—	1.52	3.24	10.13	7.09	78.02	100.00	10.05
	灰分/%	—	—	4.89	4.03	4.69	5.65	11.25	9.86	
五　室	产率/%	—	—	1.41	3.32	10.17	5.44	79.66	100.00	12.47
	灰分/%	—	—	5.82	4.89	5.43	6.86	14.14	12.43	
六　室	产率/%	—	—	—	—	6.02	5.62	88.36	100.00	16.88
	灰分/%	—	—	—	—	6.50	8.91	18.76	17.47	
尾　矿	产率/%	—	—	—	—	1.91	2.42	95.67	100.00	74.26
	灰分/%	—	—	—	—	33.11	63.99	75.46	74.37	
入　料	产率/%	—	—	1.00	3.01	6.22	7.52	82.25	100.00	14.92
	灰分/%	—	—	8.99	5.91	5.70	6.88	16.84	14.99	

这份资料报出来的只是各室的精煤、最终尾煤、选精煤和入料的小筛分资料，没有各室尾煤的灰分。从这份资料中我们无法从数量、质量统一的角度分析上面所提到的要分析的几个方面，因此，这次技术检查所进行的试验化验工作是无用的，生产上也无法从这份资料中得到可用的启示和经验，只能从这份资料中得知各室精煤的质量情况，其他信息就无法得到了。

【例 4-2】 某厂对 6 室一组浮选机进行单机检查的资料如表 4-12 所示。

表 4-12　某厂 6 室一组浮选机单机检查试验报告表

项　目	固体物浓度	处理量/(kg/h)	数量和质量	筛分前	粒级/μm						
					≥425	230～<425	120～<230	74～<120	45～<74	<45	合计
入　料	197.7 g/L	9 153.64	产率/%	100.00	5.58	30.07	53.39	9.90	1.06		100.00
			灰分/%	16.48	8.65	12.16	18.00	23.40	24.55		16.33
一　室	22.83%	2 948.72	产率/%	100.00	2.72	7.50	36.10	50.76	2.92		100.00
			灰分/%	10.15	10.75	7.90	9.88	11.91	13.43		10.89
二　室	26.04%	2 647.98	产率/%	100.00	3.17	15.95	44.27	33.45	3.16		100.00
			灰分/%	11.35	6.69	8.33	10.46	14.12	15.50		11.38
三　室	30.51%	1 282.66	产率/%	100.00	10.60	30.22	40.52	17.15	1.51		100.00
			灰分/%	11.76	6.68	9.40	12.57	16.59	16.95		11.74
四　室	30.37%	920.47	产率/%	100.00	14.84	32.86	30.78	20.25	1.27		100.00
			灰分/%	14.30	7.35	11.45	16.97	20.46	20.73		14.48
五　室	31.84%	301.63	产率/%	100.00	17.50	34.10	27.65	19.23	1.52		100.00
			灰分/%	16.38	7.40	14.08	21.40	22.28	22.42		16.64
六　室	30.11%	61.91	产率/%	100.00	13.02	27.85	33.15	23.92	2.06		100.00
			灰分/%	18.62	8.70	13.68	22.91	23.28	23.71		18.59
一室尾矿	16.42%		产率/%	100.00	9.28	33.96	36.38	18.92	1.06	0.40	100.00
			灰分/%	17.40	7.68	14.17	17.22	26.37	33.32	36.09	17.28
二室尾矿	10.98%		产率/%	100.00	13.11	36.81	32.88	15.79	1.01	0.40	100.00
			灰分/%	20.64	8.36	16.34	22.19	35.14	42.34	46.75	20.57
三室尾矿	9.35%		产率/%	100.00	19.09	33.18	27.78	17.27	2.02	0.66	100.00
			灰分/%	31.10	9.04	24.00	39.07	51.80	55.92	60.19	31.02
四室尾矿	5.93%		产率/%	100.00	26.56	33.15	23.64	15.09	1.06	0.50	100.00
			灰分/%	43.87	12.90	43.56	60.95	69.28	71.41	77.85	43.88
五室尾矿	5.08%		产率/%	100.00	31.66	31.76	22.39	13.43	0.51	0.25	100.00
			灰分/%	47.66	12.98	51.13	68.84	75.25	77.35	78.90	46.46
六室尾矿	4.46%		产率/%	100.00	28.05	33.18	24.00	13.11	0.91	0.75	100.00
			灰分/%	53.18	17.96	54.69	71.93	78.35	79.39	80.72	52.05

显然本例取样点、试验和化验项目都比例 4-1 多，但是单纯从表中无法得到更多有用的信息。根据该厂单机检查资料，进行分析如下：

① 浮选效果分析评价。

浮选效果分析不需要另做试验，根据报表数据，以浮选完善指标和浮选精煤可燃体回收率评价浮选效果。

浮选完善指标：

$$\eta_{wf}=\frac{\gamma_j}{100\%-A_y}\frac{A_y-A_j}{A_y}\times 100\%$$
$$=\frac{89.18\%}{100\%-16.48\%}\times\frac{16.48\%-11.55\%}{16.48\%}\times 100\%$$
$$=31.94\%$$

从浮选完善指标来评价，该厂浮选工艺效果较差。

浮选精煤可燃体回收率：

$$E_j=\frac{\gamma_{j0}(100\%-A_j)}{100\%-A_y}$$
$$=\frac{89.18\%\times(100\%-11.55\%)}{100\%-16.48\%}$$
$$=94.44\%$$

从浮选精煤可燃体回收率来评价，浮选效果较好。

② 根据报表的数据，考察、分析以下逐槽的数量、质量情况，如图 4-3 所示。

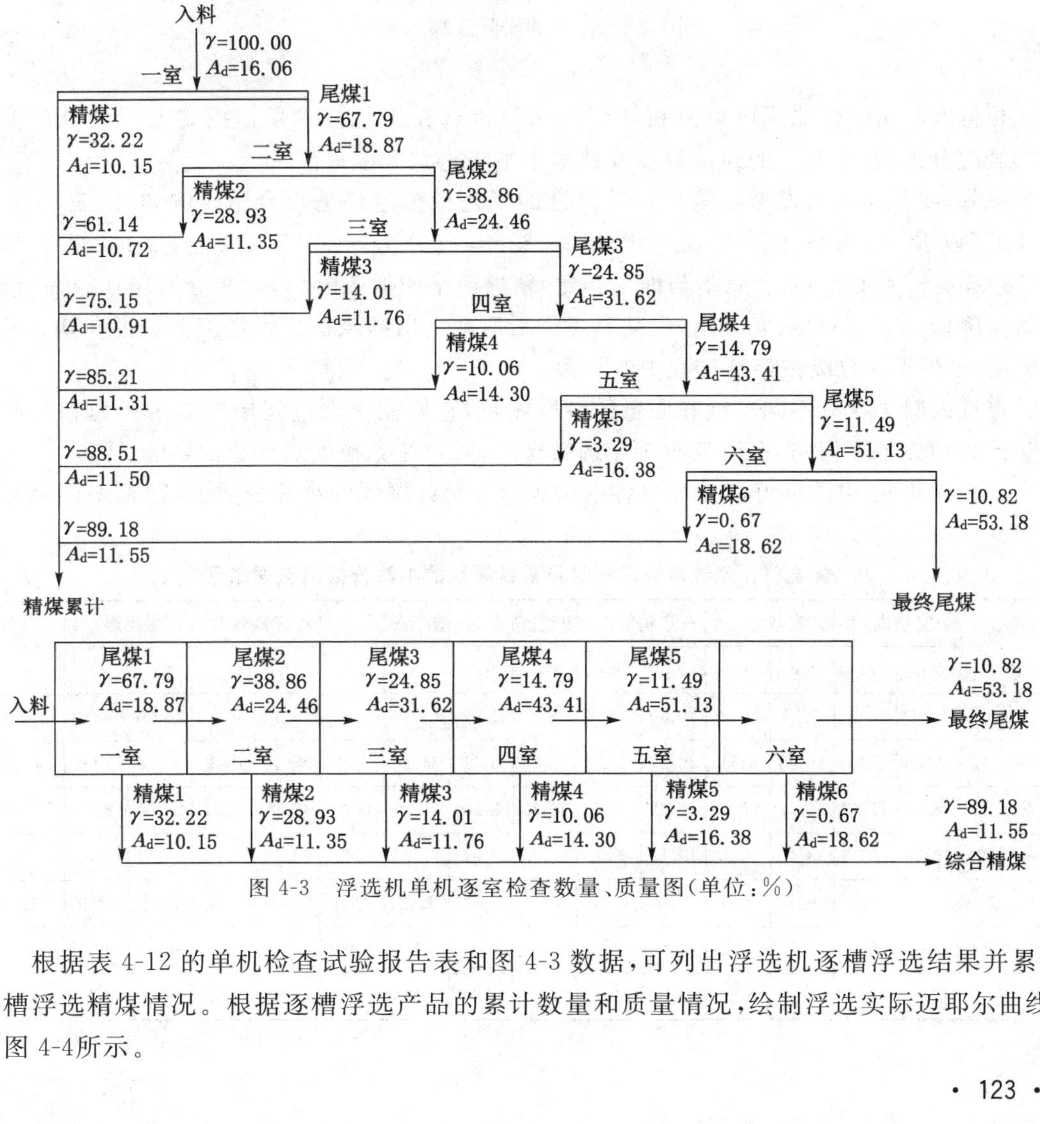

图 4-3　浮选机单机逐室检查数量、质量图（单位：%）

根据表 4-12 的单机检查试验报告表和图 4-3 数据，可列出浮选机逐槽浮选结果并累计各槽浮选精煤情况。根据逐槽浮选产品的累计数量和质量情况，绘制浮选实际迈耶尔曲线，如图 4-4所示。

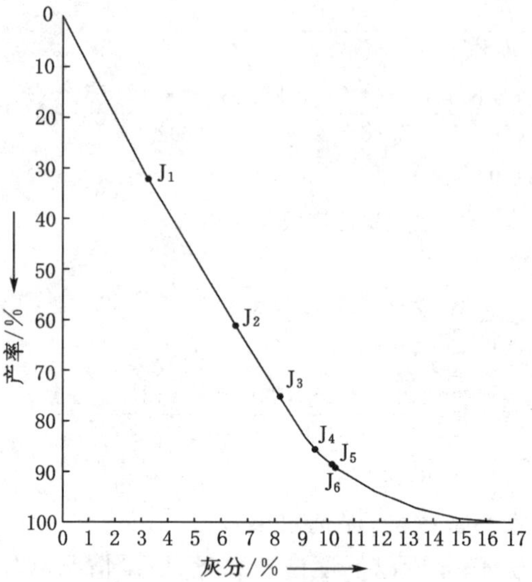

图 4-4　浮选的实际迈耶尔曲线

根据实际可浮性曲线可以分析该厂浮选与重选在工艺技术指标控制上配合得是否合适。若配合得当,则全厂的经济效益及技术水平将得到大幅提高。

另外,要从实际出发考察清楚该厂浮选的工艺指标定得是否合适。例如,由表 4-12 和图 4-4可以看出,四室累计精煤产率为 85.22%,灰分为 11.31%,六室累计精煤产率为 89.18%,灰分为 11.55%。六室与四室相比,精煤产率增加 3.96%,而灰分增加 0.24%,精煤售价将降低,此时必须从实际出发,认真考虑最后两室出精煤在技术经济上是否合算。

③ 分析不同粒级在浮选过程中的行为。

浮选入料中含有不同粒级和质量的各种颗粒,它们在浮选过程中的浮选行为和对产品质量的影响亦各不相同,在研究改善浮选效果时,需要注意粒度对浮选的影响。

根据表 4-12 中数据可以计算出各室精煤以及最终尾煤的小筛分数据,如表 4-13 所示。

表 4-13　浮选机逐室精煤及最终尾煤的小筛分数据整理结果

粒级/μm	一室精煤/%		二室精煤/%		三室精煤/%		四室精煤/%		五室精煤/%		六室精煤/%		六室尾煤/%		合计
	$\gamma_本$	$\gamma_全$	$\gamma_本$	$\gamma_全$	$\gamma_本$	$\gamma_全$	$\gamma_本$	$\gamma_全$	$\gamma_本$	$\gamma_全$	$\gamma_本$	$\gamma_全$	$\gamma_本$	$\gamma_全$	$\gamma_全$
≥425	2.72	0.88	3.17	0.92	10.60	1.49	14.84	1.49	17.50	0.58	13.02	0.09	28.05	3.03	8.48
230～<425	7.50	2.42	15.95	4.61	30.22	4.23	32.86	3.31	34.10	1.12	27.85	0.19	33.18	3.59	19.47
120～<230	36.10	11.63	44.27	12.81	40.52	5.68	30.78	3.10	27.65	0.91	33.15	0.22	24.00	2.60	36.95
74～<120	50.76	16.35	33.45	9.68	17.15	2.40	20.25	2.04	19.23	0.63	23.92	0.16	13.11	1.42	32.68
45～<74	2.92	0.94	3.16	0.91	1.51	0.21	1.27	0.13	1.52	0.05	2.06	0.01	0.91	0.10	2.35
<45													0.75	0.08	0.08
合计	100.00	32.21	100.00	28.93	100.00	14.01	100.00	10.06	100.00	3.29	100.00	0.68	100.00	10.82	100.00

根据表 4-13 计算出各粒级煤在浮选各室的分配率，计算结果见表 4-14。根据表 4-14 中的数据计算累计分配率，如表 4-15 所示。用表 4-15 中数据绘制各粒级浮选速度曲线，如图 4-5所示。

表 4-14　各粒级煤在浮选室分配率计算结果

产品	≥425 μm		230～<425 μm		120～<230 μm		74～<120 μm		45～<74 μm		<45 μm		合计产率/%
	产率/%	分配率/%	产率/%	分配率/%	产率/%	分配率/%	产率/%	分配率/%	产率/%	分配率/%	产率/%	分配率/%	
精煤 1	0.88	10.39	2.42	12.43	11.63	31.48	16.35	50.03	0.94	19.24	0	0	32.22
精煤 2	0.92	10.86	4.61	23.68	12.81	34.68	9.68	29.62	0.91	45.66	0	0	28.93
精煤 3	1.49	17.59	4.23	21.73	5.68	15.38	2.40	7.34	0.21	20.91	0	0	14.01
精煤 4	1.49	17.59	3.31	16.95	3.10	8.39	2.04	6.24	0.13	6.44	0	0	10.06
精煤 5	0.58	6.85	1.12	5.75	0.91	2.46	0.63	1.93	0.05	1.26	0	0	3.29
精煤 6	0.09	1.06	0.19	0.98	0.22	0.60	0.16	0.49	0.01	2.08	0	0	0.67
精煤合计	5.45	64.23	15.88	81.56	34.35	92.96	31.26	95.65	2.25	95.82	0	0	89.18
最终尾煤	3.03	35.77	3.59	18.44	2.60	7.04	1.42	4.35	0.10	4.18	0.08	100.00	10.82
总计	8.48	100.00	19.47	100.00	36.95	100.00	32.68	100.00	2.35	100.00	0.08	100.00	100.00

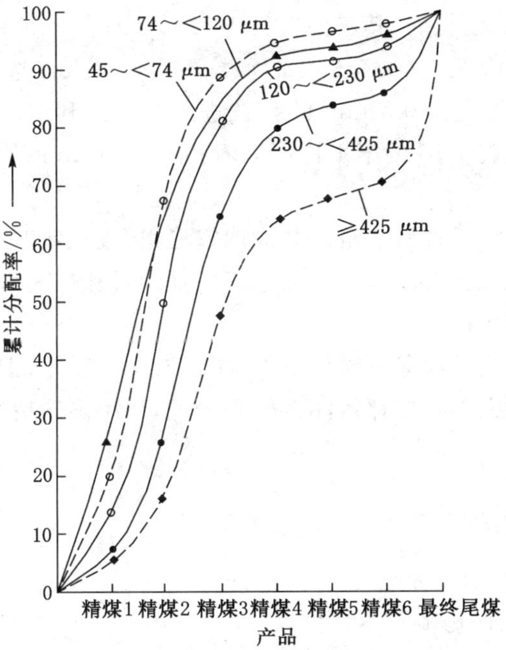

图 4-5　各粒级浮选速度曲线图

表 4-15 各粒级煤在浮选室累计分配率

项目	粒级/μm					
	≥425	230～<425	120～<230	74～<120	45～<74	<45
精煤 1	10.34	12.41	31.48	50.03	19.24	
精煤 2	21.17	36.11	66.15	79.64	64.90	
精煤 3	38.71	57.85	81.52	87.00	85.81	
精煤 4	56.33	74.83	89.90	93.23	92.25	
精煤 5	63.13	80.60	92.36	95.17	93.51	
精煤 6	64.17	81.56	92.97	95.66	95.59	
最终尾煤	100.00	100.00	100.00	100.00	100.00	100.00

综合表 4-12、表 4-14 和表 4-15 以及图 4-3 和图 4-5 可以得出以下结论：

① 浮选精煤 70%～80%在前三室或前四室浮起，五室和六室上浮量很小，而且灰分有所增加。

② 浮选各室的精煤粒度由粗变细，灰分逐渐增高，各个粒级灰分从一室到六室也逐渐增高。

③ 由图 4-5 可以看出，在高浓度下，浮选细粒高灰颗粒比粗粒低灰颗粒上浮快得多。如果适当降低入浮浓度，则能够提高粗粒低灰颗粒上浮速度，减慢细粒高灰颗粒上浮速度。

④ 浮选尾煤总的灰分为 53.18%。按分选效果的分析，尾煤灰分本应再高一些，但尾煤中有 28.05%的≥425 μm 粗粒煤，其灰分仅为 17.96%，即有 28.05%的≥425 μm 粗粒煤进入尾煤，这使尾煤的灰分降低。>0.5 mm 的颗粒不应该进入浮选，所以必须从前面的煤泥浓缩分级作业中找原因，杜绝>0.5 mm 的颗粒进入浮选。利用浮选处理>0.5 mm的颗粒在经济上是不合理的，由表 4-15 的第 1 栏可以看出，>0.5 mm 的粗颗粒仅有 64.17%被浮选成精煤。

在某些场合下，把六室浮选机二组改装成四室三组，或三室四组(其中三组为初选，一组为精选)，在降低入浮浓度的条件下，加大浮选机的处理量和煤泥水通过量，可以改善工艺条件和生产指标，提高经济效益。

⑤ 综合评价结论是该厂六室一组浮选机的工艺效果较差，但因评价的方法与角度不同，结果也不同。用浮选完善指标评价浮选效果较差，而用浮选精煤可燃体回收率评价浮选效果就较好。

4.5.4 关于浮选出现问题的分析

1. 关于入浮煤泥粒度的问题

(1) 煤泥粒度对浮选的影响

煤泥浮选的粒度上限一般为 0.5 mm，不同粒级煤的浮选行为有着较大的差别。通常粗粒级煤泥浮选速度慢，选择性较好，但多数浮不出，易损失在尾煤中，俗称“跑粗”；细粒级煤泥浮选速度快，选择性差，过细时则失去选择性；只有中等粒级煤泥才具有最佳可浮性。

粗粒煤容易“跑粗”损失在尾煤中，从而降低浮选精煤的回收率，同时会导致浮选尾煤灰分降低。其原因主要是：

① 煤粒粒度越大，煤粒的诱导时间会延长，不利于煤粒附着到气泡上。

② 煤粒附着在气泡上后，当煤粒在气泡上的附着力小于脱落力时，煤粒就从气泡上脱落。粒度越大，煤粒脱落力也越大，容易脱落。

③ 细粒煤有巨大的表面积，能吸附大量的浮选药剂，并占据大量的气泡表面，从而致使粗粒煤吸附浮选药剂量不足，粗粒煤表面疏水性得不到有效增强，不利于黏附到气泡上。同时，气泡表面积不足，会影响粗粒煤的浮选。

细粒通常对药剂呈无选择性吸附，因此，浮选选择性差，对精煤质量影响较大。尤其是细泥，在浮选中常以下列几种形式进入精煤：

① 以机械夹带形式进入精煤，即细泥被气泡-煤粒的絮团包裹进入精煤。影响的严重程度随煤浆浓度增加、黏度增加、药剂用量过高和泡沫稳定性过高而变得更加显著。

② 随矿化气泡之间的夹带水混入精煤。尤其是黏土类矿物质遇水浸泡碎散为带负电的微小颗粒，均匀地分布在水体之中。因此，泡沫夹带水中也包含这些微粒。

③ 在粗颗粒或气泡上形成细泥覆盖，并随其进入精煤。细泥选择性差，同时还影响精煤产率。一些低灰细泥可能覆盖在粗粒的矸石上造成损失，降低精煤的回收率。

④ 浮选药剂的消耗。细粒煤的表面积大，吸附的浮选药剂量比粗粒煤多得多。因此，不同粒级的煤浮选所消耗的浮选药剂是不同的。此外，细泥对精煤灰分影响很大，即使减少药剂用量，有时也很难保证精煤质量。

细泥进入精煤，不仅影响精煤质量，还恶化过滤效果。粒度过细，会增加泡沫的黏度、堵塞滤饼的水分通道及滤布的孔眼，结果使滤饼水分增加、过滤机处理能力下降。

(2) 改善粗粒煤浮选的技术措施

粗粒煤浮选主要应解决在尾煤中的损失问题，即增加粗粒与气泡的附着并防止其脱落。可以采取以下措施：

① 提高煤泥入浮煤浆浓度，以增加煤粒与气泡的接触机会。

② 加大捕收剂和起泡剂等药剂用量，提高捕收能力，增大煤粒的疏水表面。增加药剂与煤粒的接触机会，如适当加大药剂浓度、完善加药方式(气溶胶加药、药剂乳化等)、用矿浆准备器或预处理器等调浆设备提高煤粒与药剂的接触机会。

③ 改善浮选机充气。最主要的目的是提高充气质量，应有适当小气泡。对于粗粒煤，可用气泡群进行浮选，以保证有足够的浮力，并能加强粗粒与气泡的附着强度。

④ 采用分级或脱泥浮选。粗粒分选时为避免大量细泥存在，将浮选入料分成粗细两个粒级分别浮选，采用不同的、符合各自特点的工艺条件来提升效果，降低药耗。也可将高灰细泥脱除，单独处理粗粒物料，消除细泥对粗粒的影响。

⑤ 浮选机的搅拌强度适中。设计浮选机时既要考虑粗粒悬浮所需的搅拌强度，又要考虑防止已附着的颗粒从气泡上脱落。

(3) 改善细粒煤浮选的技术措施

细粒煤浮选主要应解决浮选过程中选择性差的问题，即提高浮选选择性。可以采取以下措施：

① 尽量采用选择性好的药剂，并严格控制用量。由于细泥对药剂的吸附没有选择性，因此，细粒煤泥浮选应采用选择性较强的药剂。选用起泡剂产生的泡沫应有脆性，以便增强

二次富集作用；严格掌握捕收剂与起泡剂的比例；采用分段加药方式，使药剂处于亏药状态；延长细粒浮选时间，提高其分选效果。

② 降低浮选入料煤浆浓度。入浮煤浆浓度的降低，可以降低煤浆和泡沫层黏度，减少细粒泥质的夹带。

③ 在泡沫层上加喷水淋洗。在泡沫层上适当加喷水淋洗，可以减少细粒泥质的夹带，加强泡沫的二次富集作用。

④ 添加有效的黏土抑制剂或分散剂。

2. 关于浮选入浮浓度的问题

煤泥在不同浓度下浮选，其产品的数量、质量指标有明显的不同。煤浆浓度对精煤产率、精煤和尾煤的灰分均有影响。主要表现在：

① 煤浆浓度对浮选产品的数量、质量指标的影响。提高入浮煤浆浓度，精煤产率、精煤和尾煤灰分也相应增加。实际浮选时，过高的浓度会导致精煤产率下降，精煤灰分增高，尾煤灰分下降。尤其当煤浆入浮浓度超过 200 g/L 时，浮选机充气性能急剧变差，气泡兼并严重，泡沫层缺乏流动性，二次富集作用减弱，从而严重恶化分选过程；较低的煤浆浓度有利于提高分选精度，消除细泥污染、降低浮选精煤的灰分。

② 煤浆浓度对药剂消耗量的影响。低煤浆浓度时，单位容积矿浆中药剂浓度显著降低，必须增加药剂用量。此外，低浓度浮选时，浮选速度较快，矿浆通过量较大，煤泥浮选时间较短，需要增加药剂用量来强化浮选效果。

③ 煤浆浓度对浮选机处理量的影响。低浓度浮选时，浮选速度快，矿浆通过量大，但干煤处理量低；高浓度浮选时，矿浆处理量低，但干煤处理量高。

④ 煤浆浓度对浮选后续作业的影响。煤浆浓度较高，浮选精煤的浓度也较高，可提高精煤过滤机的生产能力，降低滤液中的固体损失。但是，过高的煤浆浓度会导致泡沫产品浓度太高，精煤的脱水也不好。

⑤ 煤浆浓度对水电消耗的影响。入浮煤浆浓度增大，单位处理量的水电消耗就会下降，有利于降低选煤成本。

煤泥浮选的煤浆质量浓度控制在 10%左右，固体含量控制在 80～100 g/L 比较合适。一般原则是：

① 入料可浮性好、灰分低、粒度较粗时可适当提高入浮煤浆浓度；工艺指标允许时，为降低药耗和提高处理量，应尽量提高入浮煤浆浓度。

② 难浮煤，精煤质量要求高时，应适当降低入浮煤浆浓度。

③ 细泥含量高，精煤质量要求高时，应降低入浮煤浆浓度。

④ 粗选作业可采用高浓度煤浆，以保证较高的回收率和较少药剂用量；精选宜采用低浓度煤浆，以利于降低精煤灰分。

⑤ 直接浮选工艺煤浆浓度较低，有利于提高细颗粒的选择性，但低浓度浮选时药剂消耗量较高。在条件许可时应尽量提高入浮煤浆浓度以更有利于分选。

3. 关于浮选药剂制度的问题

煤泥浮选的药剂制度包括药剂的种类与用量、药剂的加药方法、加药地点和药剂的添加顺序等。药剂制度的确定与合理性分析要根据浮选试验结果，同时结合煤泥的可浮性、浮选指标、浮选工艺流程和药剂性能等因素。

煤泥浮选通常只使用捕收剂和起泡剂，少数加调整剂或兼具捕收和起泡性能的复合药剂。最广泛使用的捕收剂是煤油和柴油。煤油或柴油化学组成不同，具有不同的捕收性和选择性。易浮煤可采用活性低的捕收剂，难浮煤、细泥多时采用活性高的捕收剂。我国所用的起泡剂多为化工副产品。极性基比例高的起泡剂具有较高的亲水性和较低的浮选活性；非极性基比例高的起泡剂具有较高的表面活性。起泡剂的选择对精煤质量有较大的影响，选择时应考虑煤泥中高灰细泥含量及浮选机的充气情况。当煤泥中精煤含量大时，应选用起泡多、气泡小、寿命长的起泡剂，以利于粗粒在气泡上的固着和回收；当细粒含量高时，应选用气泡大、性脆、寿命不太长的起泡剂，以增加二次富集作用，提高浮选的选择性。

加药方式有一点（集中）加药和多点加药两种。一点加药常将捕收剂和起泡剂同时加到矿浆准备器（或搅拌桶）中，这样会加快浮选的起始速度，可能加剧对泡沫产品的污染，影响精煤质量，同时大部分药剂随泡沫产品从前段被刮出，后室常出现药剂不足现象，从而致使精煤和尾煤质量都难以保证；多点加药则将药剂按比例分别加到矿浆准备器（或搅拌桶）和浮选槽中，有利于控制浮选速度并提高产品质量，对于难浮煤泥采用分段加药方式是很有必要的。

分段加药具有以下优点：① 能有效地控制和调整煤泥的浮选速度；② 能最有效、最充分地发挥浮选药剂的作用；③ 能可靠地保证各产品的质量指标，提高精煤产率，改善精煤脱水效果；④ 能降低浮选药剂消耗量。

采用何种方式与在何地点加药，主要取决于煤泥性质。易浮煤常采用一点加药，难浮煤或浮选活性较高的药剂应采用多点加药，将药剂总量的 60%～70%加到矿浆准备器（或搅拌桶）中，其余加到浮选机的中矿箱或搅拌机构中。对于六室浮选机，可分 2～4 段添加：第一段加在矿浆准备器（或搅拌桶）中，第二段加在第二室中矿箱，以后每隔一室添加一次。但起泡剂不应在矿浆准备器（或搅拌桶）中加入过多，以免造成前室泡沫过多。分批加药通常比一点加药的回收率高、选择性好。对于难以分散，需要较长接触时间的药剂，应尽量加在矿浆准备器（或搅拌桶）中，不宜过多分段加药；反之，则可考虑加在浮选机中。加药点多会增加操作管理的困难，同时加药点多了，药剂与煤浆的搅拌、接触时间相对缩短，分散度降低，容易出现药剂浪费现象。

药剂消耗与药剂种类、煤泥表面性质、粒度组成和入浮浓度等有关。我国选煤用捕收剂用量一般为 0.5～3.0 kg/t（干煤泥），醇类起泡剂用量一般为 100～300 g/t（干煤泥）。通常煤化程度低、氧化程度高、疏水性差的煤药剂消耗量较大。粒度越细，矿浆浓度越低，药剂消耗量越大。油比是指捕收剂和起泡剂用量的质量比，油比与煤泥的性质和浮选流程有关。煤泥浮选油比一般为 5∶1～10∶1。疏水性强、可浮性好、细泥少、粒度较粗的煤泥可用小油比，甚至达 1∶1。油比大，泡沫层入料变化的缓冲性较强，即反应不敏感，浮选过程比较稳定，因此，入料性质和浓度变化较大时应用大油比。

4. 关于浮选产品质量波动的问题

(1) 关于精煤灰分超标的分析

选煤厂各分选作业都有产品的质量要求，如果浮选精煤灰分严重超标，则可能存在以下几个方面的原因：

① 入浮煤浆浓度过大。

② 入浮煤浆流速过大，浮选时间太短，只有灰分高的细粒、细泥才能浮起。

③ 液面太高、泡沫层薄且不稳定，甚至刮泡时将煤浆刮出。

④ 浮选药剂性能发生变化，添加量掌握不准，起泡剂用量过多。

⑤ 入选原煤的煤质变差，细粒含量增多，黏土矿物质增多，没有及时调整操作条件。

⑥ 入浮煤浆流速过小，浮选时间太长，使一些高灰分杂质浮起而污染精煤。

⑦ 浮选机各室刮泡量的比例与各泡沫的灰分变化规律不相适应。

⑧ 浮选稀释水质量差，如循环水浓度增高，高灰细泥或残余絮凝剂含量过多。

⑨ 频繁开机、停机，打乱了正常生产秩序。尤其在停机后各类闸门关闭不及时或不严密（特别要注意浮选药剂阀门），再重新开机时，对精煤质量影响很大。

⑩ 长时间停机后，浮选机重新运转时，机槽内积存的煤泥、浮选药剂及其他杂质随同浮起，严重影响精煤质量。

上述各种原因都有可能导致浮选精煤灰分超标。在确定具体原因时，可结合泡沫层厚度、颜色、泡沫状态以及过滤机滤饼厚度、水分、脱落情况等方面的变化，并根据快速灰分检查的结果去分析判定。

（2）关于尾煤灰分偏低的分析

一些选煤厂将浮选尾煤作为废弃物处理，要求尾煤灰分较高。如果浮选尾煤作为动力用煤和居民燃料用煤，可根据需要适当降低浮选尾煤的灰分；如果浮选尾煤直接舍弃，则可适当提高浮选尾煤灰分。如果尾煤灰分偏低，则可能是以下原因造成的：

① 入浮煤浆浓度过大，导致低灰煤泥不能有效和高灰杂质分离而进入尾煤，浮选效果大大恶化。

② 给料量过大，浮选时间不足，造成泡沫后窜。

③ 超限大颗粒进入浮选机，不能上浮，损失于尾煤之中，“跑粗”现象严重。

④ 浮选机液面太低，泡沫不能及时被刮出，致使低灰煤粒损失在尾煤中。

⑤ 浮选药剂添加量不足，低灰分的粗、中粒级煤浮不起来或起泡剂多、捕收剂少。

⑥ 前室浮选不能充分及时刮泡，出现泡沫严重后窜现象。

⑦ 开、停车不规范，如操作者接到停车指令后，立即将浮选机停下，等到再次开车给料时，剩在机槽中的煤浆没有足够的浮选时间，从而造成损失。

在检查尾煤是否达到质量指标要求时，除了观察泡沫层外，还要观察尾煤的颜色，分辨其浓度和粒度组成，这对于分析尾煤“跑粗”的原因有重要作用。

（3）浮选精煤灰分高于重选精煤灰分的分析

一般浮选精煤灰分较高，虽然精煤产率高，但浮选所消耗的药剂多，浮选尾煤灰分也高，总的来说是不经济的。当浮选精煤灰分偏高时，就要降低重选精煤灰分来保证总精煤灰分达标，由于浮选成本比重选高，从经济上来看这样是不合算的。同时尾煤灰分偏高难以销售，又造成经济上的损失。在制定浮选精煤灰分指标时，除了从重选、浮选等边界灰分的角度考虑外，还要从产品成本和销售的具体条件出发。总而言之，浮选精煤灰分略低一些是有利的。

4.6 脱水设备工艺效果的检查与评定

对于用户来说产品中的水分也是一种杂质或多余物，同时也增加运输成本，这是湿法选煤去掉灰分杂质后带来的新杂质。所以在分选以后，以及在发运之前脱水成为一个重要的环节。水分指标的好坏，直接反映选煤厂生产技术管理水平的高低，也影响选煤厂的技术经济效益和用户的使用效果。多余的水分不仅会增加运输量，而且在北方冬季会造成冻车。所以生产精煤等产品时，应随时关注水分指标的变化。

4.6.1　脱水设备工艺效果评定指标

脱水设备工艺效果检查主要包括产品水分测定和筛分分析。内容为：① 以脱水率为主要指标，产品固体产率和产品水分为辅助指标，进行脱水效果评定；② 测定入料和产品的质量浓度及全水分，入料和产品的粒度组成；③ 记录、测定设备型号、规格、用途及处理能力。

脱水设备工艺效果评定方法适用于选煤厂中脱水筛、离心脱水机、过滤机、压滤机、脱水斗式提升机和脱水仓等脱水设备工艺效果的评定。该方法采用脱水率作为评定脱水设备工艺效果的综合指标，并以产品水分为辅助评定指标。

脱水率和产品固体产率分别按式(4-15)和式(4-16)计算：

脱水率：

$$Y_w = \frac{(b-a)(100-c)}{(b-c)(100-a)} \times 100 \tag{4-15}$$

产品固体产率：

$$Y_s = \frac{b(a-c)}{a(b-c)} \times 100 \tag{4-16}$$

式中　Y_w ——脱水率，%；

Y_s ——产品固体产率，%；

a ——入料固体质量百分率，%；

b ——产品中固体质量百分率，%；

c ——煤泥水(视设备可称为筛下水、离心液、滤液等)中固体质量百分率，%。

将记录及计算的主要数据整理成报告，将主要数据和评定结果填入表 4-16。

表 4-16　脱水设备工艺效果评定结果

基本状况	设备名称/设备编码		设备型号规格	
	额定处理能力(t/h)		实际处理能力(t/h)	
	入料性质描述			
	运行条件描述			
脱水效率	项目	入料	产品	煤泥水
	固体质量百分率/%			
	灰分 A_d/%			
	水分 M_t/%			
评定指标	脱水率 Y_w/%			
	产品固体产率 Y_s/%			

4.6.2 脱水作业生产情况分析

1. 必须具有完善的脱水设备和流程

选煤厂必须具有完善的脱水设备和流程。某厂对重介精煤采用立式离心脱水机二次脱水工艺，产品水分可以达到7%～8%，但精煤粗煤泥用直线振动筛进行一次脱水(产品水分在20%以上)后直接进入总精煤中，再加上浮选精煤经压滤机脱水后水分仍在25%～28%，致使总精煤水分达13%。精煤装仓后，粗煤泥中的水分开始渗透到精煤仓的下部，不但造成精煤仓垮煤(每月达数百吨)，而且用户意见较大。后增加一台卧式煤泥离心脱水机对粗煤泥进行二次脱水，粗煤泥水分降到15%以下，总精煤水分降到11%以下。

选煤厂具有完善的脱水设备和流程，但是由于管理不善也可能得不到理想的脱水效果。表4-17为甲、乙两个选煤厂的脱水情况比较。

表4-17 甲、乙两个选煤厂脱水情况比较

甲选煤厂				乙选煤厂			
项目	产率(占精煤)/%	水分/%	水分量/(×10⁻⁴)	项目	产率(占精煤)/%	水分/%	水分量/(×10⁻⁴)
跳汰精煤脱水后	70	12	840	块精煤脱水后	30	5	150
粗煤泥回收筛脱水后	10	20	200	末精煤离心脱水后	30	8	240
浮选精煤过滤后	20	27	540	粗煤泥回收筛脱水后	10	20	200
精煤装仓	100	15.8	1 580	浮选精煤过滤后	30	27	810
精煤装车	100	<13	<1 300	精煤装仓	100	14	1 400
				精煤装车	100	14	1 400

甲厂没有离心脱水机，但是充分发挥了精煤装车仓的脱水作用。该厂生产任务较少，精煤装仓后约有24 h的自然脱水时间，再加上仓下脱水闸门有专人负责清理看管，保证闸门畅通脱水，虽然装仓时精煤水分为15.8%，但装车时销售煤水分在13%以下。乙厂浮选精煤多，虽然跳汰的块、末精煤脱水效果很好，装仓时精煤水分为14%，比甲厂略低一些，但是精煤仓为圆筒高仓，水积存在仓口，故其煤仓起不到脱水作用，装车时的精煤水分仍为14%。

2. 做好脱水设备日常维护

通过日常观察可以判断各类脱水设备的工作状况，特别是应随时观察分离液的浓度和粗颗粒的状况，随时掌握筛板、筛篮、滤布等的磨损、损坏情况，发现分离液中浓度偏大或明显“跑粗”，要及时进行检查和维修，严防因分离液中固体物含量过大造成煤泥恶性循环和因筛板、筛篮损坏造成“跑粗”引起的管道堵塞或系统停产等事故。

3. 精煤二次脱水同时具有降灰脱硫的效果

重选精煤脱水的同时也有明显的脱泥、降灰、降硫的效果，虽然较细的煤泥对精煤的污染不能完全避免，但经过脱水(必要时可以加清水喷淋)可以使较细煤泥的污染降到最低程度。某厂煤泥离心机出料与离心液的检测结果见表4-18，这一结果很好地说明了这个问题。

表 4-18　某厂煤泥离心机出料与离心液的检测结果

孔径/网目	煤泥离心机出料			煤泥离心机离心液		
	产率(占本级)/%	灰分/%	硫分/%	产率(占本级)/%	灰分/%	硫分/%
＞40	22.80	10.25	1.45	1.16	12.16	1.51
40～＜60	13.20	10.00	1.51	4.08	11.45	1.58
60～＜80	18.80	10.51	1.50	10.92	11.37	1.62
80～＜120	21.20	10.84	1.51	25.76	13.02	1.55
120～＜200	13.20	11.63	1.54	21.11	15.27	1.56
200～＜320	6.40	16.61	1.87	13.68	20.93	2.05
≤320	4.40	20.69	2.24	23.29	26.11	2.07
合计	100.00	11.44	1.55	100.00	17.37	1.75

4. 机械脱水与火力干燥

国内部分选煤厂曾经广泛采用滚筒干燥机、管式干燥机等火力干燥设备单独干燥浮选精煤或将重选末精煤和浮选精煤混合进行干燥。由于火力干燥的热烟气会对精煤造成一定的不利影响，并且生产过程中存在安全隐患，火力干燥工艺逐渐被更先进的机械脱水设备取代。如淮南某选煤厂采用 6 台 GPJ-120 型加压过滤机处理浮选精煤，脱水率达到93.86%，浮选精煤产品水分低于 20%。

机械脱水在投资、成本方面比火力干燥低得多，华北地区的选煤厂精煤流向如果不是去东北、西北等高寒地区时，原则上尽可能不使用火力干燥。如辽宁某选煤厂没有火力干燥，将原先使用的筛孔为 3 mm 的脱水筛(脱水后水分为 11.29%)改为 6 mm 筛孔的脱水筛，并加强对离心脱水机管理。脱水工艺改进以后，60～6 mm 粒级的精煤脱水后水分为 6.31%，6～0.5 mm粒级的精煤水分从 8.02%降为 7.33%，总精煤的水分由 12.65%降为 11.00%。如果进一步改善脱水工艺并提高管理水平，精煤水分有望降至 10%以下。

4.7　分级和浓缩设备工艺效果的检查与评定

煤泥水处理在选煤厂生产技术管理中占有极其重要的位置，不仅对全厂正常生产有重要影响，而且也影响全厂的技术经济效果。例如，煤泥水处理不好时循环水浓度高，精煤灰分高而产率低，数量效率也因此降低；向厂外排放的水中煤泥含量高，不仅会造成环境污染，还会增加选煤厂煤的损失。所以，国内外都关心煤泥水处理问题。

对分级浓缩设备工艺效果的检查评定，主要考查其分级粒度和分级浓缩效率，对入料和产物进行量的测定、浓度测定和筛分分析。

4.7.1　水力分级设备的工艺效果评定

选煤厂中水力分级设备(设施)主要有斗子捞坑、角锥沉淀池、倾斜板沉淀槽、分级漏斗、水力旋流器等。

水力分级设备(设施)工艺效果评定时，用分级效率指标。新研制设备的技术鉴定、新投产设备的验收或重要的技术检查时，同时使用分级效率和平均分配误差指标，通过粒度为辅助评定指标。

(1) 分级效率计算公式为：

$$\eta = E_c + E_f - 100 = \frac{100\gamma_u u_c}{F_{c,r}} + \frac{100F_{f,r} - \gamma_u u_f}{F_{f,r}} - 100 \tag{4-17}$$

式中 η ——分级效率，%；

E_c，E_f ——粗粒物、细粒物的正配效率，%；

γ_u ——底流产物产率，%；

u_c，u_f ——底流产物中粗粒物、细粒物的含量（占本级），%；

$F_{c,r}$，$F_{f,r}$ ——计算入料中粗粒物、细粒物的含量，%。

注：u_c 和 u_f 可由底流产物粒度特性曲线查得；$F_{c,r}$ 和 $F_{c,r}$ 则由计算入料粒度特性曲线查得。

计算分级效率时，用规定粒度 d_0 划分粗粒物和细粒物。

计算斗子捞坑的入料和底流物的数量百分数时，应扣除其中大于 3 mm 的部分。

(2) 平均分配误差按式(4-18)计算：

$$PE_m = \frac{PE_u + PE_l}{2} = \frac{d_{75}}{d_p} + \frac{d_p}{d_{25}} \tag{4-18}$$

式中 PE_m——平均分配误差；

PE_u，PE_l——上、下分配误差；

d_{75}，d_p，d_{25} ——分配曲线上对应分配率为 75%、50%、25%的粒度，其中 d_p 为分配粒度。

(3) 通过粒度 d_{95} 以溢流物中 95%的量通过标准筛孔的大小来表示，单位为 mm。

采样应在正常的生产或试验条件下进行。采样和试验工作除下列规定外，一律按国标和行业有关规程执行。① 测定入料、溢流及底流物料粒度组成的小筛分试验应采用湿法进行，且各粒级以 mm 表示或用 mm 和网目同时表示；② 在计算斗子捞坑的入料和底流物的数量百分数时应扣除其中大于 3 mm 的部分。

在测定入料、溢流及底流物料粒度组成的同时，必须记录设备型号、规格、用途、处理能力及规定粒度等。另外，根据需要尚须测定和记录如下项目：浓度、灰分、设备的技术特征、入料状况、排放制度等。

将记录及计算的主要数据填入表 4-19，其余资料附记于表之后。

表 4-19 水力分级设备工艺效果试验报告表

水力分级设备技术特征		入料特性指标		指标与参数	
设备名称		入料浓度	g/L	分级效率	%
型号规格		入料量 Q	m^3/t	平均分配误差 PE_m	
处理能力	$m^3/(h \cdot m^2)$	入料灰分 A_d	%	通过粒度 d_{95}	mm
	$t/(h \cdot m^2)$	溢流产率 γ_u	%	分配粒度 d_p	mm
有效面积	m^2	底流产率 γ_c	%	规定粒度 d_0	mm

分级数量效率是进入溢流中规定粒度的细粒含量与入料中规定粒度细粒含量的百分比。其计算公式为：

$$\eta_s = \frac{\gamma\beta}{100\alpha} \times 100\% = \frac{\gamma\beta}{\alpha}\% \tag{4-19}$$

式中 η_s—— 分级数量效率，%；

γ—— 溢流中固体物的产率（占入料），%；

α, β—— 入料和溢流中小于规定粒度的细粒含量，%。

二产品分级作业，基于其粒度、浓度等，可以利用二产品作业的数量、质量平衡来计算各产物的产率。如果有入料、溢流、底流的筛分试验资料，可以计算分配率，绘出分配曲线，在分配率为 50%处查得分配粒度 d_p，也可以计算出水力分级的可能偏差 E_d。

$$E_d = \frac{1}{2}(d_{75} - d_{25}) \tag{4-20}$$

如果不是十分必要，一般不绘制粒度级的分配曲线。生产中更要引以注意的是，分级设备不要“跑粗”，即在溢流中不应该出现>0.5 mm 的颗粒，才有利于浮选。另外，分级作业的底流要有足够的浓度，为粗煤泥回收筛、弧形筛、旋流筛等设备创造有利的工作条件。

4.7.2 浓缩设备的工艺效果评定

选煤厂中的浓缩设备是指耙式浓缩机、沉淀塔、浓缩漏斗、深锥浓缩机、水力旋流器等浓缩（澄清）设备。浓缩设备工艺效果的评定采用浓缩效率 η_t 作为主要指标，澄清系数 Δ 和底流浓度作为辅助指标。

浓缩效率 η_n 和澄清系数 Δ 分别按式(4-21)和式(4-22)计算：

$$\eta_n = \frac{100(a-b)(c-a)}{a(c-b)(100-a)} \times 100\% \tag{4-21}$$

$$\Delta = \frac{a-b}{a} \tag{4-22}$$

式中 a, b, c ——入料、溢流和底流的质量分数，%。

在进行浓缩设备工艺效果评定时需要测定入料、溢流、底流质量浓度和粒度组成（湿法全级小筛分），并记录设备型号、规格、用途、浓缩面积及处理能力。另外，根据需要尚须测定或记录如下项目：入料和产品粒度组成、灰分、煤种，设备的技术特征，入料状况、入料压力、排料制度以及所加絮凝剂品种、用量和加药方式等。

某选煤厂测定的尾煤浓缩机数据为：入料固体含量 $q_{入}=39.6$ g/L，溢流固体含量 $q_{溢}=10$ g/L，底流固体含量 $q_{底}=538$ g/L，煤泥真密度 $\delta=1.7$ g/cm^3。计算该尾煤浓缩机的浓缩效率。

根据质量分数与固体含量之间的换算公式，分别求出入料、溢流、底流的质量分数。

入料质量分数：$a = \dfrac{100q_{入}}{1\,000 - \dfrac{q_{入}}{\delta} + q_{入}} = \dfrac{39.6\times 100}{1\,000 - \dfrac{39.6}{1.7} + 39.6} = 3.9\%$

溢流质量分数：$b = \dfrac{100q_{溢}}{1\,000 - \dfrac{q_{溢}}{\delta} + q_{溢}} = \dfrac{10\times 100}{1\,000 - \dfrac{10}{1.7} + 10} = 1.0\%$

底流质量分数：$c=\dfrac{100q_{底}}{1\ 000-\dfrac{q_{底}}{\delta}+q_{底}}=\dfrac{538\times100}{1\ 000-\dfrac{538}{1.7}+538}=44.0\%$

浓缩效率：$\eta_n=\dfrac{100(a-b)(c-a)}{a(c-b)(100-a)}\times100\%=\dfrac{100\times(3.9-1.0)\times(44.0-3.9)}{3.9\times(44.0-1.0)\times(100-3.9)}\times100\%$
$=72.16\%$

澄清系数：$\Delta=\dfrac{a-b}{a}=\dfrac{3.9-1.0}{3.9}=0.74$

将试验、计算及记录的主要数据按表 4-20 格式填写，其余资料作为附记。

表 4-20　浓缩设备工艺效果试验报告表

型号规格	用途	浓缩面积/m²	处理能力		浓度/%			浓缩效率 η_n/%	澄清系数 Δ
			m³/(h·m²)	t/(h·m²)	入料 a	溢流 b	底流 c		
ϕ24	尾煤浓缩	445			3.3	1.0	44.0	72.16	0.74

4.7.3 分级设备和浓缩设备工作效果改善

1. 分级设备和浓缩设备的工作特点

分级设备以斗子捞坑和角锥沉淀池等设备为代表。对分级设备的主要要求是＞0.3～0.5 mm 的粗颗粒煤沉淀在分级设备中，对分级设备的底流要求能使粗煤泥回收筛正常工作即可。当底流浓度偏低时，可以采取间断工作的方式提高底流浓度。在计算分级设备所需的面积时，应考虑使分级面积留有一定的余量。

在已经正常生产的选煤厂，要核实分级设备的单位面积处理能力，并实测分级粒度。实践表明，如果分级粒度从 0.3 mm 放宽到 0.5 mm，分级设备的处理能力可以提高 2～3 倍。如果实测分级粒度为 0.5 mm 左右，那么可能是由于分级设备入料量过大或者分级能力不足。

以浓缩机、沉淀塔为代表的浓缩设备，主要作用是澄清出质量合格的溢流水作为循环水使用，同时抽出浓度合适的底流作为浮选的入料。沿用的设计方法是将浓缩设备溢流水浓度假定为零，选择 0.05～0.1 mm 的截留粒度，假定煤泥水处于悬浮状态，并且受重力的影响自然沉降。然而在这种假定前提下计算出的浓缩面积不准确，往往不能满足洗水闭路循环的需要。

浓缩是煤泥水中固液分离的过程，应该以溢流和底流的浓度来判断浓缩效果，而截留粒度不能直接作为评定浓缩机固液分离效果的依据。但是，当浓缩机溢流、底流浓度都适宜以后，可以测定或推算截留粒度作为参考指标。

煤泥水，尤其是灰分高的尾煤煤泥水的特点是又细又黏。经过分级设备处理后，或者是经过浮选处理后，煤泥水中微细泥质颗粒占较大的比例，颗粒微细到一定程度就不表现出沉降趋势，而是以布朗运动、对流、涡流等扰动占优势，所以对浓缩设备不能简单地采用斯托克斯公式或干扰沉降公式进行计算。

浓缩设备的工作效果考核有两点必须考虑：一是煤泥水中存在自凝现象，特别是表面作用力占主导地位的细粒，煤泥的粒度分布和自凝程度决定煤泥水沉降特性；二是很多选煤厂在浓缩设备中加入了絮凝剂，不论是无浮选工艺的原煤泥浓缩，还是浮选尾煤浓缩，在加入絮凝剂以后都能得到澄清比较好的溢流水。

加了絮凝剂以后，浓缩机的浓缩效果除了受煤泥粒度组成和密度的影响外，还受到絮凝剂本身的性质、水的化学性质、浓缩机内流动状态等的影响。由于煤泥形成絮团，沉降速度显著加快。而絮团大小接近，在强表面作用力的影响下，相同浓度的絮团层以匀速沉降，这种现象称为线性沉降。所以在加入絮凝剂后，煤泥水的表层很快出现清水层，称为澄清区，下面依次为悬浮沉降区、过渡区和最底层的压缩区。絮凝煤泥沉降曲线（见图 4-6）可以描述絮凝煤泥水的这种沉降现象。

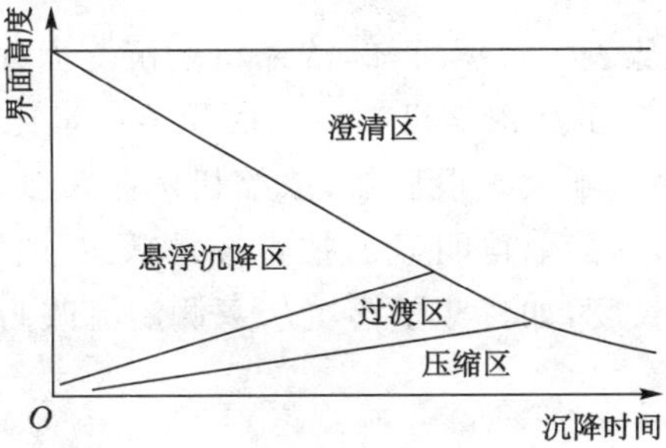

图 4-6　絮凝煤泥沉降曲线

2. 改善自然沉淀设备工作效果的措施

无论是分级设备还是浓缩设备，在重力场自然沉淀状态下，控制合适的入料量，避免过负荷，保持较薄的流动水层，使液面平稳，在设备内部消除不利沉淀的涡流和水流，都可以提升沉淀效果。另外，还可采取下面的措施：

① 增加溢流边长，减少流动层的厚度。

② 缩短沉降距离。

③ 改变水流的方向，延长沉淀路程。

4.7.4　分级设备和浓缩设备工作情况分析实例

① 倾斜板是一种高效处理粗煤泥的分级设备，具有占地面积小、处理能力大[达到 50～70 $m^3/(h \cdot m^2)$]和投资小等优点。其原理是利用倾斜板缩短沉降距离，如图 4-7 所示。将图 4-7(a)分成 4 个部分后各部分的沉降距离缩短为原来的 1/4[见图 4-7(b)]，同时各部分的沉淀时间也为图 4-7(a)的 1/4。为了使沉淀的煤泥能顺利排出，沉淀池内装上 $\alpha=50^\circ\sim60^\circ$ 的倾斜板（见图 4-8）。α 越小，水平投影面积越大，越有利于增大沉淀面积。α 越大，越有利于沉淀后的煤泥自流排出。沉淀池内安装倾斜板的层数越多，则倾斜板水平投影面积之和即总沉淀面积就越大。两个平行的倾斜板间距一般取 60～80 mm，间距太小，沉淀的边壁作用与摩擦作用易受水流流动的干扰，效果不理想，并且在使用和维修方面也不方便。

② 增加溢流边长改善工作效果。沉淀塔和浓缩机是重力场中常用的浓缩设备，两者工

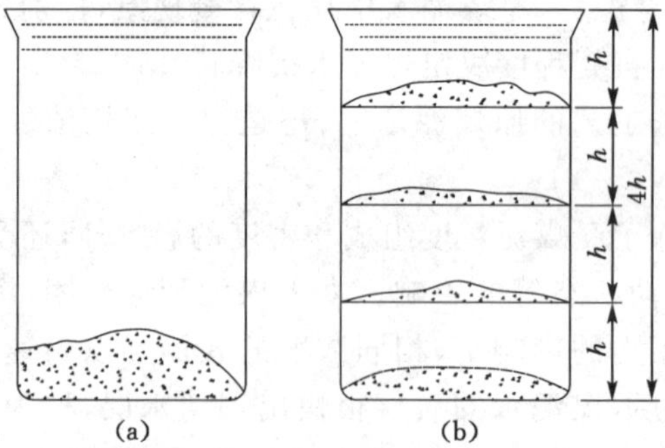

图 4-7　倾斜板沉淀池工作原理图

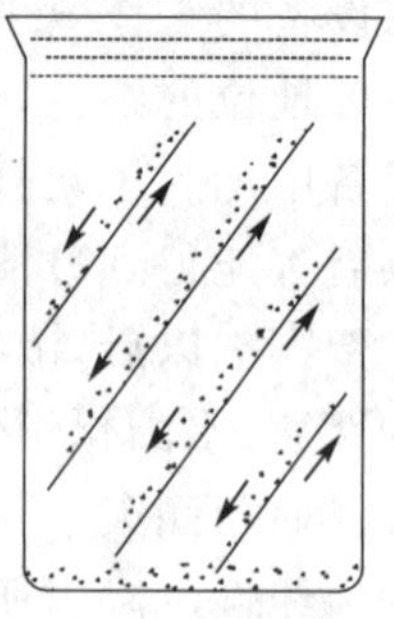

图 4-8　缩短沉降距离试验示意图

作情况对比资料见表 4-21。从表中数据可知，浓缩机的沉淀面积为沉淀塔的 5.3 倍，而溢流周边长度仅为沉淀塔的 2.3 倍；虽然浓缩机的单位面积给料量比沉淀塔的小，但两种设备的单位周边溢流量、浓缩效率相差不大。很显然，浓缩机的投资比沉淀塔高，所以必须设法延长浓缩设备的溢流周边长度，才能取得明显的技术经济效果。同样地，为提高分级效率，可以增加分级设备的溢流周边长度，如将斗子捞坑从双侧溢流改为三边或四边溢流，在角锥沉淀池设置溢流槽（见图 4-9）等。

表 4-21　沉淀塔和浓缩机工作情况对比资料

名称	直径 /m	沉淀面积 /m^2	溢流周边长度 /m	单位面积给料量 /[$m^3/(h \cdot m^2)$]	单位周边溢流量 /[$m^3/(h \cdot m)$]	浓缩效率 η_n /%
沉淀塔	13	132.67	40.8	5.11	16.7	70.6
浓缩机	30	706.80	94.2	2.32	17.3	72.5

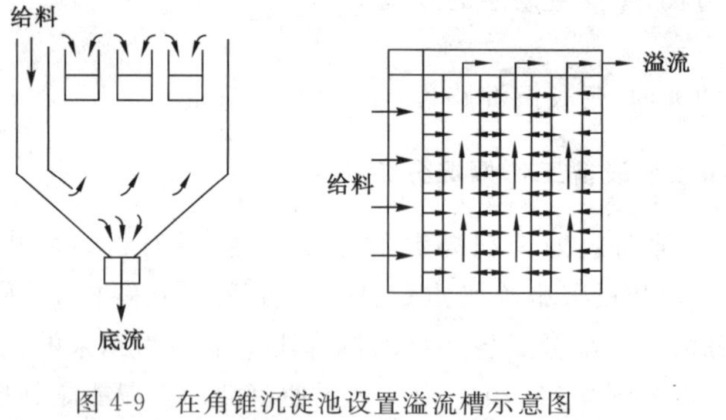

图 4-9　在角锥沉淀池设置溢流槽示意图

如图 4-9 所示，改装后的分级设备在单位负荷为 50 $m^3/(h \cdot m^2)$的条件下，溢流分级粒度仍保持在 60 网目，增加溢流周边长度后分级效果得到显著改善。

③ 改变水流方向，延长沉淀路程改善分级或浓缩的效果。图 4-10 为角锥沉淀池串联的流程图。如将图 4-10(a)所示的一端给料一端溢流的串联方式改为图 4-10(b)所示的延长沉淀路程的方式，在负荷允许的条件下，可获得更好的分级或浓缩效果。

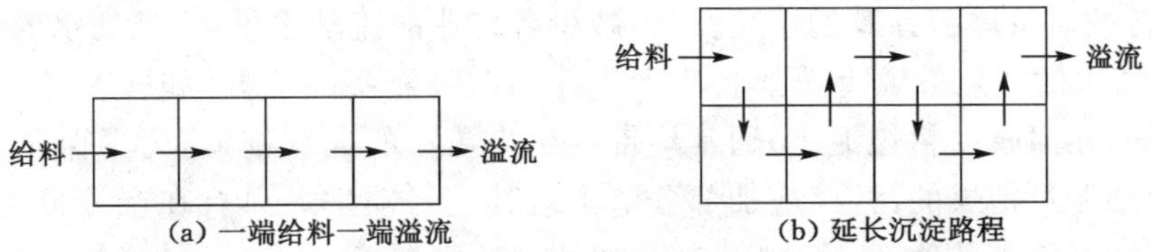

图 4-10　角锥沉淀池串联流程图

图 4-11 为煤泥沉淀池局部给料局部溢流示意图，图示的方式沉淀池没有得到充分利用。应该适当地减小煤泥沉淀池宽度、多处给料且给料量适当，以提高煤泥沉淀池的利用率。

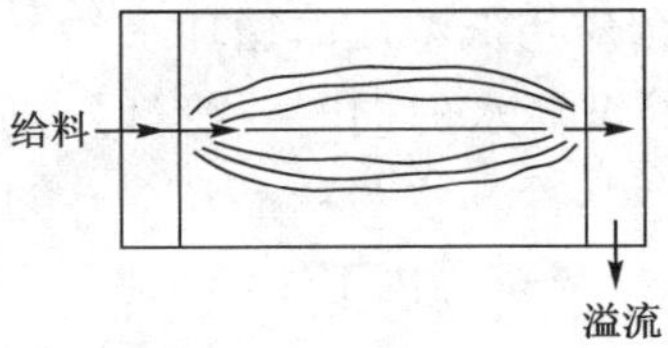

图 4-11　煤泥沉淀池局部给料局部溢流示意图

在应用分级设备或浓缩设备时，应避免性质相同的一类设备串联使用。例如，跳汰机溢流进入斗子捞坑，斗子捞坑溢流又进入角锥沉淀池。这种串联重复占用沉淀面积，不能发挥出设备的作用。如果将斗子捞坑与角锥沉淀池并联使用，则能明显提升效果。

4.7.5　煤泥水处理管理和洗水闭路循环

目前选煤厂多采用湿法选煤，而湿法选煤需要使用大量的水。虽然大部分水都可以循环再利用，但每年仍需要使用大量清水。煤泥水处理实质是回收、处理煤泥，同时得到可以复用的水，在煤泥水系统中达到数量、质量平衡。进厂原煤水分低，而出厂产品水分高，所以选煤生产过程是不断加水的过程，这也是实现选煤厂洗水闭路循环的前提。跳汰工艺的实践经验表明，每入选 1 t 原煤需要 2～3 t 循环水，由产品带走的水和其他水的损失约为 0.1 t，洗水控制得好，可以降到 0.05 t 左右。在实际生产中将煤泥完全回收，完全实现洗水闭路循环是需要具备一定条件的。选煤厂的煤泥水系统是问题最多、最难解决的环节。不少选煤厂生产不正常，其问题都发生在煤泥水处理环节上。其原因有两点：一是管理不善；二是设备不配套。

1. 提高管理水平

① 专人管理，清水计量。为了加强洗水管理，选煤厂应派专人管理洗水，并对清水进行计量，做到用水心中有数。及时掌握洗水变化规律，及时调整以适应原煤可选性、原煤含泥量等变化的要求。

② 针对工艺流程的特点加强水的管理。对于直接浮选的工艺流程要控制洗选工艺用水，以保证入浮浓度，即为浮选正常工作创造条件。只有浮选机正常工作之后，洗选工艺所需的循环水才有可靠的来源。对于浓缩浮选则应该坚持原煤浓缩机底流大排放的操作。只有这样才能使溢流浓度较低，此时加絮凝剂才能获得满意的结果。

③ 减少各作业用水量。尽量减少各作业用水量，包括循环水和清水的用量，以便降低

系统中各设备按矿浆体积计算的单位负荷，减少各作业的流动水量，方便洗水的管理。

④ 补充清水的地点应慎重选择。清水应补加在最需要的地方，如脱泥筛和脱水筛上。尤其是脱泥筛，在回收的粗煤泥中，通常均带有相当数量的高灰细泥，为了保证精煤灰分达标，降低高灰细泥对精煤的污染，应加部分清水对其进行喷洗。只有在产品带走水量多、清水有余量时，才可用于其他作业。严格禁止用清水冲刷地板。

⑤ 加强跑冒滴漏水管理。各处滴水、冲刷地板的废水，或检修、事故放水均应管理好，集中设立水池作缓冲。经充分澄清处理后，其底流和溢流分别送到有关作业处进行处理。

⑥ 根据循环水的水质决定用途。通常，再选物料中含泥量较少，因此可以使用浓度较高的循环水，而将浓度低的循环水留给主选，这样可提高主选的分选效果。分级入选时，块煤可应用高浓度的循环水，末煤则应用低浓度的循环水。

⑦ 管理好冷却水。在管理好循环水的同时要管理好真空泵、压风机、鼓风机等设备所用的冷却水。根据一些现场的资料，冷却水与产品从生产过程中带走的水量相当。而且这部分水要求软化，以防止真空泵、压风机等内部积结水垢，所以，经软化后的水应该设置独立的循环系统。

⑧ 各作业之间的配合。各作业之间应互相衔接配合，要从全局角度进行管理。

2. 完善煤泥水处理工艺

选煤厂的浓缩、澄清和煤泥回收设备，包括脱泥筛、过滤设备、压滤设备等的处理能力，应满足现有生产的需要。《选煤厂洗水闭路循环等级》(GB/T 35051—2018)规定选煤厂洗水闭路循环不能向厂区外排放水。有些选煤厂洗水不能闭路，煤泥未能实现厂内回收，其原因在于某些设备处理能力不足。例如，如果过滤设备处理能力不足，大量煤泥在浮选、过滤作业中进行循环，会使浮选机的实际处理能力降低；对于使用浓缩浮选的选煤厂，其结果则会导致浓缩机溢流水浓度急剧增高。浓缩机的溢流水是水洗作业最主要的水源，如果浓度过高，则会严重恶化分选效果。为了保证生产过程正常进行，补救的办法是大量补加清水，但这会造成向厂外排放煤泥而污染环境的后果，并使洗水不能达到平衡。因此，首先在设计上对这些环节应予以高度重视，充分考虑原煤性质，如原生煤泥量、次生煤泥量和煤泥粒度分布等，保证这些环节有足够的处理能力，又不造成浪费，使各个环节能够正常工作，为后续作业提供有利的生产条件。其次，在上述设备能力不足的情况下，应努力提高操作管理水平，并在条件允许的情况下对设备能力进行配套。

思 考 题

1. 选煤生产情况分析的基础资料和主要依据有哪些？
2. 入选原煤管理包括哪些内容？
3. 简述筛分作业和破碎作业的分析方法。
4. 评定重力选煤作业的指标有哪些？如何进行评定？
5. 浮选作业工艺效果评定指标有哪些？浮选作业生产情况分析的主要内容有哪些？
6. 简述脱水作业的评定指标及评定方法。
7. 水力分级设备工艺效果评定指标有哪些？
8. 浓缩生产作业中，如何使浓缩效率达到最大？

第 5 章　生产计划与成本管理

选煤厂是由多种工序、多种工种组成的对煤炭进行机械加工的企业，生产工艺复杂，如果没有原煤的供应、正常生产、产品销售、机电设备维护和检修、电力供应、生产技术检查、器材零配件的供应、人员配备、资金管理等多方面有机的配合，没有事先的计划和准备，是完不成分选精煤和销售任务的。为了有效地、全面地指导选煤厂的生产经营活动，各线工作都必须制订相应计划，使生产和经营过程相互配合，从而以最少的资源消耗、最小的人力物力材料耗费和最短的时间实现最大的经济效益、社会效益和环境效益。

5.1　选煤厂的计划

5.1.1　选煤厂计划工作的任务

选煤厂计划是指根据长远规划的要求，结合市场需求变动的实际情况，选煤厂管理人员通过滚动计划的办法对年度、季度或月度在经营、生产、技术和经济等方面做的统筹安排。选煤厂的计划一般包括选煤生产、产品销售、物资供应、科研、技术改造、设备维修、职工培训、劳动组织、成本、财务、利润计划等内容。

① 选煤生产计划。选煤生产计划包括产品产量、质量及品种计划，根据每月提供的原煤数量、质量情况，用预测方法来确定。同时，要考虑当年采用的新工艺、新设备的影响。

② 产品销售计划。产品销售计划是按年生产计划制订的需要销售的品种、数量、质量、销售收入以及对不同用户的销售计划。它随生产计划变动而变动。

③ 物资供应计划。物资供应计划是完成生产计划的基本保证。它规定选煤生产、维修、新产品试制等所需要的各种原料、材料、燃料以及设备、工具等的需要量和各种物资的来源。

④ 科研计划。科研计划包括项目名称、任务来源、主要指标、技术经济效果、研制与开发的起止时间、经费预算、负责单位及协作单位等。这是根据长期经营规划的任务而安排的某一年的具体计划。

⑤ 技术改造计划。根据长期经营规划的要求安排在某一年内具体的技术改造计划。

⑥ 设备维修计划。设备维修计划包括设备拥有量，上一年分季需修理设备数量，小修、中修和大修时间进度表。

⑦ 职工培训计划。职工培训计划包括本年度内的培养对象、人数、内容和进度。

⑧ 劳动组织计划。劳动组织计划确定本年度的职工总数（如车间、科室）、劳动生产率、招工、退休等有关劳动组织情况。

⑨ 成本计划。成本计划包括生产费用预算、单位产品成本组成、全部产品总成本、产品

成本降低率等。

⑩ 财务计划。财务计划包括固定资产折旧、流动资金、财务收支总额等项。其主要指标有流动资金总额、流动资金周转天数、财务收支总额等。

⑪ 利润计划。利润计划包括利润总额和利润分配两部分。其主要指标有利润总额、上缴利润、产品销售利润等。

还有其他一些计划,此处不一一列举。在各种年度计划中,最关键的是选煤厂生产计划,因为它决定产品销售计划、利润计划等的编制。其次如技术改造计划、设备维修计划、科研计划等都是为进一步提高选煤生产效率服务的。

5.1.2 选煤生产计划的编制过程

生产计划是企业对生产任务作出统筹安排,具体拟定生产产品的品种、数量、质量和进度的计划,是企业经营计划的重要组成部分,是企业进行生产管理的重要依据,既是实现企业经营目标的重要手段,也是组织和指导企业生产活动有计划进行的依据。企业在编制生产计划时,还要考虑生产组织及其形式。但同时,生产计划的合理安排,也有利于改进生产组织。

生产计划是指一方面为满足客户要求的三要素(交期、品质、成本)而计划;另一方面又使企业获得适当利益,而对生产的三要素(人员、材料、机器设备)的确切准备、分配及使用的计划。

1. 选煤生产计划的任务

① 生产计划是关于生产系统总体方面的计划。生产计划需要确定在计划期内应达到的生产产品品种、质量、产量和产值等生产方面的指标,并且在时间上对生产进度作出安排,是计划期内生产活动的纲领性方案。

② 生产计划要对生产任务作出统筹安排。选煤生产计划是选煤厂整体计划的重要组成部分,是选煤厂组织生产活动的基础。生产计划要根据国家和市场的需求以及企业的技术、设备、人力、物资等资源能力条件合理地安排计划期内应当生产的产品品种、产量和质量指标,充分满足社会和用户需求。

③ 生产计划要对生产要素进行有效配置。选煤生产计划是选煤厂生产管理工作的重要内容,是实现有效控制的前提。选煤厂要通过生产计划对各生产要素的合理配置,以及生产部门的有效执行,提升工作效果。

2. 选煤生产计划的主要内容

选煤生产计划主要包括以下 4 个方面内容:

① 全年和各月的主要生产指标,分为数量指标和质量指标两类。主要数量指标包括原煤处理量、主要类型产品产率、煤泥的数量、精煤的产量等;主要质量指标包括原煤、精煤、煤泥的产率和灰分,精煤的污染指标,设备完好率,精煤损失率等。

② 选煤厂全年和各月的工作日。

③ 生产成本及除原煤外的原材料消耗指标,如介耗、药耗、能耗、水耗及其他材料消耗。分别列出上级下达的控制指标及选煤厂经过努力可以达到的指标。

④ 理论产值和商品(实际)产值计划。

选煤厂除了具备完整详细的生产计划外,还应制订相应的设备维修计划、技术改造计划、基本建设计划、辅助生产计划、产品销售计划、劳工工资计划、物资供应计划、成本计划、财务计划，这些计划都围绕生产计划相互配合，从而形成选煤厂成套的整体计划。

3. 选煤生产计划的编制依据

编制选煤生产计划的主要依据可概括为以下六点：

① 上级下达的生产任务和订货合同。它是编制生产计划的出发点。在编制选煤生产计划时，必须把选煤产品的品种、质量、数量、生产期限以及满足用户的需要放在第一位。

② 供煤计划。供煤计划是编制生产计划的基本依据。只有充分了解入选原煤的具体情况，才能合理地制订选煤厂生产计划。此外，还要考虑工艺流程的改进、重大技术项目的攻关、新设备的研制及有关部门的紧急需要等。

③ 机电设备维修计划。机电设备维修计划包括设备检修次数、检修规模、检修起止时间及检修进度表等，是编制生产车间（如准备、选煤、煤泥水等车间）作业计划的依据。因此，不仅生产车间的生产计划要衔接配合，生产车间与机电维修车间的生产计划也要紧密配合。

④ 物资供应计划及厂内外的运输计划。供应、运输计划都必须围绕生产计划这个核心去搞好平衡。如果客观条件不具备（如限电或原煤供应不足等），就要根据实际情况调整生产计划。

⑤ 前期生产计划的完成情况及有关的先进技术经济数据资料。通过对前期完成的技术经济指标进行分析研究以及与国内外同类选煤技术经济指标对比，从中找出不足和努力的方向，做到心中有数，及时总结经验教训，明确薄弱环节所在，拟订出本期要采取的措施。

⑥ 技术组织措施计划。技术组织措施计划是选煤厂进行挖潜、革新、改造的实施计划，是完成和超额完成各项技术经济指标的保证。

此外，还要经常收集、掌握下述资料：设备的开动和检修情况；生产计划方面、设计和工艺方面的资料，矿井、原煤煤质和可选性试验方面的资料；前期计划完成情况的资料；合理化建议和技术革新资料；国内外有关的选煤技术资料等。因此，生产计划编制得是否合理，也取决于掌握的多种资料的可靠程度。

4. 选煤生产计划编制的一般过程

选煤生产计划将选煤厂在一定时期的目标，转化为具体、可循的计划指标和生产方案。编制计划是计划工作的开始，选煤厂生产计划中所要完成的精煤产量、精煤灰分等控制参数或指令性指标是由上级主管部门根据国家计划下达给选煤厂的。选煤厂可以根据自己的工艺、设备等具体情况，在数量、质量指标方面提出意见，上级主管部门参考选煤厂的意见研究审批后再给选煤厂下达正式的产量、质量任务，接到任务后，选煤厂着手编制计划。生产计划按计划期的长短分为年度生产计划、季度生产计划和月度生产计划，以年度生产计划为例，其编制大体分为准备阶段、编制计划草案阶段和计划确定阶段。

（1）准备阶段

为了编制好年度生产计划，在上级主管部门下达控制指标之前，选煤厂就应着手进行编制计划的准备工作，了解和掌握必要的信息和资料。一般在每年的第三季度开始准备下一年度的生产计划编制工作，准备工作的内容主要有以下几点：

① 成立编制计划的专业小组，小组成员应包括选煤、机械、动力、财务、劳资、供销等方面的专业人员。小组成员在生产负责人的直接领导下进行活动。

② 认真学习党和国家的方针政策，搜集和了解国内外同类型选煤厂的技术经济指标，

作为编制计划的参考。

③ 做好调查研究，摸清选煤厂的生产能力、技术条件、劳动力、机电设备状况、材料动力供应等方面的情况，找出薄弱环节，查明生产中的潜力。

④ 收集整理编制计划所需的各种基础资料。如原煤性质、各煤矿提供的原煤数量、配煤情况、各种材料价格、上年度各种统计资料、主要技术经济指标完成情况、为了维持简单再生产所需的技术措施项目、设备更新改造项目以及各煤矿的选煤试验报告等。

⑤ 分析上年度或半年计划执行情况，总结经验，吸取教训，找出存在的问题和薄弱环节，拟定相应的技术改革措施等。

(2) 编制计划草案阶段

编制计划专业小组应根据上级主管部门下达的主要指标，结合选煤厂具体情况，进行测算平衡，初拟生产计划指标。召开由各生产车间、工段、组室领导参加的计划平衡会，使指标逐一落实。各车间、工段、组室接到分配的控制指标后，要向全体职工交底，充分发挥群众的主体作用，提建议拟措施，对计划指标进行适当修改，编制成选煤厂年度生产计划草案，经厂长批准签字后，上报上级主管部门审批。

(3) 计划确定阶段

选煤厂上报的计划草案经上级主管部门批准下达后，即成为正式计划，一般不做改动。若下达的计划与选煤厂上报的计划草案不完全一致，选煤厂要对原计划进行必要的调整和修改，编制成符合要求的正式计划，随后再根据确定的生产计划编制其他相应的计划。

5.1.3 选煤生产计划编制的方法

选煤厂需要编制年度、季度、月度的生产计划。编制年度计划要求细致、可靠。新投产的选煤厂和生产多年的老厂在积累资料和经验方面有很多差别，因此选择编制计划的方法也不尽相同。

通常编制选煤生产计划可采用数量效率法、污染指标法、分配率指标法。由于编制方法的不同，所需要的原始资料也不相同，在假定精煤年产量与精煤灰分的生产任务已知的情况下，举例说明这三种编制方法。

1. 编制选煤生产计划的数量效率法

数量效率法所需要的原始资料有：入厂原煤浮沉试验资料、数量效率、重选精煤中所含煤泥百分数及灰分、原生煤泥和次生煤泥的百分数、浮选入料产率及灰分、浮选精煤灰分、浮选尾煤灰分、选矸产率及灰分、损失百分数等。

【例 5-1】 数量效率法编制生产计划示例

(1) 求重选精煤的产率与灰分

原煤浮沉试验资料见表 5-1。

已知数量效率 $\eta=88.40\%$ 和在分配曲线上查出的分选密度 $\delta_p = 1.57\ g/cm^3$。用拉格朗日三点插值公式求 $\delta_p=1.57\ g/cm^3$ 时的精煤理论产率和精煤灰分。

$$f(X)=\frac{(X-X_2)(X-X_3)}{(X_1-X_2)(X_1-X_3)}Y_1+\frac{(X-X_1)(X-X_3)}{(X_2-X_1)(X_2-X_3)}Y_2+\frac{(X-X_1)(X-X_2)}{(X_3-X_1)(X_3-X_2)}Y_3 \tag{5-1}$$

表 5-1　原煤浮沉试验资料

密度级 $\delta/(g/cm^3)$	产率 $\gamma/\%$	灰分 $A_d/\%$	浮物累计	
			产率 $\gamma/\%$	灰分 $A_d/\%$
<1.30	2.70	2.46	2.70	2.46
1.30～<1.40	43.07	6.21	45.77	5.99
1.40～<1.50	10.69	12.89	56.46	7.30
1.50～<1.60	12.79	22.56	69.25	10.11
1.60～<1.80	10.73	37.71	79.98	13.82
≥1.80	20.02	70.91	100.00	25.25
合　计	100.00	25.25		

按照式(5-1)拉格朗日插值公式，取 $X_1=1.45$、$X_2=1.55$、$X_3=1.7$、$Y_1=56.46$、$Y_2=69.25$、$Y_3=79.98$，当 $X=1.57$ 时，得 $f(X)=71.27$，即得理论产率 $\gamma_{j0}=71.27\%$；同理也可得出 $A_{dj}=10.64\%$。

用已知的数量效率求出 50～0.5 mm 级精煤实际产率 γ'_j，则：

$$\gamma'_j=\gamma_{j0}\times\eta=71.27\%\times0.884=63.00\%$$

已知原生、次生煤泥量为 25%，所以 50～0.5 mm 级重选精煤产率(占原煤)为：

$$\gamma'_{xj}=63.00\%\times0.75=47.25\%$$

根据月综合资料可推算出重选精煤包括精煤泥，其产率 $\gamma''_{xj}=6.19\%$，灰分 $A''_{xj}=11.00\%$。求出重选精煤总产率 γ_{xj}：

$$\gamma_{xj}=\gamma'_{xj}+\gamma''_{xj}=47.25\%+6.19\%=53.44\%$$

重选精煤灰分 A_{xj}：

$$A_{xj}=\frac{47.25\%\times10.64\%+6.19\%\times11.00\%}{53.44\%}=10.68\%$$

(2) 求浮选精煤和尾煤的产率

已知浮选入料产率 $\gamma_{fy}=18\%$，入料灰分 $A_{fy}=23.73\%$，浮选精煤灰分 $A_{fj}=9.50\%$，浮选尾煤灰分 $A_w=40.00\%$，用二产品数量、质量平衡式解出浮选精煤和尾煤的产率。

$$\begin{cases}A_{fj}\gamma_{fj}+A_w\gamma_w=A_{fy}\gamma_{fy}\\ \gamma_{fj}+\gamma_w=\gamma_{fy}\end{cases}$$

解之得 $\gamma_{fj}=9.60\%$，$\gamma_w=8.40\%$。

(3) 计算综合精煤的产率与灰分

$$\gamma_j=\gamma_{xj}+\gamma_{fj}=53.44\%+9.60\%=63.04\%$$

$$A_j=\frac{53.44\%\times10.68\%+9.60\%\times9.50\%}{63.04\%}=10.50\%$$

精煤灰分符合计划任务书要求。

(4) 计算矸石的产率和灰分

已知选矸产率 $\gamma_{sg}=0.60\%$，灰分 $A_{sg}=75.00\%$，洗矸产率 $\gamma_{xg}=11.78\%$，灰分 $A_{xg}=64.65\%$，计算矸石的产率和灰分：

$$\gamma_g=\gamma_{sg}+\gamma_{xg}=0.60\%+11.78\%=12.38\%$$

$$A_g=\frac{0.60\%\times75.00\%+11.78\%\times64.65\%}{12.38\%}=65.15\%$$

（5）计算中煤的产率与灰分

已知计划损失为0.30%，则：

$$\gamma_z=100\%-63.04\%-12.38\%-8.40\%-0.30\%=15.88\%$$

$$A_z=\frac{100.00\%\times25.25\%-63.04\%\times10.50\%-12.38\%\times65.15\%-8.40\%\times40.00\%-0.30\%\times25.25\%}{15.88\%}$$

$$=44.90\%$$

（6）确定全年计划工作日数

选煤厂一般利用节假日或利用停电限电、没有原煤、没有车皮等可以预见的停产时间安排检修。确定计划工作日数，还应该适当减少雨季和冬季不利于生产的工作日数，全年计划工作日数安排示例如表5-2所示。各季度的生产任务是按生产天数分配的。

表5-2　全年计划工作日数安排示例

项目	全年	各　季　度			
		一季度	二季度	三季度	四季度
日历天数/天	365	90	91	92	92
利用节假日检修天数/天	7	4	1	0	2
全日停产检修天数/天	8	1	2	3	2
生产天数/天	350	85	88	89	88

（7）编制年度选煤生产计划

将以上计算的数据汇总至表5-3，该表称为年度选煤生产计划表。假设年度精煤产量任务为114万t，用精煤吨数推算需要的原煤吨数。

表5-3　年度选煤生产计划表

项目		全年计划			各季度产量/t			
		产量/t	产率/%	灰分/%	一季度	二季度	三季度	四季度
原煤		1 808 376	100.00	25.25	439 177	454 677	459 845	454 677
精煤	合计	1 140 000	63.04	10.50	276 857	286 628	289 887	286 628
	重选	966 396	53.44	10.68	234 696	242 980	245 741	242 980
	浮选	173 604	9.60	9.50	42 161	43 649	44 145	43 649
中煤		287 170	15.88	44.90	69 741	72 203	73 023	72 203
浮选尾煤		151 904	8.40	40.00	36 891	38 193	38 627	38 193
矸石	合计	223 877	12.38	65.15	54 370	56 289	56 929	56 289
	洗矸	213 027	11.78	64.65	51 735	53 561	54 170	53 561
	选矸	10 850	0.60	75.00	2 635	2 728	2 759	2 728
损失		5 425	0.30	25.25	1 318	1 364	1 379	1 364

2. 编制选煤生产计划的污染指标法

污染指标法所需要的原始资料有：手选矸石产率和灰分，原生和次生煤泥产率和灰分，入厂原煤灰分，入选原煤浮沉试验资料，重选产品污染指标，浮选精煤产率（占浮选入料），重选产品中带煤泥量和灰分，计划年度的精煤产率、精煤灰分和控制的损失量等。

【例 5-2】 污染指标法编制生产计划示例

(1) 用三产品平衡式计算 50～0.5 mm 级的重选产品产率并计算其灰分

已知 50～0.5 mm 级入选原煤浮沉资料，合并成为三个密度级，见表 5-4。由月综合的精煤、中煤、矸石的浮沉试验得到污染指标，见表 5-5。

表 5-4　入选原煤浮沉资料

密度级 δ/(g/cm³)	产率 γ/%	灰分 A_d/%
<1.4	74.5	8.5
1.4～<1.8	13.5	36.0
≥1.8	12.0	65.0
合计	100.0	19.0

表 5-5　污染指标

密度级 δ/(g/cm³)	精煤产率/%	中煤产率/%	矸石产率/%
<1.4	94.0	20	1
1.4～<1.8	5.5	57	9
≥1.8	0.5	23	90
合计	100	100	100

用三产品平衡式计算出不带煤泥时重选的精煤、中煤、矸石在任意密度级中占本级的百分数 J、Z、G。

$$\begin{cases}94.0J + 20Z + G = 74.5 \\ 5.5J + 57Z + 9G = 13.5 \\ 0.5J + 23Z + 90G = 12.0\end{cases}$$

解得，$J = 75.98\%$，$Z = 14.91\%$，$G = 9.11\%$。

用表 5-4 和表 5-5 的数据计算重选产品的灰分。

$$重选精煤灰分\ A_j = \frac{94.0 \times 8.5\% + 5.5 \times 36.0\% + 0.5 \times 65.0\%}{100} = 10.30\%$$

$$重选中煤灰分\ A_z = \frac{20 \times 8.5\% + 57 \times 36.0\% + 23 \times 65.0\%}{100} = 37.17\%$$

$$重选矸石灰分\ A_g = \frac{1 \times 8.5\% + 9 \times 36.0\% + 90 \times 65.0\%}{100} = 61.83\%$$

(2) 将煤泥加入 50～0.5 mm 级重选产品中

已知重选产品带煤泥资料如表 5-6 所示。

表 5-6　重选产品带煤泥资料

产　品	煤泥产率(占产品)γ/%	灰分 A_d/%
精　煤	5	11
中　煤	5	28
矸　石	4	56

用扩大数重新计算百分数的办法加入煤泥，计算后指标以进入跳汰的 50～0 mm 级原

煤为 100%。扩大数的各产品在任意密度级中占本级的百分数用 J'、Z'、G' 表示。

$$J'=\frac{75.98}{100-5}\times 100\%=79.98\% \quad 其中煤泥\ 79.98\%-75.98\%=4.00\%$$

$$Z'=\frac{14.91}{100-5}\times 100\%=15.69\% \quad 其中煤泥\ 15.69\%-14.91\%=0.78\%$$

$$G'=\frac{9.11}{100-4}\times 100\%=9.49\% \quad 其中煤泥\ 9.49\%-9.11\%=0.38\%$$

因为 $J'+Z'+G'=105.16\%>100\%$，故用 105.16%作为分母重新计算各产品产率。

各产品含煤泥的灰分的计算方法如下：

$$精煤灰分\ A'_{d,j}=\frac{95\times 10.30\%+5\times 11\%}{100}=10.33\%$$

$$中煤灰分\ A'_{d,z}=\frac{95\times 37.17\%+5\times 28\%}{100}=36.71\%$$

$$矸石灰分\ A'_{d,g}=\frac{96\times 61.38\%+4\times 56\%}{100}=61.16\%$$

将重新计算的各产品产率和灰分列入表 5-7。

表 5-7 加入煤泥后重选产品计算指标

产品	产率(占全样)/%	灰分(含煤泥)/%	煤泥		
			产率 γ/%	灰分 A_d/%	产率(占本级)/%
(1)	(2)	(3)	(4)	(5)	(6)
精煤	76.06	10.33	3.80	11.00	72.26
中煤	14.92	36.71	0.74	28.00	14.18
矸石	9.02	60.25	0.36	56.00	8.66
合计	100.00	18.77	4.90	16.87	95.10

(3) 把入选原煤的百分数折算为占入厂原煤的百分数

表 5-8 为入厂原煤组成资料。由表 5-8 的资料可知，在考虑选矸和原生、次生煤泥后，入选原煤 50～0.5 mm 级产率为78.15%，与表 5-7 中 50～0.5 mm 的 95.10%相当，用比例式可求出原生、次生煤泥进入重选产品的产率 γ_{xn}。

$$\gamma_{xn}=78.15\%\times 4.90\%\div 95.10\%=4.03\%$$

表 5-8 入厂原煤组成资料

原煤组成	产率 γ/%	灰分 A_d/%
手选矸石	0.70	70.00
入选原煤(50～0.5 mm)	78.15	18.99
原生、次生煤泥(<0.5 mm)	21.15	19.00
合计	100.00	19.35

全部重选产品占入选原煤的百分数应为 78.15%+4.03%=82.18%，将表 5-7 第 2 栏数据折算成占入厂原煤的产率：

重选精煤 $\gamma_{xj}=76.06\% \times 0.8218=62.51\%$

重选中煤 $\gamma_{xz}=14.92\% \times 0.8218=12.26\%$

重选矸石 $\gamma_{xg}=9.02\% \times 0.8218=7.41\%$

(4) 浮选产品计划指标的计算

表 5-8 中的原生、次生煤泥产率为 21.15%，应扣除重选产品带走煤泥和损失的煤泥，余下的为浮选入料煤泥 γ_{fy}，即

$$\gamma_{fy}=21.15\%-4.03\%-0.30\%=16.82\%$$

浮选入料灰分 $A_{d,fy}=\dfrac{21.15\% \times 19\%-4.03\% \times 16.87\%-0.30\% \times 19.35\%}{16.82\%}=19.50\%$

根据生产累积的资料可知浮选精煤产率占浮选入料的 80%，故：

$$\gamma_{fj}=16.82\% \times 0.8=13.46\%$$

在总精煤灰分为 10.50%的条件下，推算浮选精煤灰分为：

$$A_{d,fj}=\frac{(62.51\%+13.46\%) \times 10.50\%-62.51\% \times 10.33\%}{13.46\%}=11.29\%$$

浮选尾煤的产率 $\gamma_{fw}=16.82\%-13.46\%=3.36\%$

浮选尾煤的灰分 $A_{d,fw}=\dfrac{16.82\% \times 19.50\%-13.46\% \times 11.29\%}{3.36\%}=52.39\%$

(5) 矸石计划指标的计算

总的矸石产率 $\gamma_g=\gamma_{xg}+\gamma_{sg}=7.41\%+0.7\%=8.11\%$

矸石的灰分 $A_{d,g}=\dfrac{7.41\% \times 61.16\%+0.70\% \times 70\%}{8.11\%}=61.92\%$

(6) 将计算结果列入年度选煤生产计划表

用年度精煤产量 114 万 t 的任务和精煤产率推算出年度入厂原煤量。年度选煤生产计划表见表 5-9。编制季度计划原理同上例，从略。

表 5-9　年度选煤生产计划表

项　目		年产量/t	产率/%	灰分/%
原　煤		1 500 592	100.00	19.35
精　煤	合计	1 140 000	75.97	10.50
	重选	938 020	62.51	10.33
	浮选	201 980	13.46	11.29
中　煤		183 973	12.26	36.97
尾　煤		50 420	3.36	52.39
矸　石	合计	121 698	8.11	61.92
	洗矸	111 194	7.41	61.16
	选矸	10 504	0.70	70.00
损　失		4 501	0.30	19.35

3. 编制选煤生产计划的分配率法

分配率法将精煤最高产率原则运用到整理资料和编制计划中。如果把调整指标的反复计算也考虑在内，计算的工作量比前两种方法要大；但是如果利用计算机程序计算，编制计划的过程就简单多了。

使用分配率法编制计划所需要的资料有：原煤的筛分、浮沉资料，浮选机逐槽检查试验资料，原生、次生煤泥产率及灰分，重选产品中包括煤泥的产率及灰分，占浮选入料的浮选精煤产率，年度精煤产率任务及精煤灰分指标。

【例 5-3】 分配率法编制生产计划示例

本例选用 3 个矿井的原始资料，经综合后作为计划编制的原始资料，主要工艺有主、再选跳汰和浮选。为简化起见，采用跳汰机大排矸，不设置手选，并且假定计划中不计算损失。

（1）分析原煤煤质资料

原煤筛分试验资料、浮沉试验资料分别见表 5-10 和表 5-11。

表 5-10 原煤筛分试验资料

粒级/mm	一矿		二矿		三矿	
	产率 γ/%	灰分 A_d/%	产率 γ/%	灰分 A_d/%	产率 γ/%	灰分 A_d/%
≥13	32.09	66.31	19.55	55.30	21.19	51.84
<13～3	33.41	50.64	34.09	42.41	38.16	34.10
<3～0.5	18.82	35.87	24.23	29.23	23.95	26.20
<0.5	15.68	26.68	22.13	23.80	16.70	24.91
合计	100.00	49.13	100.00	37.62	100.00	34.43

表 5-11 原煤浮沉试验资料

密度级 δ/(g/cm³)	一矿				二矿				三矿				合计			
	浮沉物		浮物累计		浮沉物		浮物累计		浮沉物		浮物累计		浮沉物		浮物累计	
	产率/%	灰分/%	产率/%	灰分/%	产率/%	灰分/%	产率/%	灰分/%	产率/%	灰分/%	产率/%	灰分/%	产率/%	灰分/%	产率/%	灰分/%
<1.30	20.06	4.47	20.06	4.47	33.84	5.61	33.84	5.61	40.28	5.11	40.28	5.11	31.39	5.15	31.39	5.15
1.30～<1.40	10.64	11.92	30.70	7.05	13.86	13.49	47.70	7.90	13.90	11.30	54.18	6.70	12.80	12.26	44.19	7.21
1.40～<1.50	4.34	23.24	35.04	9.06	4.19	23.91	51.89	9.19	3.86	24.11	58.04	7.86	4.13	23.74	48.32	8.62
1.50～<1.60	2.86	33.60	37.90	10.91	2.70	33.81	54.59	10.41	2.76	35.03	60.80	9.09	2.77	34.14	51.09	10.01
1.60～<1.80	3.62	45.66	41.52	13.94	3.83	45.39	58.42	12.70	3.75	48.17	64.55	11.36	3.73	46.41	54.82	12.49
≥1.80	58.48	81.53	100.00	53.47	41.58	81.21	100.00	41.19	35.45	80.68	100.00	35.93	45.17	81.21	100.00	43.53
合计	100.00	53.47			100.00	41.19			100.00	35.93			100.00	43.53		

已知 3 个矿井产煤量相同，故表 5-11 的浮沉试验资料按 1∶1∶1 综合而成。根据表 5-11的数据绘出 3 个矿井原煤的密度与基元灰分关系曲线，如图 5-1 所示。由图 5-1 可

以看出，3 条曲线基本重合，说明 3 个矿井的原煤基元灰分相差不大，尤其在密度为 1.40～1.55 g/cm³之间时，基元灰分基本相同。所以当分选密度为 1.40～1.55 g/cm³ 时，混合分选符合精煤最高产率原则。

从表 5-10 中可知，3 个矿小于 0.5 mm 粒级的原生煤泥分别为 15.68％、22.13％和 16.70％，按 1∶1∶1 综合后得混合入选原生煤泥为 18％，灰分为 25％。由选煤厂过去所积累的资料得知次生煤泥为 5％，所以煤泥总和为 23％。从原煤中扣除 23％的煤泥以后，余下 77％为大于 0.5 mm 粒级的煤。

(2) 按照精煤最高产率原则确定分选密度

在主选、再选跳汰的第二段和浮选之间应该找到一个相同的分选密度，也就是在边界灰分都相等的条件下计算的精煤产率最高。本例先用浮选的逐室检查资料绘出图 5-2 所示的浮选实际迈耶尔曲线。在第八室的产率、灰分交点上作切线，过 O 点作该切线的平行线，该平行线与灰分辅助坐标的交点为基元灰分，读数为 27％。从图 5-1 中可以查出基元灰分为 27％时分选密度为 1.475 g/cm³。采用基元灰分 27％作为跳汰主再选第二段(低密度分选)和浮选的共同边界灰分，或者说跳汰主再选都采用 1.475 g/cm³ 的分选密度可以获得精煤最高产率，同时这也是跳汰与浮选的最佳配合。

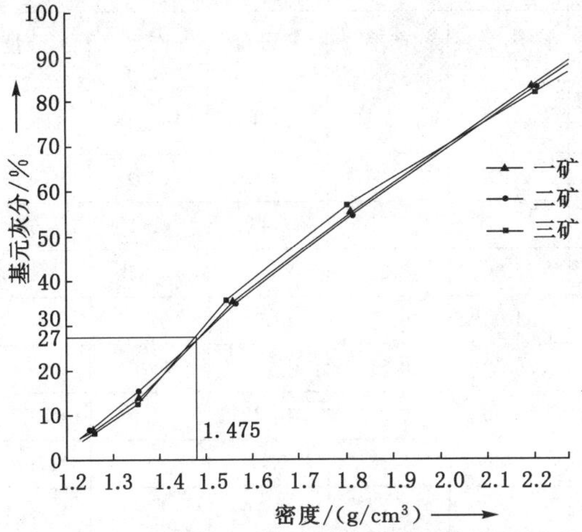

图 5-1　3 个矿井原煤的密度与基元灰分关系曲线

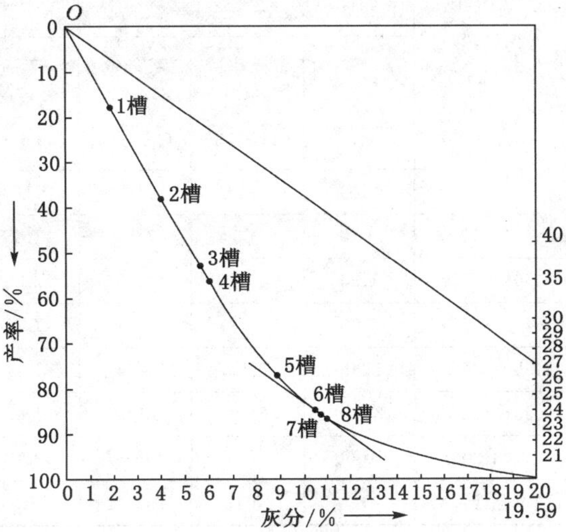

图 5-2　浮选实际迈耶尔曲线

(3) 用分配率指标计算跳汰产品的计划指标

利用表 5-11 中 3 个矿井原煤综合浮沉资料和生产实际积累的跳汰机直线化分配曲线，对主、再选跳汰机的产品进行计算(见表 5-12)。主选矸石段分选密度选择 1.90 g/cm³，再选矸石段分选密度选择 1.775 g/cm³，主、再选低密度分选段分选密度采用已经确定的 1.475 g/cm³，用这些分选密度在直线化分配曲线上分别查出分配率供计算用。由于直线化分配曲线绘制比较麻烦，我们常用近似公式和分配曲线变形法计算跳汰机和重介质分选机的 t 值，根据 t 值查高斯积分表得出平均密度级的分配指标。

表 5-12　基于分配率计算主、再选产品计划指标表

密度级 /(g/cm³)	3个矿井原煤综合		第一段排矸石 $\delta_p = 1.90\ g/cm^3$、$\bar{A}_d = 79.01\%$			二段入料	第二段选出精煤 $\delta_p = 1.475\ g/cm^3$、$\bar{A}_d = 9.20\%$			再选入料	
	产率 γ/%	灰分 A_d/%	分配率 ε/%	产率 γ/% (2×4)	灰分量 /(×10^{-4}) (3×5)	产率 γ/% (2−5)	分配率 ε/%	产率 γ/% (7×8)	灰分量 /(×10^{-4}) (3×9)	产率 γ/% (7−9)	灰分量 /(×10^{-4}) (3×11)
(1)	(2)	(3)	(4)	(5)	(6)	(7)	(8)	(9)	(10)	(11)	(12)
<1.30	31.40	5.15	0.10	0.03	0.15	31.37	94.00	29.49	151.86	1.88	9.69
1.30～<1.40	12.80	12.26	1.20	0.15	1.84	12.65	77.00	9.74	119.42	2.91	35.67
1.40～<1.50	4.13	23.74	5.00	0.21	4.99	3.92	54.00	2.12	50.25	1.80	42.81
1.50～<1.60	2.77	34.14	11.00	0.30	10.24	2.47	36.00	0.89	30.36	1.58	53.97
1.60～<1.80	3.73	46.41	26.50	0.99	45.95	2.74	17.00	0.47	21.35	2.28	105.81
≥1.80	45.17	81.21	70.00	31.62	2 567.86	13.55	2.00	0.27	21.01	13.28	1 078.39
合计	100.00	45.53	—	33.30	2 631.03	66.70	—	42.97	392.25	23.73	1 326.34

密度级 /(g/cm³)	第二段排矸石 $\delta_p = 1.775\ g/cm^3$、$\bar{A}_d = 77.67\%$			再选二段入料	再选第二段选出精煤 $\delta_p = 1.475\ g/cm^3$、$\bar{A}_d = 16.47\%$			最终中煤 $\bar{A}_d = 56.69\%$	
	分配率 ε/%	产率 γ/% (11×13)	灰分量 /(×10^{-4}) (3×14)	产率 γ/% (11−14)	分配率 ε/%	产率 γ/% (16×17)	灰分量 /(×10^{-4}) (3×18)	产率 γ/% (16−18)	灰分量 /(×10^{-4}) (3×20)
(1)	(13)	(14)	(15)	(16)	(17)	(18)	(19)	(20)	(21)
<1.30	0.10	0	0	1.88	94.00	1.77	9.11	0.11	0.58
1.30～<1.40	1.20	0.03	0.43	2.88	77.00	2.21	27.14	0.66	8.11
1.40～<1.50	5.00	0.09	2.14	1.71	54.00	0.93	21.96	0.79	18.71
1.50～<1.60	11.00	0.17	5.94	1.41	36.00	0.51	17.29	0.90	30.74
1.60～<1.80	26.50	0.60	28.04	1.68	17.00	0.28	13.22	1.39	64.55
≥1.80	70.00	9.30	755.87	3.98	2.00	0.08	6.47	3.90	317.04
合计	—	10.19	791.42	13.54	—	5.78	95.19	7.75	439.73

根据表 5-12 中数据计算的结果如下：

主再选 50～0.5 mm 级精煤产率＝42.97％＋5.78％＝48.75％

$$\text{主再选 50～0.5 mm 级精煤灰分}=\frac{42.97\%\times9.20\%+5.78\%\times16.47\%}{48.75\%}=10.07\%$$

主再选 50～0.5 mm 级矸石产率＝33.30％＋10.19％＝43.49％

$$\text{主再选 50～0.5 mm 级矸石灰分}=\frac{33.30\%\times79.01\%+10.19\%\times77.67\%}{43.49\%}=78.70\%$$

(4) 将 50～0.5 mm 级跳汰产品折算成占入厂原煤的产率并加入煤泥

已知原煤中 50～0.5 mm 级占入厂原煤的 77％，则：

精煤产率(占入厂原煤)＝48.75％×0.77＝37.54％

中煤产率(占入厂原煤)＝7.75％×0.77＝5.97％

矸石产率(占入厂原煤)=43.49%×0.77=33.49%

从月综合资料中可查出跳汰产品带煤泥的资料(见表 5-13),并将煤泥加入跳汰产品中。

表 5-13　跳汰产品带煤泥资料

产　品	产率(占本级)γ/%	灰分 A_d/%
精　煤	8	12.5
中　煤	2	50.0
矸　石	2	80.0

精煤 50～0 mm 产率$=\dfrac{37.54\%}{1-0.08}=40.80\%$

精煤中带煤泥=40.80%−37.54%=3.26%

精煤 50～0 mm 灰分$=\dfrac{37.54\%\times10.07\%+3.26\%\times12.5\%}{40.80\%}=10.26\%$

中煤 50～0 mm 产率$=\dfrac{5.97\%}{1-0.02}=6.09\%$

中煤中带煤泥=6.09%−5.97%=0.12%

中煤 50～0 mm 灰分$=\dfrac{5.97\%\times56.69\%+0.12\%\times50.0\%}{6.09\%}=56.56\%$

矸石 50～0 mm 产率$=\dfrac{33.49\%}{1-0.02}=34.17\%$

矸石中带煤泥=34.17%−33.49%=0.68%

矸石 50～0 mm 灰分$=\dfrac{33.49\%\times78.70\%+0.68\%\times80.0\%}{34.17\%}=78.73\%$

(5) 计算浮选的指标

当选择边界灰分为 27%时,浮选精煤灰分为 12%。

浮选入料产率=23%−3.26%−0.12%−0.68%=18.94%

根据累积的资料得知浮选精煤占入料的百分含量为 80%,则:

浮选精煤产率(占原煤)=18.94%×0.8=15.15%

浮选尾煤产率=18.94%−15.15%=3.79%

浮选尾煤灰分$=\dfrac{18.94\%\times25.00\%-15.15\%\times12.00\%}{3.79\%}=76.97\%$

(6) 编制选煤生产计划

在已知精煤灰分要求为 10%,年入厂原煤质量为 200 万 t,灰分为 43.53%的条件下,将计算结果汇总后填入表 5-14。计算原煤的综合灰分为 39.37%,而不是原煤筛分试验灰分平均值 40.39%,其原因是计算过程选用另外一些指标,而且浮沉试验资料并没有经筛分试验资料校正过,故计算原煤灰分不一定等于已知资料中的原煤灰分。

表 5-14 选煤生产计划表

项目		年产量/万 t	产率 γ/%	灰分 A_d/%
原煤		200.00	100.00	39.37
精煤	合计	111.90	55.95	10.73
	重选	81.60	40.80	10.26
	浮选	30.30	15.15	12.00
中煤		12.18	6.09	56.56
尾煤		7.58	3.79	76.97
矸石		68.34	34.17	78.73

还应该指出，在编制选煤生产计划时，还要根据冬季运输的要求及本厂脱水干燥的条件制定水分指标。如果原煤硫分高，或者用户对精煤硫分有严格要求时，选煤生产计划中还要考虑硫分指标。如果原煤硫分接近用户的极限要求时，硫分指标要列入生产计划，在制定技术改革措施时应体现出降硫的方法。

4. 编制选煤生产计划方法的分析和比较

从计划编制方法简单、计算工作量小的角度来考虑，数量效率法是最好的编制方法，其次是污染指标法。如果从精煤最高产率原则出发，并且从便于选煤厂执行以及上级检查的角度来考虑，分配率法应是首选的方法。从直线化分配曲线上查得的分配率往往有误差，可以用数学模型拟合分配曲线，这样查得的分配率比较精确。不论用哪一种方法，编制计划所用的原始资料要经过核实与校正，如浮沉试验的资料应以筛分试验为标准来校正。年度原煤煤质应该有预报，选煤厂可以根据原煤煤质预报而采取相应的措施。

5.2 选煤生产计划完成情况的检查与分析

在选煤厂生产计划落实以后，必须对计划的执行情况进行检查与分析，这是保证计划完成和后续调整不可缺少的一项措施，对于促进选煤厂生产的发展和保证生产计划的实现具有重要的意义。

5.2.1 选煤生产计划完成情况的检查

选煤生产计划完成情况的检查，是保证全面完成和超额完成生产计划的重要环节。通过检查可以及时地了解计划完成情况，做到胸中有数，以便对薄弱环节采取措施加以改进。

1. 检查的主要方式

检查的主要方式为日常检查、定期检查和专题检查。

① 日常检查是按日、按进度进行的经常性检查。它主要是对选煤产品的产量、质量、精煤回收率、主要技术操作条件进行的检查，如选煤生产日报、调度日报。

② 定期检查是比较全面的检查，通常在月终、季终、年终进行，如选煤厂月、季、年的生产报表、财务报表。

③ 专题检查是指选煤厂不定期地对生产中出现的重大问题进行的专题检查。

2. 检查的主要内容

检查选煤生产计划完成情况时，应以质量、产量、品种完成进度等指标为主，根据“优质、高产、低消耗” 3 个方面来衡量。

① 精煤灰分是否达到计划要求。如果规定精煤灰分为 10.50%，则年度灰分平均值不允许超过此指标。但是平均数不能反映灰分波动的情况，所以必须借助生产日报表和销售日报表，以及质量管理图表帮助分析。应着重检查销售日报表中精煤灰分批合格率和批稳定率。精煤灰分批合格率是指按批检查精煤商品煤样灰分时，小于或等于规定灰分上限的批数占化验总批数的百分数。批稳定率是指按批检查销售精煤灰分时，符合规定灰分范围的批数占发运总批数的百分数。对精煤灰分批合格率和批稳定率的要求视选煤厂销售情况而定。如果批合格率、批稳定率都很高，那么年度精煤灰分平均值是可信的。

② 精煤产量是否完成和超额完成计划。如果完成或超额完成时，要重点分析对国民经济有影响的各个重点用户所需的精煤是否按合同要求得到了保证。

③ 精煤产率是否完成计划。在分析精煤产率时，要扣除原煤煤质变化对指标的影响，用数量效率和中煤、洗矸中的精煤损失等辅助分析，以便最终确定精煤产率完成计划的程度。

5.2.2　选煤生产计划完成情况的分析

选煤生产计划完成情况的分析是指在(月、季、年)报告期终了时，对本期计划完成情况所做的综合分析。它的任务是反映月度、季度、年度计划的执行结果，分析工艺技术指标是否先进，分析完成或未完成计划的原因，总结执行计划的成绩和存在的问题，并对存在的问题提出改进的建议和措施。选煤生产计划完成情况的分析主要包括产品产量、品种、质量、产率等计划完成情况的分析。

通常情况下，原煤煤质的变化对精煤产量、产率和灰分的影响颇大。例如，表 5-11 中 3 个矿井三矿的煤质最好，如果三矿原煤供应比例增大，在扣除因煤质变好而增产的因素以后仍完成计划，这样计划完成是可信的，否则就会出现达不到计划指标的情况。

【例 5-4】 某选煤厂××月精煤产率完成情况的分析

(1) 产率指标

选煤厂入选甲、乙、丙 3 个矿的原煤，该厂××月计划产率指标与实际完成情况对比见表 5-15。

表 5-15　选煤厂××月计划产率指标与实际完成情况对比

产率指标	计划值	实际值	完成情况
精煤产率/%	51.89	50.76	↓1.13
其中:9 级精煤	48.00	48.00	完成计划
10 级精煤	51.82	50.54	↓1.28
11 级精煤	55.00	55.00	完成计划
15 级精煤	60.00	60.00	完成计划
综合产率/%	72.80	70.18	↓2.62

表 5-15(续)

产率指标	计划值	实际值	完成情况
其中:9 级精煤	71.00	71.00	完成计划
10 级精煤	71.70	69.92	↓1.78
11 级精煤	73.51	73.51	完成计划
15 级精煤	73.51	73.51	完成计划

(2) 存在问题剖析

综合产率比计划降低 2.62%,未完成计划。主要原因如下:

① 甲矿原煤质量较差。××月份共计调入甲矿原煤 69 818 t,其中高灰原煤近 37 000 t,占入选原煤的 15%,整体灰分高,最高时达 45%。自检月均灰分为 33.40%,超计划 5.4%,其精煤产率为 47.37%、综合产率为 66.93%,分别低于计划 5.13%、6.07%,折合影响该月份精煤产率 0.9%、综合产率 1.09%。

② 保中煤热值稳定影响综合产率。为保中煤热值大于 18 840 kJ/kg(4 500 kcal/kg),将生产 9 级精煤时部分中煤灰分由 33%~34%(保综合产率最大)降低到 28%~32%,矸石污染增加 2%~3%,综合产率降低 2%~3%,××月份共生产中煤 36 467 t。

③ 入选原煤中含泥量增加,可浮性变差,造成浮选精煤产率降低。××月上旬,入选原煤中含泥量增加 6%~7%,特别是甲矿原煤含泥量为 18%,其可浮性较差,浮选抽出率低,尾煤灰分为 35%~40%,导致总精煤产率降低 1%。

(3) 今后工作改进措施

① 提高入选原煤质量,确保实现产率指标和高效生产。一是严把外来煤的质量,宏观调控,要随时掌握各调煤点质量,不出大波动,要力争多调入 1/3 焦原煤;二是认真抓好不同质量原煤的合理分存、单选或配选工作,力争使其达到最佳组合效果,获得最大产率。

② 严抓生产和销售质量管理。抓好中煤生产与销售,生产 9 级中煤,原则上要保证中煤热值在 18 840 kJ/kg(4 500 kcal/kg)以上,直销或配入一定量的原煤销售;生产 10 级以上中煤时落地给电厂或配煤销售,要严格分存、分销。

③ 加强生产技术管理,优化组织方案,确保实现综合产率目标。应最大限度地提高浮选精煤产率,采用跳汰与浮选级差生产配合方案,即提高浮选精煤上限灰分 0.25%与跳汰精煤配合,确保尾煤灰分大于 50%。

5.3 选煤厂的成本

5.3.1 成本构成

1. 成本概述

成本是商品经济中的一个价值范畴。加强成本管理,努力降低成本,对提高企业经济效益极为重要。

(1) 成本与价值

生产劳动过程是物质产品形成过程与价值形成过程的统一。产品的价值包括三部分:

① 物化劳动的转移价值部分，原材料、动力、折旧费等。

② 劳动者为个人需要新创造的价值部分，工资及工资附加费等。

③ 劳动者为社会需要新创造的价值部分，税金和利润等。

前两部分构成产品的成本，是产品价值的主要部分。后一部分是劳动者为社会提供的积累。产品成本反映生产产品时劳动消耗的水平，也决定选煤厂能给社会提供积累及获得盈利状况。降低成本，才能增加利润。

（2）成本的分类

① 按成本的经济用途或职能分类，可以将成本分为制造成本和非制造成本。制造成本是指制造过程中所发生的各项成本。它包括直接材料、直接人工和制造费用。非制造成本（主要指期间费用）包括营业费用、管理费用和财务费用。

② 按成本与收入相配比的关系不同分类，可以将成本分为产品成本和期间费用（期间成本）。产品成本是指与产品生产有着直接因果关系的成本，是将生产经营费用汇集于产品，随产品流动而流动的成本。期间费用是与一定期间相联系的成本，不计入产品成本，直接计入当期益损，它是随企业生产经营活动持续期的长短而相应增减的成本。

③ 按成本的习性（对产品产量的依存性）分类，可将成本分为变动（可变）成本和固定成本。变动（可变）成本是指在相关范围内，成本总额随业务量的变动呈线性变动的成本，如直接材料费、电费、直接人工中的计件工资等，这些费用总额随产量的变动而成正比变动。但对于单位产品成本来讲，变动成本总是不变的。固定成本是指在相关范围内，其总额不随业务量的增减发生变动的成本，如折旧费、修理费、房屋租金、保险费等。作为固定成本，只要产量不突破某一特定的范围，其数额将稳定在某一既定的水平上，但对于单位成本来讲，单位固定成本随产量的变动成反比例变动，即产量增加，分摊在单位产品上的固定成本会减少。变动成本和固定成本是相对费用总额而言的。

④ 直接成本和间接成本。成本构成中，可以直接计入成本的部分，如工资、材料费等称为直接成本。成本构成中，不能直接计入成本，需要经过分摊后才能计入成本的部分，如企业管理费、不能直接计入成本的工资和材料费等称为间接成本。

⑤ 机会成本。机会成本是指将有限资源用于某一具体方案，从而失去将此资源用于更好方案的机会所损失的价值。资金的运用要考虑机会成本，用于基建投资的利率要高于存储资金的利息，还要考虑通货膨胀等因素，资金不仅要保值，而且要增值。因此，资金的时间价值就形成机会成本。在进行方案比较时，方案的时机选择就是计算资金的时间价值。

⑥ 沉没成本。由于过去决策失误或方案更改而多支付的成本称为沉没成本。

⑦ 逃避成本。由于某种原因，原成本净减少的部分称为逃避成本。如果逃避成本随着产品产量下降而减少，那么逃避成本是一种可变成本。产量恢复到原水平而增加的可变成本，通常高于逃避成本。这就是说，设计任务书规定的设计内容，已经确定的设计项目不要轻易放弃，因为将其恢复往往要支付更高的代价。

⑧ 延迟成本。延迟成本指延迟一段时间再计入成本的内容，如维修费、管理费等。延迟成本类似于间接成本，是从时间上划分的。

选煤生产和销售产品的全部费用支出就是选煤产品的成本。

2. 选煤成本构成

选煤成本由 8 项内容构成，并分别由制造成本和期间费用组成，见表 5-16。

表 5-16　选煤成本计算表

项　目	行次	合　计						制造成本						期间费用		
		单位成本			总 成 本			单位成本			总 成 本					
		上年同期	本月实际	本年累计	上年同期	本月实际	本年累计	上年同期	本月实际	本年累计	上年同期	本月实际	本年累计	上年同期	本月实际	本年累计
列　次		(1)	(2)	(3)	(4)	(5)	(6)	(7)	(8)	(9)	(10)	(11)	(12)	(13)	(14)	(15)
一、入选原煤费用	(1)															
二、加工费	(2)															
1. 材料费	(3)															
(1) 配件	(4)															
(2) 油脂	(5)															
(3) 其他材料	(6)															
2. 职工工资	(7)															
3. 计提福利费	(8)															
4. 电力费	(9)															
5. 折旧费	(10)															
6. 修理费	(11)															
7. 其他	(12)															
合　计	(13)															

这 8 项内容主要有以下几方面。

① 入选原煤费用：指购置入选原煤的所有费用，包括购置费、运输费等。

② 材料费：指生产过程中消耗的、除原煤以外的材料（主要包括配件、油脂、钢材、水等）费用。

③ 职工工资：与生产有关人员的工资。

④ 计提福利费：根据企业财务通则的规定，按工资的一定比例提取的福利费。

⑤ 电力费：包括全部生产所用电力的费用。

⑥ 折旧费：为规定项目的固定资产总额按照规定折旧系数计提的费用，是固定资产购置费用的分摊。

⑦ 修理费：根据规定按照固定资产总额预先提取的、用于设备大修理的费用。

⑧ 其他：指不能列入上述项目的制造费用，如办公费、差旅费、保洁费、咨询费等。

在选煤成本的 8 项内容中，除入选原煤费用之外的其他 7 项之和称为加工费。此处可计算吨原煤成本。不同的选煤厂，其成本构成计算因素会有所差异。

3. 选煤成本分离

除了了解选煤成本的支出情况外，成本核算的主要目的还在于了解各种选煤产品的单位成本和总成本。为此，运用“分类法”或“价格比值系数法”将表 5-16 的总成本分离到各种产品中。表 5-17 为选煤分离后成本表。

表 5-17 选煤分离后成本表

产品名称	产量			比例	折合量		制造成本						全部成本					
							单位成本			总成本			单位成本			总成本		
	上年同期	本月实际	本月累计		本月实际	本月累计	上年同期	本月实际	本年累计	上年同期	本月实际	本年累计	上年同期	本月实际	本年累计	上年同期	本月实际	本年累计
列次	(1)	(2)	(3)	(4)	(5)	(6)	(7)	(8)	(9)	(10)	(11)	(12)	(13)	(14)	(15)	(16)	(17)	(18)
1. 洗精煤																		
(1) 冶炼用精煤																		
(2) 非冶炼用精煤																		
2. 洗块煤																		
3. 其他洗煤																		
合计																		

5.3.2 选煤成本的分析

分离前成本是按成本项目归集的费用总额计算总成本，然后以全部折合量为核算对象计算各项目单位成本。在归集各项费用时，入选原煤占全部成本总费用的90%以上。本期入选原煤量计算方法如下。

本期入选原煤量＝期初库存原煤量＋本期入厂原煤量－期末库存原煤量

分离后成本用于选煤等级品成本的计算，所用方法为销售价格比例系数法。等级品的价格比例统一以洗精煤为基准(或最高产品价格为“1”)，其他等级品按售价比例计算系数和折合成相当于最高售价等级品的产量，并按各等级品折合总量分配分离前的总成本，计算各等级品的单位成本。计算公式如下：

(1) 计算各等级品的比例

各等级品的比例＝各等级品调拨单价/最高等级品调拨单价

(2) 计算各等级品的折合量

各等级品的折合量＝各等级品实际产量×各等级品比例

(3) 计算折合量单位成本

折合量单位成本＝分离前总成本/等级品折合量合计

(4) 计算各等级品总成本

各等级品总成本＝各等级品折合量×折合量单位成本

(5) 计算各等级品单位成本

各等级品单位成本＝各等级品总成本/各等级品实际产量

(6) 计算分离前本月实际单位成本

分离前本月实际单位成本＝各行总成本/折合量单位成本

选煤成本的计算步骤归结如下：

① 将本月按经济用途分类的各项总成本填入表 5-16 中第(5)列、第(11)列和第(14)列，将各等级品产品的产量填入表 5-17 中第(2)列。

② 按公式计算各等级品的比例及折合量，将算得的各等级品的比例及折合量分别填入表 5-17 中第(4)列和第(5)列，求出折合量总和。

③ 用折合量总和除表 5-16 中第(5)列、第(11)列各项总成本，得单位成本，分别填入表 5-16中第(2)列和第(8)列，求出全部单位成本。

④ 用表 5-16 中的第(2)列、第(8)列合计乘表 5-17 中第(5)列折合量，得出各等级品总成本和制造成本，分别填入表 5-17 中第(11)列和第(17)列。

⑤ 在表 5-17 中，将第(11)列、第(17)列各等级品总成本除以各等级品实际产量[第(2)列]，得分离后单位成本，填入表 5-17 中第(8)列、第(14)列。

其他各项如上年同期、累计实际或将上年数字抄下，或按同法计算。以上计算过程说明，表 5-16 与表 5-17 的计算是交叉的。除了入选原煤成本外，其他 7 项总成本之和除以原煤产量称为加工费。

表 5-18 列出了某选煤厂实际成本情况。

表 5-18 某选煤厂实际成本情况

序号	项目	2000 年实际		2001 年计划		1—6 月实际		全年累计		2002 年计划	
		单位成本/万元	总成本/万元	单位成本/万元	总成本/万元	单位成本/万元	总成本/万元	单位成本/万元	总成本/万元	单位成本/万元	总成本/万元
一	原煤费用	162.00	21 104.50	175.28	23 538.5	178.30	17 799.11	180.64	23 820.30	199.77	26 584.65
	配件费用	0.97	126.81	1.47	198.00	1.38	137.76	1.39	183.00	1.49	198.00
	油脂费用	1.25	163.15	1.36	182.00	1.43	142.43	1.45	191.00	1.53	203.94
	其他材料费用	2.81	365.90	3.33	447.00	4.07	406.43	4.12	543.44	3.93	523.16
二	工资	7.10	925.36	7.20	967.00	6.79	678.22	7.20	950.00	7.14	950.00
三	福利费	0.99	129.55	1.01	135.38	0.95	94.84	1.01	132.93	1.00	133.00
四	电力费	7.04	916.78	6.96	935.00	6.70	668.89	6.80	896.19	7.06	940.00
五	水费	1.73	225.41	1.27	170.00	0.94	93.67	1.29	170.00	1.28	170.00
六	折旧费	11.49	1 497.06	12.73	1 710.00	11.01	1 099.44	13.04	1 720.00	14.43	1 920.00
七	修理费	0.71	91.94	0.74	100.00	1.35	135.03	0.19	25.03	1.50	200.00
八	其他	6.36	828.09	7.33	984.00	7.74	772.39	7.87	1 038.22	7.32	973.80
合计		202.45	26 374.55	218.68	29 366.88	220.66	22 028.21	225.00	29 670.11	246.45	32 796.55
加工费		40.45	5 270.05	43.40	5 828.38	42.36	4 229.10	44.36	5 849.81	46.68	6 211.90

5.4 降低选煤成本的途径

5.4.1 影响选煤成本的因素

影响选煤成本的主要因素是比较明确的,下面分别进行描述。

① 入选原煤量。分离前成本中,入选原煤的费用占到总成本的 90%左右,且与入选原煤量成正比例变化。在加工费中,除少数消耗性材料、水、电外,其他费用基本上属于固定费用。在原煤质量稳定、回收率和价格不变的条件下,选煤单位成本中的原煤费用不变,而固定费用则与入选原煤量的增减成反比例变动。所以此时增加入选原煤量可以降低选煤产品的单位成本。

② 入选原煤的质量。入选原煤的质量,直接影响精煤回收率。如果多个矿井和煤层的原煤分别入选,或混合入选时,配煤不均匀,在选煤生产过程中会导致分选系统调整频繁,生产过程不稳定,从而影响精煤灰分指标和回收率的稳定。如果原煤分采不能分运,会造成煤质波动大,选煤生产系统操作不稳定,同样会影响精煤质量和回收率的稳定。矿井采出的毛煤杂质多,如大块矸石、软杂质等进入选煤厂,会造成设备损坏、管路堵塞等,影响正常生产。入选原煤含矸量增加,精煤的回收率就会相应降低。

③ 入选原煤的价格。入选原煤的价格变动使原煤费用随之发生变化。原煤价格变动受下列因素的影响:国内外经济环境;入选原煤的质量(灰分、含矸率)变动;运杂费变化,主要是运输距离、运价率的变动;各供应单位的供应量在总入选量中所占的比例变化。

④ 选煤加工费。选煤加工费中含有变动费用和固定费用两部分。变动费用总额随入选原煤量的变动而成正比例变动。

⑤ 选煤回收率。精煤(炼焦煤)回收率或商品煤(动力煤)回收率,是选煤厂的一项重要指标,它反映有用资源的回收程度,也影响着选煤成本。具体来说,选煤回收率与选煤成本呈反比关系。这是因为在入选原煤量一定的条件下,回收率提高,选煤产量增加,则选煤单位成本降低。选煤回收率主要取决于入选原煤的质量、选煤机械的效能和工人的技术操作水平。

⑥ 品种煤折合系数。在计算不同选煤产品成本时会用到折合系数。以售价最高的产品为标准产品,其比例为 1。其他各产品的比例均为自身的售价与标准产品售价的比值,均小于 1。用比例乘以各自的产量,得到折合量,即各种选煤产品的产量相当于标准产品的约当产量。品种煤折合系数变动实际上是产品售价的变动,其对选煤成本的影响当然是明显的。

5.4.2 降低选煤成本的措施

为了降低选煤成本、提高经济效益,可以采取以下措施:

① 保证入选原煤质量稳定。入选原煤的费用占总成本比例最大,对入选原煤要控制好量与质。外购原煤既要防止数量上亏吨,又要防止煤中可见矸石含量过高和煤质变坏;自采原煤要做到分采分运,配煤入选;井下要严格控制顶底板矸石及木片、包装袋、铁器等混入原煤。过断层和可能出现泥质页岩时,矿井应提前通知选煤厂,过大的矸石量会严重影响精煤产率和质量,泥质页岩含量高会影响煤泥水系统的正常运转,从而影响入选量、精煤回收率

以及产品质量，甚至导致环境问题。不同煤层煤的配采配洗的比例应该通过预测和优化确定，最佳比例应能够取得最大经济效益。在生产系统情况允许、产品数量和质量稳定的条件下，选煤厂要千方百计争取增加入选原煤量。

② 提高精煤或商品煤回收率。针对不同的入选原煤性质，精煤与副产品都有相应的最佳回收率和数量效率，最佳回收率可以根据产品预测和优化计算得出，数量效率是实际产率与理论产率之比。应经常分析产品的数量和质量指标，看是否处于最佳水平。如果数量效率低于行业标准规定的指标，应查找原因，找出对应的问题和对策。总之，精煤产率和数量效率直接影响经济效益，应尽量提高分选效率，提高总精煤产率。

③ 降低材料消耗。要减少油脂、介质以及各种材料的消耗。如果发现消耗量有较大变化，应从油脂、介质以及各种材料本身的质量、对应生产环节的操作情况及原煤性质等方面寻找原因，以便降低消耗。

④ 减少水电消耗。要节约用水、用电，采用先进的设备和技术，防止大马拉小车，尽量少开或不开空车，提高全厂的功率因数。选择合适的选煤工艺，减少各个工艺作业电能消耗。

⑤ 减少工资支出。在劳动定员合理的基础上精简人员，减少工资支出以降低加工费，提高全员劳动生产率。

⑥ 加强管理。应经常与历史资料相比较，找出成本变化的原因。经常调查研究同类型厂的各项成本指标，相互对比，找出差距。

综上分析，想要降低选煤单位成本，首先要保证原煤质量和煤炭分选数量效率，然后从加工成本方面分析研究降低成本的措施。

5.4.3 盈亏平衡分析

利用盈亏平衡法分析产、销、益的关系。选煤厂成本费用可划分为固定费用和变动费用。在加工费中，除水电费、油脂等的材料费、吨煤工资、管理费等划为变动费用外，其余为固定费用。根据销售收入、固定成本、变动成本与产销量的关系，可以绘制盈亏平衡图，确定达到盈亏平衡时的产销量，并确定选煤厂的最低处理量。然而，盈亏平衡分析作为企业经营管理行动的依据，是有一定局限性的。任何一个线性盈亏平衡图都以一个固定不变的销售价格为依据。企业产品的各个产销量并非都保持盈亏平衡图中所示的线性关系。

表 5-19 为山西某选煤厂 2009—2013 年的盈亏分析情况。从表中可以看出，在年产量变化不大的情况下，保本生产量随着产品单价、总成本等因素变化比较大。

表 5-19　山西某选煤厂 2009—2013 年的盈亏分析情况

年份	2013 年	2012 年	2011 年	2010 年	2009 年
总成本/元	1 777 494 166	1 763 575 474	2 140 884 543	2 131 394 263	1 337 517 341
总固定成本/元	59 930 840	68 102 096	87 066 496	80 576 014	55 919 439
总变动成本/元	1 717 563 326	1 695 473 378	2 053 818 047	2 050 818 249	1 281 597 902
折合总产量/t	2 354 169	2 186 405	2 455 289	2 605 536	2 449 388
单位成本/(元/t)	755.04	806.61	871.95	818.03	546.06
单位固定成本/(元/t)	25.46	31.15	35.46	30.92	22.83
单位变动成本/(元/t)	729.58	775.46	836.49	787.10	523.23
销售单价(精煤)/(元/t)	780	959	1 000	1 050	750

表 5-19(续)

年份	2013 年	2012 年	2011 年	2010 年	2009 年
销售数量/t	22 578 830.31	2 206 211.85	2 415 662.14	2 579 780.72	2 594 843.93
销售收入/元	17 611 487 642	2 115 757 164	2 415 662 140	2 708 769 756	1 946 132 948
(销售单价－单位变动成本)/(元/t)	50.42	183.54	163.51	262.90	226.77
保本量/t	1 188 719.49	371 051.18	532 475.41	306 489.60	246 593.04
保本额/元	927 201 199.7	355 838 081.4	532 475 409	321 814 078.9	184 944 781
说　明	单位成本＝总成本/折合总产量 单位固定成本＝总固定成本/折合总产量 单位变动成本＝总变动成本/折合总产量 销售收入＝销售单价×销售数量 保本量＝总固定成本/(销售单价－单位变动成本) 保本额＝保本量×销售单价				

随着产品销售量的增加，对现有的厂房、设备的使用可能会超出其生产能力限度，从而导致生产率降低。这种情况就要求选煤厂增加工人并经常延长作业时间，从而要支付加班工资，这样往往会使变动成本急剧上升。此外，企业又可能增置设备，增建厂房，这也会增加固定成本。何况在一个长时期内企业销售的产品在质和量上都可能发生变化。产量组合上这样的变化都会影响保本盈亏计算的结果。

思　考　题

1. 选煤厂长期经营计划、年度经营计划的内容有哪些？如何编制？
2. 如何用分配率指标法编制选煤生产计划？
3. 选煤成本是由哪几项构成的？如何计算？
4. 选煤成本应如何控制？
5. 降低选煤成本应从哪几方面入手？

第6章 选煤厂质量管理

产品质量是企业的生命。在市场经济条件下,企业加强质量管理已经成为必然的趋势。选煤厂的主要任务就是给用户提供质量合格的煤炭产品,然而煤炭产品的质量受很多因素的影响,因此必须对选煤全过程进行监控和管理,以保证煤炭产品的质量。

6.1 煤炭产品质量与标准

矿井开采出来的未经任何加工的煤炭称为毛煤。毛煤不能作为商品煤直接销售,只有经过简单加工,除掉大块矸石(一般大于50 mm)、黄铁矿等杂物,成为原煤后才能作为商品煤销售。但销售原煤有很多弊病,首先原煤的灰分、硫分较高,直接燃烧会带来很大的环境问题;其次,原煤价格便宜,直接出售不经济。应该尽可能排除原煤中的杂质,按用户要求生产适销对路的煤炭产品。

6.1.1 煤炭产品的分类与分级

煤炭分类是合理利用煤炭资源的前提,也是选煤厂建厂的根据之一。《中国煤炭分类》(GB/T 5751—2009)对中国煤炭制定了详尽的分类标准。在中国煤炭分类体系中,先根据干燥无灰基挥发分等指标,将煤炭分为无烟煤、烟煤和褐煤;再根据干燥无灰基挥发分及黏结指数等指标,将烟煤划分为贫煤、贫瘦煤、瘦煤、焦煤、肥煤、1/3焦煤、气肥煤、气煤、1/2中黏煤、弱黏煤、不黏煤及长焰煤。《中国煤炭分类》(GB/T 5751—2009)是按照煤化程度和工艺性能进行分类的一个煤炭实用性分类标准,与以煤变质程度、岩相组成和煤中矿物质含量作为分类依据的国际分类标准《煤的分类》(ISO 11760—2005)有一定的差异。

按照国家标准《煤炭质量分级 第1部分:灰分》(GB/T 15224.1—2018),将商品煤分为特低灰煤、低灰煤、中灰煤、高灰煤和特高灰煤5个级别。按照国家标准《煤炭质量分级 第2部分:硫分》(GB/T 15224.2—2021),将商品煤分为特低硫煤、低硫煤、中硫煤、中高硫煤和高硫煤5个级别。按照国家标准《煤炭质量分级 第3部分:发热量》(GB/T 15224.3—2022),将商品煤分为特高发热量煤、高发热量煤、中高发热量煤、中发热量煤、中低发热量煤和低发热量煤6个级别。

我国商品煤按照用途、加工方法和技术要求共划分为精煤、筛选煤、洗选煤、原煤和低质煤五大类29个品种61个等级。其中,精煤分为冶炼用炼焦精煤、其他用炼焦精煤和喷吹用精煤;筛选煤分为混煤、末煤、粉煤、特大块、大块、中块、混块、混中块、小块、混粒煤、粒煤等11个品种;洗选煤分为洗原煤、洗混煤、洗末煤、洗粉煤、洗特大块、洗大块、洗中块、洗混中块、洗混块、洗小块、洗混粒煤、洗粒煤等12个品种。

6.1.2　商品煤的质量指标

商品煤质量指标是遵循有关规定和坚持数量、质量统一的原则而编制计算的。商品煤数量是指企业出售的各种煤炭的数量（包括自用煤和地销煤）；商品煤质量是根据国标规定采样测定计算的。全月商品煤质量指标为每批商品煤质量指标的加权平均值。各项质量指标的计算如下。

(1) 商品煤灰分

商品煤灰分通常是在煤流中或火车上采样，一般按煤种以 1 000 t 作为一批，测定灰分进行计算的。其计算方法如下：

$$\text{商品煤灰分}(\%)=\frac{\sum(\text{每批煤样的灰分}\times\text{所代表的商品煤质量})}{\sum\text{每批煤样所代表的商品煤质量}}\times 100\%$$

$$=\frac{\text{商品煤灰分量}}{\text{商品煤质量}}\times 100\%$$

(2) 商品煤含矸率

商品煤含矸率通常是在煤流中或运输工具上采样，将采得的煤样用孔径为 50 mm 的圆孔筛进行筛分，拣出筛上物中的矸石、硫化铁，将各种产品和矸石称重后计算得出的。其计算方法如下：

$$\text{商品煤含矸率}(\%)=\frac{\sum(\text{每批煤样的含矸率}\times\text{所代表的商品煤质量})}{\sum\text{每批煤样所代表的商品煤质量}}\times 100\%$$

$$=\frac{\text{商品煤中矸石质量}}{\text{商品煤质量}}\times 100\%$$

$$\text{煤样含矸率}(\%)=\frac{\text{筛上矸石质量}}{\text{筛上块煤质量}+\text{筛上矸石质量}+\text{筛下物质量}}\times 100\%$$

在计算商品煤含矸率时，应注意以下三点：① 在计算企业商品煤含矸率指标时，其分母项应包括所有品种的商品煤量。即不仅仅包括粒度小于 50 mm 的各种商品煤，还应包括粒度大于 50 mm 的各种商品煤。② 有的矿没有粒度大于 50 mm 的商品煤，其含矸率为 0，企业在汇总时分母项应包括该矿的商品煤量。③ 有的矿有粒度大于 50 mm 的商品煤，而本期没有测定含矸率，则企业汇总时分母项不应包括该矿本期的商品煤量，但应将该矿前期累计数转记在本期累计之中。

(3) 商品煤全水分

商品煤全水分是按规定水分计算商品煤量的依据，也是商品煤的计价条件之一。其计算方法如下：

$$\text{商品煤全水分}(\%)=\frac{\sum(\text{每批化验煤样的全水分}\times\text{所代表的商品煤质量})}{\sum\text{每批化验煤样所代表的商品煤质量}}\times 100\%$$

$$=\frac{\text{商品煤全水分量}}{\text{商品煤质量}}\times 100\%$$

(4) 商品煤的块煤限下率

商品煤的块煤限下率是将块煤的煤样用各粒级下限相同筛孔的筛子进行筛分，再称量全部筛下物和筛上物质量后计算得出的。其计算方法如下：

$$块煤限下率(\%)=\frac{\sum(每次检验的块煤限下率\times 所代表的块煤质量)}{\sum 每次检验所代表的块煤质量}\times 100\%$$

$$每次检验的块煤限下率(\%)=\frac{筛下物质量}{筛下物质量+筛上物质量}\times 100\%$$

(5) 块煤率

块煤率是全部块煤总产量占原煤总产量的百分比。其计算方法如下：

$$块煤率(\%)=\frac{块煤总产量}{原煤总产量}\times 100\%$$

(6) 商品煤合格品率

商品煤合格品率是指每批商品煤质量(包括灰分、全水分等)合乎《产品目录》中规定允许范围的合格品质量占全部商品煤量的百分比。其计算方法如下：

$$商品煤合格品率(\%)=\frac{每批商品煤合格品的质量之和}{商品煤质量}\times 100\%$$

(7) 商品煤全硫分

商品煤全硫分通常用商品煤月综合煤样进行测定求得。有条件的可测定每批商品煤全硫含量进行计算。其计算方法如下：

$$\begin{aligned}商品煤全硫分(\%)&=\frac{\sum(每批煤样全硫含量\times 所代表的商品煤质量)}{每批煤样所代表的商品煤质量之和}\times 100\%\\&=\frac{商品煤硫分量}{商品煤质量}\times 100\%\end{aligned}$$

全局商品煤全硫分按月综合煤样测定的计算公式为：

$$\begin{matrix}全局商品\\煤全硫分(\%)\end{matrix}=\frac{\sum\left(\begin{matrix}各矿商品煤月综合煤\\样测算的硫含量\end{matrix}\times\begin{matrix}所代表的\\商品煤质量\end{matrix}\right)}{\sum 各矿商品煤质量}\times 100\%$$

(8) 商品煤发热量

对动力煤以发热量计价的单位要测定每批商品煤发热量，以计算总的商品煤发热量。其计算方法如下：

$$\begin{aligned}\begin{matrix}商品煤发热量\\(\mathrm{MJ/kg})\end{matrix}&=\frac{\sum(每批煤样发热量\times 所代表的商品煤质量)}{\sum 每批煤样所代表的商品煤质量}\times 100\%\\&=\frac{商品煤热量}{商品煤质量}\times 100\%\end{aligned}$$

对暂时尚未实行动力煤发热量计价的，可用月综合煤样测算，其计算方法如下：

$$\begin{matrix}全局商品煤发热量\\(\mathrm{MJ/kg})\end{matrix}=\frac{\sum\left(\begin{matrix}各矿商品煤月综合煤样\\测算的发热量\end{matrix}\times\begin{matrix}所代表的\\商品煤质量\end{matrix}\right)}{\sum 各矿商品煤质量}\times 100\%$$

6.2　质量管理的基础知识

6.2.1　质量管理概述

1. 质量的定义

质量是质量管理中最基本的概念，有些场合也使用“品质”来表达同一含义。根据《质量管理体系 基础和术语》(GB/T 19000—2016/ISO 9000:2015)中的定义，质量是指客体的一组固有特性满足要求的程度。

定义中并没有将质量限定于产品或服务，而是泛指一切可单独描述和研究的事物。它可以是活动或过程，可以是产品，也可以是组织、体系或人以及上述各项的任何组合。在质量管理过程中，质量的含义是广义的，除了产品质量之外，还包括工作质量。质量管理不仅要管好产品本身的质量，还要管好质量赖以产生和形成的工作质量，并以工作质量为重点。这个概念突出反映了质量的广泛包容性。应当说，这是迄今为止影响最为广泛、也最广为人们所接受的一个质量定义。

定义中的“特性”是指“可区分的特征”。特性可以是固有的或赋予的。固有特性是指事物本来就有的，尤其是永久的特性(如精煤的灰分、螺栓的直径)。赋予特性是指人为赋予产品、过程或体系的特性(如产品的价格、产品的所有者)，不反映在产品的质量范畴中。质量特性包括产品的适用性、可信性、经济性、美观性和安全性等。

定义中的“要求”是指“明示的、通常隐含的或必须履行的需求和期望”。“要求”既可以是明确表述出来的，如商务活动中买卖双方通过契约所作的约定、在诸如核能利用等特殊场合由法律所作的规定等；也可以是隐含的、不言而喻的，如人们对绝大多数的消费产品的需要一般并不特别明示出来，为了有效地满足这种隐含的需要，应当尽可能地对其加以明确和定义。

2. 质量特性的含义

质量是对顾客需要的反映，应当用清晰的、理性的、技术的或工程的语言表述出来，在 GB/T 19000—2016/ISO 9000:2015 标准中，质量特性的定义是与要求有关的，客体的固有特性。

质量特性可以分为以下几种类型：

① 技术性或理化性的质量特性，如煤炭的水分、灰分、挥发分等。技术性的质量特性可以用理化检测仪器精确测定。科学技术的进步已经使得许多原来无法测定的特性可用精确的指标来衡量。

② 心理方面的质量特性，如服装的式样、食品的味道、汽车象征的地位和气派等。心理方面的质量特性反映顾客的心理感觉和审美价值。人们的心理感觉和审美价值千差万别，很难用准确的技术指标来衡量。对于构成产品的“独家特色”，构成产品对每一具体用户的“适用性”非常重要，尤其在消费品领域就更为如此。

③ 时间方面的质量特性，如耐用品的可靠性、可维修性、精度保持性、产品供应的及时性等。产品使用过程中的及时性、可靠性、可维修性以及使用费用等都极大地影响着顾客的质量评价。

④ 安全方面的质量特性。产品的使用不仅要可靠、及时，更加重要的是不能给顾客造成伤害和事故，因此，产品必须有保证条款，有各种安全措施。重视安全方面的质量特性对于企业避免和防止产品责任问题的发生具有极为重要的意义。

⑤ 社会方面的质量特性。在考虑质量特性的内容时，仅仅考虑相应顾客的需要是不充分的，还必须考虑法律、法规、环保以及社会伦理等有关社会整体利益方面的要求。例如，稀缺煤种应物尽其用等。

3. 质量管理发展历程

20世纪，人类跨入了以“加工机械化、经营规模化、资本垄断化”为特征的工业化时代。在过去的整整一个世纪，质量管理的发展大致经历了四个阶段：

(1) 质量检验阶段

20世纪初，人们对质量管理的理解还只限于质量的检验。质量检验所使用的工具是各种检测设备和仪表，方式是严格把关，百分之百检验。其间，美国出现了以弗雷德里克·泰勒(F. W. Taylor，科学管理之父)为代表的“科学管理运动”，提出了在人员中进行科学分工的要求，将计划职能和执行职能分开，中间加一个检验环节。

(2) 统计质量控制阶段

这一阶段的特征是数理统计方法与质量管理的结合。第一次世界大战后期，为了解决数百万美国参战士兵服装问题，沃特·休哈特(W. A. Shewhart，现代质量管理奠基者，统计质量控制之父)利用统计学发现军装规格符合正态分布，建议将军装按十种规格的不同尺寸加工不同数量。美国国防部采纳了休哈特的建议，并将统计质量管理方法用于军火生产管理。第二次世界大战后许多民用工业也纷纷采用这一方法。统计质量管理过分强调统计方法，使人们误以为质量管理就是统计方法，而且它对质量的控制和管理只局限于制造和检验部门，忽视了其他部门的工作对质量的影响。

(3) 全面质量管理阶段

20世纪50年代，科学技术和工业生产快速发展，对质量要求越来越高。突出的质量问题要求人们运用“系统工程”的概念，把质量问题作为一个有机整体加以综合分析研究，实施全员、全过程、全企业的管理。美国通用电气公司全球生产运作和质量控制主管阿曼德·费根堡姆(A. V. Feigenbaum，全面质量控制之父)最早提出了全面质量管理概念。他指出，“质量是产品本身和售后服务，以及市场销售、工程控制、上游制造、产品维护等方面的一个复合体，在顾客使用该产品和享受它的服务的时候，这个质量要达到或者超过顾客的预期期望。”

(4) 质量(保证)管理体系阶段(ISO 9000标准阶段)

1979年英国标准协会BSI向国际标准化组织(ISO)提交了一份建议，倡议研究质量保证技术和管理经验的国际标准化问题。同年ISO批准成立质量管理和质量保证技术委员会TC176，专门负责制定质量管理和质量保证标准。1987年正式颁布了ISO 9000系列标准(9000—9004)第一版并很快得到了工业界的广泛承认。我国在1994年正式颁布等同ISO 9000的国家标准GB/T 19000系列标准。

企业通过质量管理体系认证，一方面可以完善组织内部管理，使质量管理制度化、体系化和法治化，提高产品质量并保证产品质量的稳定性；另一方面表明尊重消费者权益和对社会负责，可以增强消费者的信赖度，提高产品的市场竞争力。质量管理体系认证还有利于发展外向型经济，是组织向海外市场进军的准入证，是消除贸易壁垒的强有力的武器。

6.2.2　质量管理三部曲

20 世纪七八十年代后，新的管理思想开始建立。新的管理思想认为，质量问题有 80% 出于管理层，而只有 20%起源于员工，也就是说，管理者可控制缺陷约占 80%，操作者可控制缺陷一般小于 20%（即朱兰“80/20”原则）。传统的管理方式不仅不能克服质量问题，在一定意义上还会助长质量危机的产生。要想解决质量危机，就需要破除传统观念，从根本上改造传统的质量管理，按照新的行动路线来行事，这一路线便是美国质量管理专家约瑟夫·朱兰（J. M. Juran，现代质量管理之父）提出的“质量计划、质量控制和质量改进”的“质量管理三部曲”，又称“朱兰三部曲”或“质量三元论”。朱兰博士是世界著名的现代质量管理专家，他最早把帕累托原理引入质量管理。1951 年由朱兰博士主编的《质量控制手册》被称为当今世界质量控制科学的名著，为奠定全面质量管理的理论基础和基本方法作出了卓越的贡献。

朱兰指出，一个公司要想改善质量管理，重要的任务是达成一致，使每个人都知道新的行动方向是什么。要想造就这种一致性，必须解决那些妨碍一致的强大力量。这些力量绝大多数来源于公司内部固有的不一致性。在上述分析的基础上，朱兰提出了由质量计划、质量控制和质量改进三个过程组成的质量管理三部曲，每个过程都由一套固定的执行程序来实现。其具体内容为：

① 质量计划（设计）。质量计划是一个为实现质量目标做准备的过程。其最终结果是能在经营（操作）条件下实现质量目标。

② 质量控制。质量控制是一个经营中达到质量目标的过程。其最终结果是按照质量计划开展质量经营活动。

③ 质量改进。质量改进是一个突破计划并达到前所未有水平的过程。其最终结果是以明显优于计划性能的质量水平进行经营活动。

质量计划指旨在明确企业的产品和服务所要达到的质量目标，并对为实现这些目标所组织的各种活动进行规划和部署的过程。通过质量策划活动，企业应当明确谁是自己的顾客，顾客的需要是什么，产品必须具备哪些特性才能满足顾客的需要。在此基础上，还必须设定符合顾客和供应商双方要求的质量目标，开发实现质量目标所必需的过程和工艺，确保过程在给定的作业条件下具有达到目标的能力，为最终生产出符合顾客要求的产品和服务奠定坚实的基础。

质量控制就其一般含义而言，是指制定控制标准，衡量实际绩效，找出偏差并采取措施纠正偏差的过程。质量控制就是为实现质量目标，采取措施满足质量要求的过程。广泛应用统计方法来解决质量问题是质量控制的主要特征之一。

质量改进是指突破原有计划，从而实现前所未有的质量水平的过程。实现质量改进有三个方面的途径：一是排除导致过程偏离标准的偶发性质量故障，使过程恢复到初始的控制状态；二是排除长期性的质量故障，使当前的质量提高到一个新的水平；三是在引入新产品、新工艺时，从计划（设计）开始就力求消除可能会导致新的慢性故障和偶发性故障的各种可能性。

在质量管理三部曲中，质量计划明确了质量管理所要达到的目标以及实现这些目标的途径,是质量管理的前提和基础;质量控制确保事物按照计划的方式进行,是实现质量目标的保障;质量改进则意味着质量水平的飞跃,标志着质量活动以一种螺旋式上升的方式在不断攀登和提高。

6.3 全面质量管理

全面质量管理是以组织全员参与为基础的质量管理形式,代表质量管理发展的最新阶段。它起源于美国,后来在其他一些工业发达国家开始推行,并且在实践运用中各有所长。特别是日本,在20世纪60年代以后推行全面质量管理并取得了丰硕的成果,引起世界各国的瞩目。20世纪80年代后期以来,全面质量管理得到了进一步的扩展和深化,逐渐由早期的全面质量控制(total quality control,TQC)演化成为全面质量管理(total quality management,TQM),其含义远远超出了一般意义上的质量管理的领域,而成为一种综合的、全面的经营管理方式和理念。我国从1978年推行全面质量管理以来,在理论和实践上都有一定的发展,并取得了成效,这为在我国贯彻实施ISO 9000族国际标准奠定了基础。反之,ISO 9000族国际标准的贯彻和实施又为我国全面质量管理的深入发展创造了条件。

6.3.1 TQM的概念

如前所述,全面质量管理是由早期的TQC发展演化而来的。费根堡姆于1961年在《全面质量管理》一书中首次提出了全面质量管理的概念:全面质量管理是为了能够在最经济的水平上,并考虑充分满足用户要求的条件下进行市场研究、设计、生产和服务,把企业内各部门研制质量、维持质量和提高质量的活动构成为一体的一种有效体系。TQM的这个定义强调了以下三个方面:

首先,这里的"全面"一词是相对统计质量控制中的"统计"而言的。也就是说,要生产出满足顾客要求的产品,提供顾客满意的服务,单靠统计方法控制生产过程是不够的,必须综合运用各种管理方法和手段,充分发挥组织中的每一个成员的作用,从而更全面地去解决质量问题。

其次,"全面"还相对制造过程而言。产品质量有个产生、形成和实现的过程,这一过程包括市场研究、研制、设计、制定标准、制定工艺、采购、配置设备与安装、加工制造、工序控制、检验、销售、售后服务等多个环节,它们相互制约、共同作用的结果决定最终的质量水准,仅仅局限于个别制造过程实行控制是远远不够的。

最后,质量应当是"最经济的水平"与"充分满足用户要求"的完美统一,离开经济效益和质量成本谈质量是没有实际意义的。

费根堡姆的TQM观点在世界范围内得到了广泛认同。但各个国家都在实践中结合自身实际进行了创新。特别是20世纪80年代后期以来,TQM得到了进一步的扩展和深化。

TQM的基本观点为:一切为了顾客、一切以预防为主、一切凭数据说话、一切按PDCA[PDCA分别代表计划(plan)、执行(do)、检查(check)、处理(act)]循环办事。ISO 9000族标准中对TQM的定义为:一个组织以质量为中心,以全员参与为基础,目的在于通过让顾客满意和本组织所有成员及社会受益而达到长期成功的管理途径。这一定义反映了TQM

概念的最新发展，也得到了质量管理界的广泛认同。

6.3.2　TQM 的基本要求

TQM 在我国得到了一定的发展。我国专家总结实践的经验，提出了“三全一多”的观点，即全过程、全员、全企业和多方法的质量管理。

1. 全过程的质量管理

任何产品或服务的质量都有一个产生、形成和实现的过程。从全过程的角度来看，质量产生、形成和实现的整个过程是由多个相互联系、相互影响的环节所组成的。每一个环节都或多或少地影响着最终的质量状况。为了保证和提高质量，就必须把影响质量的所有环节和因素都控制起来，形成一个综合性的质量管理体系，做到预防为主，防检结合，重在提高。

2. 全员的质量管理

产品和(或)服务质量是企业各方面、各部门、各环节工作质量的综合反映。企业中任何一个环节、任何一个人的工作质量都会不同程度地直接或间接地影响着产品质量或服务质量。因此，产品质量人人有责，只有人人关心产品质量和服务质量，人人做好本职工作，全体参加质量管理，才能生产出顾客满意的产品。

3. 全企业的质量管理

全企业的质量管理可以从纵横两个方面来加以理解。从纵向的组织管理角度来看，质量目标的实现有赖于企业的上层、中层、基层管理乃至一线员工的通力协作，其中尤以高层管理能否全力以赴起着决定性的作用。从企业职能间的横向配合来看，要保证和提高产品质量必须使企业研制、维持和改进质量的所有活动成为一个有效的整体。

4. 多方法的质量管理

影响产品质量和服务质量的因素越来越复杂：既有物质的因素，又有人的因素；既有技术的因素，又有管理的因素；既有企业内部的因素，又有随着现代科学技术的发展，对产品质量和服务质量提出更高要求的企业外部的因素。要把这一系列的因素系统地控制起来，全面管好，就必须根据不同情况区分不同的影响因素，广泛、灵活地运用多种多样的现代化管理方法来解决当代质量问题。

目前，质量管理广泛使用的各种方法中，统计方法是重要的组成部分。除此之外，还有很多非统计方法。常用的质量管理方法有所谓的老七种工具，具体包括因果图、排列图、直方图、控制图、散布图、分层图、调查表；还有新七种工具，具体包括关联图、KJ 法、系统图、矩阵法、矢线图、PDPC 图、矩阵数据分析法。除了以上方法外，一些新方法近年来得到了广泛的关注，具体包括质量功能展开、田口方法、故障模式和影响分析、头脑风暴法、6σ 法、业务流程再造等。

6.3.3　TQM 的基本工作方式

全面质量管理的基本工作方式 PDCA 循环或 PDSA 循环，研究起源于 20 世纪 20 年代，休哈特博士提出了“计划-执行-检查”(plan-do-see)的休哈特循环。美国质量管理专家爱德华兹·戴明(W. E. Deming)将休哈特的 PDS 循环进一步完善，提出了“计划-执行-检查-处理”(plan-do-check-act)的质量持续改进模型。该模型于 1950 年被修改为 PDSA 循环。

两者区别在于检查(check)和研究(study),意思是我们不只是改进了就好了,还要从改进中学习到一些新的知识。在戴明博士的眼中,检查(check)意味着你要问的问题是"系统的状态与你所期望的相比如何",而研究(study)则要求你提出更进一步的问题:"我们可以从系统的状态与我们预期的状态相比学到些什么?"今天我们很强调知识管理,通过检查(check),你得到的只是一个讯息,但通过研究(study),你得到的是知识,而你所学到的关于系统的知识将来可以更好地实现有关产品的过程目标。

戴明博士被称为日本质量管理之父,从1950年应聘到日本指导质量管理,一直持续长达40余年,所提出的品质经营理念,奠定了日本TQC和全公司品质控制(company wide quality control,CWQC)的基础,推动了日本质量管理的发展。1980年6月24日,美国NBC电视台播放了《如果日本能,为什么我们不能》(*If Japan can, why can't we?*)的纪录片。90分钟的"质量革命"专题片,通过文稿、采访、案例研究和应用演示,详细地描述了日本如何跟随戴明博士的"持续改善"的建议,"将制造当作一个系统"而不是局部的零碎改进,非常详细地描述了戴明博士的质量方法和质量观,使美国人认识到日本工商经营成功的背后有一位伟大的美国管理学家。戴明博士提出的《领导职责的十四条》奠定了现代全面质量管理的基础。

PDCA循环是能使任何一项活动有效进行的一种合乎逻辑工作的程序,特别是在质量管理中得到了广泛的应用。质量管理或质量改进即按照PDCA四个阶段的顺序循环进行。PDCA循环的过程就是企业在认识问题和解决问题中使质量和质量管理水平不断呈阶梯状上升的过程。

1. PDCA循环的工作步骤

每一个PDCA循环都可概括为四个阶段、八个步骤。

Plan阶段:计划阶段

(1) 找出存在的问题(了解情况、发现问题、确定目标)。

(2) 分析产生问题的原因(召开有关人员的分析会,利用因果分析图等手段查找原因)。

(3) 找出主要因素(主要原因往往集中到一个因素上面,最多不要超过两个或三个,从各种原因中找出对质量影响最大的因素,即主要原因)。

(4) 研究措施(制订计划、提出目标、拟定措施、围绕主要目标订出一个切实可行的详细计划)。

制订改善产品质量计划首先要对现状进行调查研究,及时、全面、准确地收集有关数据和资料,找出影响质量的各种因素,针对主要因素制订计划和措施。制订计划时要充分考虑如何回答"6W3H"(6W——why、what、where、when、who、which;3H——how、how many、how much)。

① Why——为什么。明确了解工作进行的目的和理由。

② What——是什么。确定要做什么工作。

③ Where——何处。确定工作完成地点。

④ When——何时。确定工作开始和完成时间。

⑤ Who——谁。明确责任者、协作者。

⑥ Which——哪个。确定各项工作的优先顺序及找出解决问题的重点对策。

⑦ How——怎么做。明确各项工作如何进行及进行的顺序步骤。

⑧ How many——工作数量多少。确定工作数量。

⑨ How much——工作费用多少。估算工作费用。

Do 阶段：执行阶段

(5) 按预定计划的对策，认真执行。

Check/study 阶段：检查/学习阶段

(6) 检查执行效果，并与计划、目标相对照，找出成功的经验或失败的教训。

Action 阶段：处理阶段

(7) 巩固成绩，进行标准化。

(8) 找出执行计划不足之处，处理遗留问题，为下一个 PDCA 循环提供依据。

2. PDCA 循环的特点

① 四个阶段是一个有机整体。只有计划，不去实施，等于没有计划。计划有了，也按此做了，但不检查就无从知道做的结果。检查后不处理，成果无法巩固，工作水平无法提高。因此，这四个阶段是一个循序渐进的完整循环。

② PDCA 循环是一个不断前进、不断提高的运动过程。正如图 6-1(a)所示，这样不停地循环，就会使工作和产品质量不断提高。

③ PDCA 循环是一个大环套小环、一环扣一环的制约环。整个企业的质量管理体系是一个大管理环，各级、各部门都有各自的小管理环，这样形成一个大环套小环的综合环系统，如图 6-1(b)所示，大小循环彼此协调，互相促进。

④ PDCA 循环的关键在于处理阶段(A)。这个阶段是一个承上启下的阶段，它把执行结果的成功经验与失败教训都纳入有关的各项标准、规程、制度中，作为今后行动的指南或借鉴，使工作与产品质量在已有的基础上进一步提高；对存在的问题，又纳入下一个循环去解决。因此，对处理阶段的工作应倍加重视。

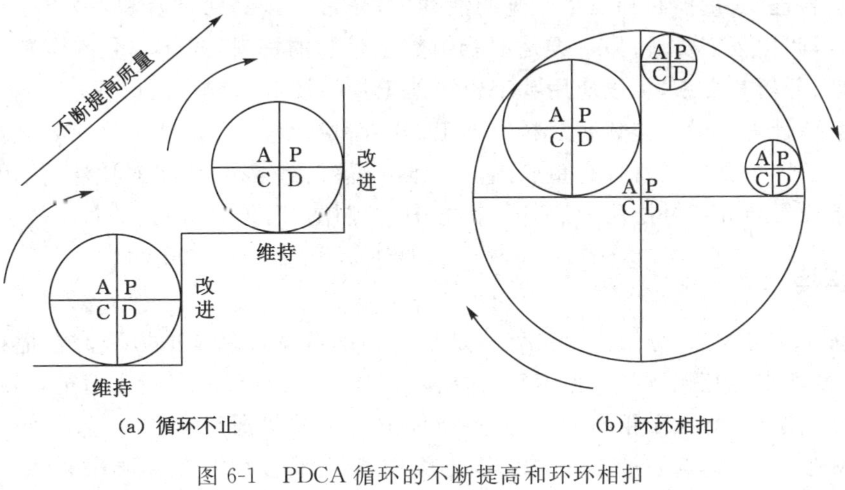

图 6-1　PDCA 循环的不断提高和环环相扣

3. PDCA 循环的应用

【例 6-1】 PDCA 循环在培训体系中的应用

PDCA 循环在培训体系中的应用如下：

(1) 培训体系之计划(P)

① 分析确定培训需求。

② 分析数据,总结差距和根源,明确组织能力、员工技能与业务目标的差距,明确各种培训项目信息(培训时间、培训类型、培训名称、参加人员范围、费用预算)。

③ 确定培训解决方案。

④ 培训计划的沟通与确认。

(2) 培训体系之实施(D)

① 筹划方案。

② 课程规划。

③ 培训调查问卷的统计分析。

④ 培训总结会。

(3) 培训体系之检查(C/S)

① 第一层次是反应层,是学员对课程的满意程度。

② 第二层次是学习层,即学员到底学到了什么。

③ 第三层次是行为层,即学员多大程度上能将所学用于改变自己的行为。

④ 第四层次是效益层,用来判断培训后员工工作业绩的提高程度。

(4) 培训体系之处理(A)

① 总结经验、巩固成绩,把效果好的总结提炼,上升为“标准”。

② 处置遗留问题,将其转入下一个 PDCA 循环。

6.4 质量管理常用方法

在质量管理、质量控制和质量改进的活动中,经常会碰到两类资料:一类是可以用数字表示的资料,叫作数字资料;另一类是不能用数字表示的资料,叫作非数字资料。对于数字资料的整理、分析和推断,可以应用数字资料的工具和技术,如排列图、直方图、控制图、假设检验和参数估计等。对于非数字资料的加工、分析和判断,可以应用非数字资料的工具和技术,如分层法、因果分析图、树图(鱼刺图)、二维分析图、对策表、水平对比法、流程图、头脑风暴法等。下面重点介绍分层法、排列图、直方图、控制图、因果分析图、散布图等。

6.4.1 分层法

分层法又称分类法、分组法、层别法,是整理归纳数据最基本的方法。它把相同性质的数据分组,使本来杂乱无章的数据变得有规律,以便从中分析问题,找出对策,对症下药。

采用分层法时,将性质相同的,在同一条件下收集的数据归纳在一起,以便进行比较分析。在实际生产中,影响质量变动的因素很多,如果不把这些因素区别开来,则难以得出变化的规律。数据分层可根据实际情况按多种方式进行。例如,按时间、班次、使用设备的种类、原材料的进料时间、原材料成分、检查手段、使用条件、不同缺陷项目等因素进行分层。数据分层法经常与统计分析表结合使用。

数据分层法主要是一种系统概念,即在处理相当复杂的资料时,要懂得如何把这些资料有系统、有目的、分门别类地归纳及统计。科学管理强调的是以管理的技法来弥补以往靠经验、靠视觉判断的不足。而此管理技法，除了有正确的理念外，更需要有数据的运用，这样才能进行工作解析及采取正确的措施。

创建原始数据及将这些数据依据所需要的目的进行统计，是诸多质量管理方法的最基础工作。例如，我国航空市场近几年竞争日趋激烈，航空公司为了争取市场越来越重视在服务品质方面下功夫。航空公司通常利用调查表进行客户满意度调查。调查表的内容通常包括地面的服务品质及航机上的服务品质。地面相关内容又包括订票、候机；航机上相关内容又包括空服态度、餐饮、卫生等。通过调查，将这些数据予以统计，就可知道从何处加强服务品质了。

煤炭行业数据的分层法大体上有以下 7 种：

① 按时间分，如小时、班、日、旬、月、季、年。

② 按人员分，如新老工人、性别、年龄、文化程度、工龄等。

③ 按设备类型分，如跳汰机、重介质分选机、浮选机等。

④ 按原料分，如产料地点(煤层、矿井)、规格、可选性、灰分等。

⑤ 按操作方法分，如自动控制、人工操作。

⑥ 按检测方法分，如人工检测、自动检测、检测工具、检测人员。

⑦ 其他分层法，如经济损失、环境气候影响、产品种类等。

分层法的实质是逐次分层，逐层分解，使质量管理工作层层深入、层层解剖、层层解决。

例如，某选煤厂将控制精煤质量的快灰检查结果按旬分层后发现，半年内各旬快灰指标不同，但有一定的规律性，上旬偏低，中旬居中，下旬偏高。上半年精煤快灰平均为 10.45%，按旬分组后上、中、下旬的平均灰分分别为 10.12%、10.38%和 10.75%。虽然该厂每月精煤的平均灰分均能达到 10.01%～10.50%的要求，但一个月内的灰分并不均衡。为了使全月各旬总精煤灰分的平均值达到要求，从而提高精煤产率，应找出灰分不均衡的原因，设法使全月灰分更均匀。

【例 6-2】 某选煤厂 4 个月不同精煤灰分对比如表 6-1 所示，试分析其生产情况。

表 6-1　某选煤厂 4 个月不同精煤灰分对比

产品	灰分 A_d/ %				
	1998 年 7 月	1998 年 10 月	1998 年 12 月	1999 年 7 月	平均
块精煤	7.71	7.56	7.95	7.62	7.71
末精煤	10.27	10.40	10.32	10.99	10.50
浮选精煤	11.38	11.43	9.76	12.46	11.26
总精煤	9.07	8.81	8.74	8.99	8.90

由于细粒原煤煤质好于大块原煤，在相同的分选密度下，细粒精煤的灰分应该低一些。由表 6-1 可以看出，总精煤灰分基本保持在 9%左右；但是从 4 个月的平均值来看，末精煤灰分比块精煤灰分高 2.79% ，比总精煤灰分高 1.60%，这说明末煤分选效果差。浮选精煤灰分比末精煤灰分高 0.76%，比总精煤灰分高 2.36%。为了保证总精煤灰分小于 9%，不得不压低块精煤灰分，这会造成块精煤损失，总精煤产率降低。由表 6-1 可知，该选煤厂 1998 年 12 月的浮选精煤灰分小于 10% ，说明浮选精煤灰分是有可能降低的。

由三种精煤的灰分可以看出，在长达1年间隔的四组数据指标中，除了1998年12月的浮选精煤指标变动异常外(见图6-2)，其他数据规律性很好，说明该厂生产指标确定得非常不合理。

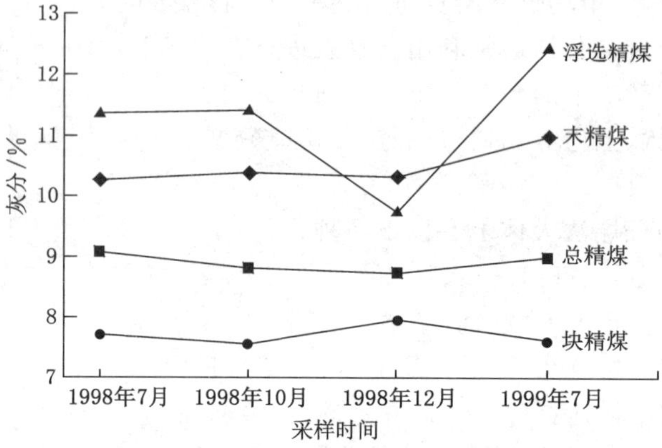

图6-2　某选煤厂4个月不同精煤灰分对比

一方面，由于粒度偏析的影响，一般情况下块精煤灰分会比末精煤灰分高一些，而该厂末精煤平均灰分超过块精煤平均灰分2.79%。这需要对重选设备和工艺进行进一步试验研究，找出末精煤灰分高的原因。

另一方面，由于浮选精煤产率占总精煤产率较少，而且浮选精煤的单位消耗比较高，因此选煤厂一般确定浮选精煤灰分低于重选精煤灰分，避免产率较高的重选工段为产率较低的浮选工段背灰而降低总的精煤产率。该厂浮选精煤灰分平均为11.26%，需要重新核算确定选煤工艺各个环节的分选参数指标。

6.4.2　排列图

排列图又称帕累托图、重点分析图、ABC分析图，是由意大利经济学家维尔弗雷多·帕累托(V. Pareto，数理经济学之父，经典精英理论创始人)发明的。帕累托最早用排列图分析社会财富分布的状况，他发现当时意大利80%的财富集中在20%的人手里，后来人们发现很多场合都服从这一规律，于是称之为帕累托法则、二八定律。后来朱兰博士将帕累托的统计图加以延伸，将其用于质量管理的因素分析，因此成为全面质量管理常用的一种统计方法。

在质量管理过程中，要解决的问题很多，但往往不知从哪里着手，但事实上大部分的问题，只要能找出几个影响较大的原因，并加以处置及控制，就可解决问题的80%以上。帕累托图是根据归集的数据，以不良原因、不良状况发生的现象，有系统地以项目别(层别)分类，计算出各项目别所产生的数据(如不良率，损失金额)及所占的比例，再依照大小顺序排列，再加上累计值的图形。在工厂或办公室里，把低效率、缺损、制品不良等损失按其原因别或现象别，也可换算成损失金额的80%以上的项目加以追究处理，这就是所谓的帕累托图分析。

图6-3所示为某选煤厂事故停车主次因素排列图(影响因素见表6-2)。左边纵坐标表

示频数、件数、金额、时间等，右边纵坐标表示累计影响频率，横坐标表示影响质量的各个因素。作图步骤为：首先收集原始数据，将原始数据按项目分类，找出影响产品质量的因素；其次统计各项目（或因素）的次数，计算频率及累计频率；最后绘制排列图。绘图时要注意频数与累计频率两个纵坐标的数据相互对应。

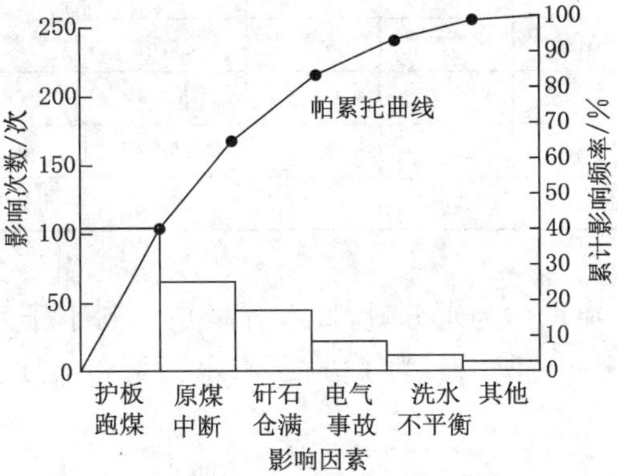

图 6-3　某选煤厂事故停车主次因素排列图

表 6-2　事故停车的影响因素

因　　素	影响次数/次	影响频率/%	累计影响频率/%
护板跑煤	106	41	41
原煤中断	64	25	66
矸石仓满	44	17	83
电气事故	24	9	92
洗水不平衡	13	5	97
其　　他	8	3	100

作排列图时要注意以下问题：

① 影响产品质量的因素不宜过多，如果过多，可把不重要的因素并入“其他”项，排在最后。

② 问题可以分层处理，把数据按性质、来源、时间、人员、设备等分类，分别绘制成不同的排列图，以便分析比较。

③ 主要因素要少于 3 个，最好是 1 个，否则失去意义。

④ 通过排列图找到主要因素后要采取措施解决，然后再收集数据，按原项目重作排列图，以检查改进效果。

【例 6-3】 某选煤厂精煤水分偏高，该厂精煤水分的构成见表 6-3。试分析并提出合理化建议。

表 6-3　某选煤厂精煤水分构成

项　目	因素代号	精煤产量和产率			水分/%	水分量/(×10⁻⁴)	水分量百分率/%	累计/%
		产量/(t/h)	产率/%	占原煤/%				
浮选精煤	a	17.19	9.40	4.91	40.69	382.49	31.72	31.72
离心机精煤	b	77.35	42.30	22.10	7.33	310.04	25.71	57.43
粗煤泥筛精煤	c	13.34	7.29	3.81	31.12	227.01	18.82	76.25
块精煤	d	69.95	38.25	19.99	5.91	226.06	18.75	95.00
细煤泥筛精煤	e	5.04	2.76	1.44	21.89	60.33	5.00	100.00
合计		182.87	100.00	52.25	12.06	1 205.94	100.00	

用水分与精煤产率的乘积作为水分量，按水分量从大到小排列影响全厂水分增高的主要因素，并绘制排列图如图 6-4 所示。为了方便，将水分量和水分量百分率分为两个纵坐标表示，也可以选用一个。

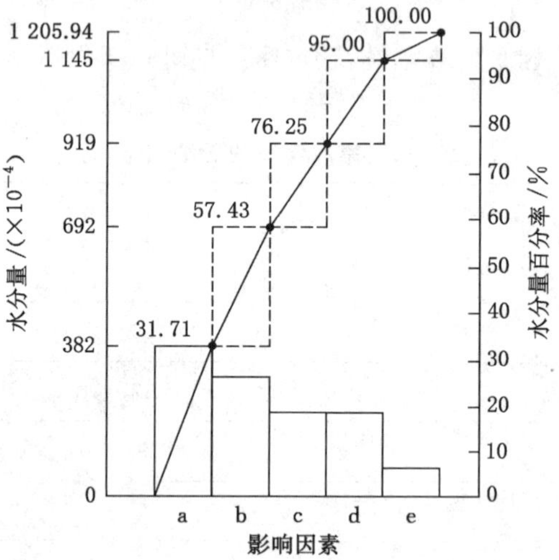

图 6-4　精煤水分构成排列图

本例中，浮选精煤水分、离心机精煤水分和粗煤泥筛精煤水分三者累计为 76.25%，为主要因素。由于离心机精煤水分为 7.33%，进一步降低水分的可能性不大，因此，从指标上分析，降低浮选精煤水分和粗煤泥筛精煤水分具有较大的潜力。

6.4.3　直方图

直方图是频数直方图的简称，又称柱体图、柱状图、质量分布图。在质量管理中，直方图通常作为预测并监控产品质量、对质量波动进行分析的工具。它通过对收集到的貌似无序的数据进行处理，来反映产品质量的分布情况，判断和预测产品质量及不合格率。

在制作直方图时，首先要对资料进行分组，因此如何合理分组是其中的关键问题；然后按组距相等的原则确定分组数和组距。直方图是根据从生产过程中收集来的质量数据分布情况，画成以组距为底边、以频数为高度的一系列连接起来的矩形图。

作直方图的目的是通过观察图的形状，判断生产过程是否稳定，预测生产过程的质量。直方图可以显示质量波动的状态，比较直观地传递有关过程质量状况的信息；通过研究质量波动状况，就能掌握过程的状况，从而确定在什么地方集中力量进行质量改进工作。

1. 直方图的绘制方法

绘制直方图，需要收集 50～100 个观测数据（数据太少则规律性不强），并分成若干个组，计算数据落在每组的频数及频率，然后绘制直方图。例如，某厂精煤灰分指标要求为 5.51%～6.00%，收集 150 个发给用户的精煤批灰分数据列于表 6-4。

表 6-4　某厂精煤批灰分测定数据　　单位：%

5.90	5.72	5.82	5.60	5.25	5.76	5.45	6.39	6.27	6.05
5.92	5.90	6.09	6.03	5.73	6.26	6.27	6.26	6.46	5.73
6.24	5.96	5.79	5.60	6.34	6.30	6.39	6.17	6.23	5.75
5.76	6.46	5.52	5.78	5.84	5.98	6.07	5.97	5.86	5.98
6.18	6.35	6.16	6.03	6.09	5.79	5.65	6.78	6.39	6.42
7.13	6.31	5.68	6.18	5.40	5.53	6.64	5.74	6.10	5.89
5.98	6.60	5.72	6.38	5.59	5.46	5.58	5.92	5.86	6.08
6.30	6.00	5.87	6.18	5.83	6.02	6.30	6.49	5.87	6.28
6.10	6.40	6.02	5.70	5.69	6.25	5.89	6.16	6.18	6.30
6.23	6.15	6.10	6.43	5.96	5.43	5.74	5.40	5.50	5.61
6.08	5.53	6.00	5.61	5.77	6.11	5.73	5.79	5.76	6.22
6.02	6.27	5.82	5.87	5.76	5.61	6.01	6.16	6.64	6.24
6.86	6.27	5.83	5.56	6.25	5.72	6.00	5.99	5.64	5.59
6.21	6.02	5.88	5.95	5.67	6.01	5.72	6.21	6.03	6.18
6.34	6.58	5.84	5.87	6.07	6.44	6.03	5.73	5.30	5.55

① 确定组数。

组数与数据的个数有关，组数太少，直方图过于粗糙；组数太多，每组的数据太少，直方图有可能凹凸不平，出现折齿型。数据个数与组数的关系见表 6-5。按表 6-5 规定，150 个数据可分成 10 组。

表 6-5　数据个数与组数关系

数据个数/个	<50	50～<100	100～<250	≥250
组数/组	5～7	6～10	7～12	10～20

② 确定组距（级宽）。

确定组距的原则是边界应能包含所有的原始数据。为此，求出原始数据中的极差。

例中，极差 $R = X_{\max} - X_{\min} = 7.13\% - 5.25\% = 1.88\%$，则组距 $h = \dfrac{R}{组数} = \dfrac{1.88\%}{10} =$

0.188%。

为了便于分组，取组距 $h=0.20\%$。

③ 确定组的上下界限值。

$$第一组的下限=X_{\min}-\frac{测量单位}{2}$$

本例中第一组的下限=5.25%−0.005%=5.245%。

$$第一组的上限=第一组的下限+h$$

本例中第一组的上限=5.245%+0.20%=5.445%。

其余各组的上下界限值为：前一组的上限=后一组的下限。同一组中，上限=下限+h。组的上下界限值精确到二分之一测量单位的目的是防止数据跨界，以利于分组。

④ 计算各组组中值。

$$组中值=\frac{上限+下限}{2}$$

本例中第一组的组中值$=\frac{5.445\%+5.245\%}{2}=5.345\%$。

⑤ 作频数分配表，统计各组频数，算出百分比。

本例的频数分布列于表 6-6。

表 6-6 某厂精煤批灰分频数分布

组号	组别	组中值	频数/个	频率/%	累计频率/%
1	5.245%～5.445%	5.345%	5	3.33	3.33
2	5.445%～5.645%	5.545%	17	11.33	14.67
3	5.645%～5.845%	5.745%	31	20.67	35.33
4	5.845%～6.045%	5.945%	34	22.67	58.00
5	6.045%～6.245%	6.145%	28	18.67	76.67
6	6.245%～6.445%	6.345%	25	16.67	93.33
7	6.445%～6.645%	6.545%	7	4.67	98.00
8	6.645%～6.845%	6.745%	1	0.67	98.67
9	6.845%～7.045%	6.945%	1	0.67	99.33
10	7.045%～7.245%	7.145%	1	0.67	100.00
合计			150	100.00	

⑥ 计算平均值 $\bar{X}$ 与标准差 σ。

标准差 σ 计算公式为：

$$\sigma=\sqrt{\frac{1}{n-1}\sum_{i=1}^{n}(X_i-\bar{X})} \tag{6-1}$$

按表中数据算出灰分平均值 $\bar{X}$ 为 5.99%，标准差 σ 为 0.323%。

标准差数值越小，说明接近平均灰分的频数越大，绘制的频数分布曲线就越陡。反之，标准差数值越大，说明数据点分布越分散。

计算出标准差 σ 以后，就可以确定平均灰分波动的范围，因而能知道灰分出现的概率。在本例中，以样本标准差代替总体标准差，取 95％的概率范围为 $\bar{X} \pm 1.96\sigma$，则可以粗略地推断 95％的灰分会落到 5.99％－1.96×0.323％和 5.99％＋1.96×0.323％之间，即在 5.36％～6.62％的范围内。

⑦ 绘制直方图。

以纵坐标表示频数或频率，以横坐标表示灰分，用组宽做底宽，用相应的频数或频率为高画出的直方图如图 6-5 所示。

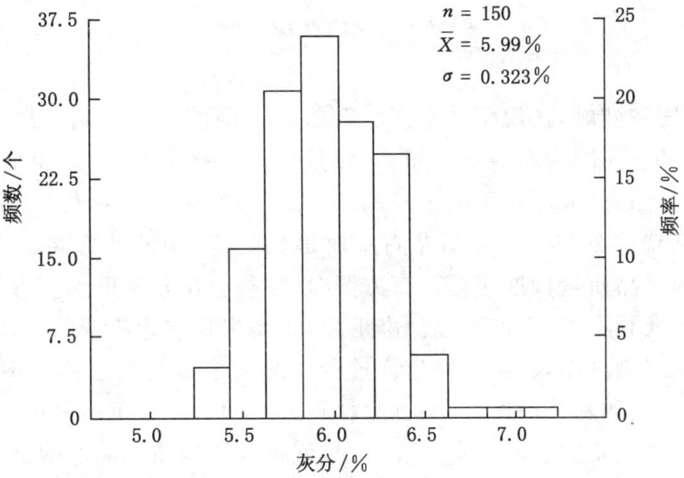

图 6-5　某厂精煤灰分直方图

2. 直方图的观察与分析

① 对平均值与标准差的分析。若平均值与期望值相一致，则说明控制指标正确；若平均值与期望值有较大偏移，说明产品质量产生了偏移，应调整控制指标。上例中要求的灰分为 5.51％～6.00％，实际销售精煤灰分的平均值为 5.99％，符合要求，并处于上限，非常适宜。因为精煤价格是阶跃函数，在同一等级中，应将灰分控制到接近上限，这样精煤产率高，利润大。

② 对直方图形状的分析。作直方图的目的是研究产品质量的分布状况，据此判断生产过程是否处在正常状态。在画出直方图后要进一步对它进行观察和分析。在正常生产条件下，如果所得到的直方图不是标准形状，或者虽是标准形状，但其分布范围不合理，就要分析其原因，采取相应措施。直方图的分布形状有多种形式，如图 6-6 所示。

看直方图时应着眼于图形的整体形状，根据形状判断它是正常型还是异常型。正常型直方图具有“中间高，两边低，左右对称”的特征，形状像“山”字。在正常生产条件下，由偶然因素引起的产品质量波动符合正态分布规律。

图 6-6(a)基本上符合正态分布，中部有一顶峰，左右两边逐渐降低，形似对称，表示生产过程是稳定的或工序加工能力是充足的。

图 6-6(b)和图 6-6(c)为偏向型分布，在分布中心的一侧，数据分布比较匀称平缓，而在

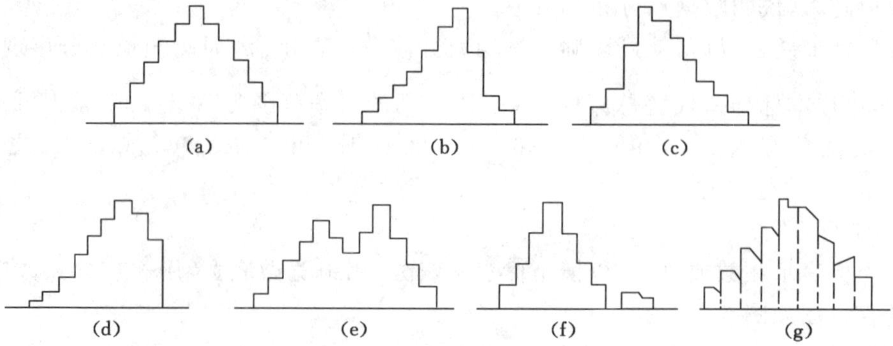

图 6-6　常见的直方图类型

另一侧，数据分布比较陡峭，这说明在生产实践中对上限或下限控制较严。如对精煤灰分，控制上限一般比下限严，因为精煤灰分超标，质量就不合格了，而下限再低也构不成质量事故，只是产率稍低。因此，低侧处于随机控制的状态下，高侧则处在人为的严格控制之下。

图 6-6(d)为陡壁型分布。直方图左右不对称，并且其中一侧像高山绝壁的形状，当用剔除了不合格品的产品质量特性数据作直方图时，往往会出现绝壁型直方图。此外，亦可能是操作者的工作习惯导致的，习惯于偏标准下限，于是出现左边绝壁的直方图。

图 6-6(e)为双峰型分布，有两个峰值。这种情况大多数是由于两组不同性质的数据未进行分层而引起的，比如两个操作者、两批原材料或者两台设备生产的产品混在一起。将数据分层后对两组不同性质的数据分别作直方图，就得到平均值不同的两个直方图。

图 6-6(f)为孤岛型分布。在正常的分布之外，出现质量差异较大的少数产品，说明有特殊事件发生。其原因可能是一时原材料发生变化，或者一段时间内设备发生故障，或者短时间内由不熟练的工人替班等。所以，只要找出原因，就能使直方图恢复到正常型。

图 6-6(g)为折齿型分布。直方图形状凹凸相隔，像梳子折断齿一样。出现折齿型直方图，多数是测量方法或读数存在问题，或处理数据时分组不适当等原因造成的。应重新收集和整理数据。

6.4.4　控制图

控制图，即休哈特控制图，又称为管制图、质量管理图、质量评估图，由休哈特博士在1924 年首先提出。它是一种有控制界限的图，用来区分引起质量波动的原因是偶然的还是系统的，可以提供系统原因存在的信息，从而判断生产过程是否处于受控状态。

控制图按其用途可分为两类：一类是供分析用的控制图，用控制图分析生产过程中有关质量特性的变化情况，看工序是否处于稳定受控状态；另一类是供管理用的控制图，主要用于发现生产过程是否出现了异常情况，以预防产生不合格品。

控制图的种类很多，有单值管理图、平均数-极差管理图、中位数-极差管理图、不合格产品率管理图等 20 余种。本节介绍常用的单值管理图。单值管理图适宜控制一个质量特性参数，以观测值逐个打点，方法简便，尤其适用于现场质量管理。

1. 单值管理图的绘制方法

单值管理图一般由纵、横坐标和 3 条横线组成。图 6-7 所示的单值管理图横坐标表示

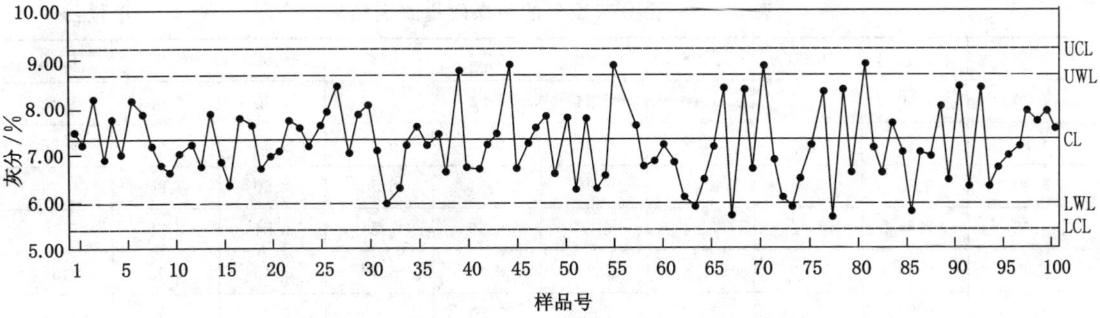

图 6-7　单值管理图示例

抽样时间或样品号，纵坐标表示测得的质量特征值。图中除质量控制中心线 CL(central line)、上下控制界限 UCL(upper control limit)、LCL(lower control limit)外，有的管理图还在控制界限内侧加上下警戒限 UWL(upper warning limit)、LWL(lower warning limit)。

2. 控制图中心线的求法

中心线可用两种方法确定：一是根据技术标准；二是根据历史资料求得的算术平均值 $\bar{X}$ 。如控制选煤厂最终精煤灰分，将产品目录规定的灰分或历史资料的算术平均值 $\bar{X}$ 作为控制中心线。

3. 上下控制界限的确定

① 根据技术标准规定确定上下控制界限。例如，国家规定精煤批灰分波动不得超过月平均值的 0.5%，因此出厂精煤批灰分上下控制界限按 $\bar{X}\pm0.5\%$ 确定。

② 利用单个数据的标准差计算上下控制界限。在正常生产过程中(只有偶然误差存在)，按照正态分布规律，若质量的平均值为 $\bar{X}$ ，则观测值落在 $\bar{X}\pm3.10\sigma$ 范围内的概率为 99.73%，落在 $\bar{X}\pm1.96\sigma$ 范围内的概率为 95.44%。对任何分布，观测值落在 $\bar{X}\pm3.10\sigma$ 之间的概率不会低于 88.89%，因而通常取 $\bar{X}\pm3.10\sigma$ 为上下控制界限。如果取 $\bar{X}\pm1.96\sigma$ 为上下警戒限，由于观测值落在 $\bar{X}\pm1.96\sigma$ 范围之外的概率不到 5%，对越出警戒限的情况必须严加注意。

一台分选设备的精煤质量(灰分)测定结果见表 6-7，其算术平均值 $\bar{X}$ 为 7.237%，标准差 σ 为0.65%，则：

控制上限 $=\bar{X}+3.10\sigma=7.237\%+3.10\times0.65\%=9.252\%$

警戒上限 $=\bar{X}+1.96\sigma=7.237\%+1.96\times0.65\%=8.511\%$

警戒下限 $=\bar{X}-1.96\sigma=7.237\%-1.96\times0.65\%=5.963\%$

控制下限 $=\bar{X}-3.10\sigma=7.237\%-3.10\times0.65\%=5.222\%$

绘制单值管理图，如图 6-7 所示。

表 6-7　一台分选设备的精煤质量测定结果　　单位：%

7.38	6.54	6.90	7.98	6.70	6.24	6.88	6.56	7.20	6.38
7.20	7.00	7.02	7.10	7.24	7.80	6.04	7.40	6.66	8.48
8.12	7.16	7.60	5.92	7.38	6.26	5.92	6.38	7.66	6.36
6.80	6.70	7.54	6.26	8.98	6.54	6.50	8.80	7.80	6.74
7.66	7.84	7.22	7.24	6.70	8.96	7.24	6.84	6.78	7.00
6.96	6.84	7.00	7.58	7.26	8.48	8.40	7.76	7.00	7.30
8.04	6.24	7.81	7.22	7.52	7.60	5.66	7.24	6.98	7.92
7.88	7.72	8.52	7.36	7.80	6.74	8.44	6.20	8.02	7.76
7.18	7.60	7.02	6.60	6.56	6.82	6.68	7.64	6.50	7.92
6.70	6.66	7.82	8.24	7.80	7.16	8.94	7.24	8.50	7.54

③ 利用分群数据的极差求控制界限。若单个数据的分布不符合正态分布规律，可将数据分群，分群之后，群平均值的分布符合正态分布。因此，可利用分群数据极差的分布计算相当于 3.10σ 时的控制界限。

群的子组容量一般为 3～5 个，将表 6-7 中的数据分群如表 6-8 所示，以 5 个为一群，求得子组算术平均数的平均值 $\bar{X}=7.25\%$，极差的平均值 $\bar{R}=1.62\%$，从而计算出上下控制界限。

表 6-8　精煤质量分群结果　　单位：%

试样号	单个测定值					平均值	极差
	X_1	X_2	X_3	X_4	X_5		
1—5	7.38	6.54	6.90	7.98	6.70	7.10	1.44
6—10	6.24	6.88	6.56	7.20	6.36	6.65	0.96
11—15	7.20	7.00	7.02	7.10	7.24	7.11	0.24
16—20	7.80	6.04	7.40	6.66	8.48	7.28	2.44
21—25	8.12	7.16	7.60	5.92	7.38	7.24	2.20
26—30	6.26	5.92	6.38	7.66	6.36	6.52	1.70
31—35	6.80	6.70	7.54	6.26	8.98	7.26	2.27
36—40	6.54	6.50	8.80	7.08	6.74	7.13	2.30
41—45	7.66	7.84	7.22	7.24	6.70	7.33	1.14
46—50	8.96	7.24	6.84	6.78	7.00	7.36	2.18
51—55	6.96	6.84	7.00	7.58	7.26	7.13	0.74
56—60	8.48	8.40	7.76	7.00	7.30	7.79	1.48
61—65	8.04	6.24	7.81	7.22	7.52	7.37	1.80
66—70	7.60	5.66	7.24	6.98	7.92	7.08	2.26
71—75	7.88	7.72	8.52	7.36	7.80	7.86	1.16
76—80	6.74	8.44	6.20	8.02	7.76	7.43	2.24

表 6-8(续)

试样号	单个测定值					平均值	极差
	X_1	X_2	X_3	X_4	X_5		
81—85	7.18	7.60	7.02	6.60	6.56	6.99	1.04
86—90	6.82	6.68	7.64	6.50	7.92	7.11	1.42
91—95	6.70	6.66	7.82	8.24	7.80	7.44	1.58
96—100	7.18	8.94	7.24	8.50	7.54	7.88	1.78
合计						145.06	32.37
平均值						7.25	1.62

$$控制上限 = \bar{X} + E_2\bar{R} = 7.25\% + 1.290 \times 1.62\% = 9.340\%$$

$$控制下限 = \bar{X} - E_2\bar{R} = 7.25\% - 1.290 \times 1.62\% = 5.160\%$$

其中 E_2 为单值管理图控制界限计算系数，与子组容量 n 有关，查控制图系数表可知：当 $n=5$ 时，$E_2=1.290$。

4. 控制图的观察与分析

绘制控制图的目的是判断生产情况是否正常，并根据数据点的趋势推断生产的变化情况。

判断控制图是否正常的准则：① 控制图上所有数据点都在控制界限以内，而且多数点在警戒限内侧，可以认为生产情况属于正常；② 如果连续 35 个点仅有 1 点出界，或者 100 个点之中不多于 2 个点出界，都可以认为情况正常；③ 如果点落在控制界限上，视为出界。

在控制图上，可以根据数据点分布形态及时发现异常因素并采取适当措施。我们不但要掌握国标《控制图 第 2 部分：常规控制图》(GB/T 17989.2—2020)中规定的 8 种判异准则，还要全面掌握本单位分选加工系统的工艺特性以及每班关键技术岗位操作人员的操作特点，只有充分把握影响产品质量的各种因素，才能对产生异常结果的原因作出正确判断。图 6-8 为控制图判断准则图示。下面以精煤产品灰分为例就几种常见的数据点分布形态作一简单分析(为了方便判别，国标将控制上下限区间分成了 6 等分区间)。

① 图 6-8(a)为准则 1 图示。图中 1 个点落在控制界限以外，随即又恢复正常，此种情况多是采制化过程存在人为操作误差所导致的。应对采制化过程进行及时监督并询问。如果确保此过程无问题，则应关注下一数据结果后作出综合判断，不能因为一个异常数据的出现而对生产系统作出调整。

② 图 6-8(b)为准则 2 图示。图中连续 6 点落在中心线同一侧，此种情况的出现首先可能是入选原煤质量发生变化所致，其次应考虑操作人员的操作原因，及时提高或降低控制水平，任何一组数据的非随机排列都预示着某种异常因素的出现。如果精煤灰分连续偏低，则意味着精煤回收率的无谓损耗。

③ 图 6-8(c)为准则 3 图示。图中连续 6 点递减，此种情况多数是某台生产设备(包括化验设备)发生故障造成的，应及时查明原因，防止情况进一步恶化。这也是最应该引起我们高度重视的一种现象。

④ 图 6-8(d)为准则 4 图示。图中连续 8 点相邻点上下交替有规律地高低变化，此种情

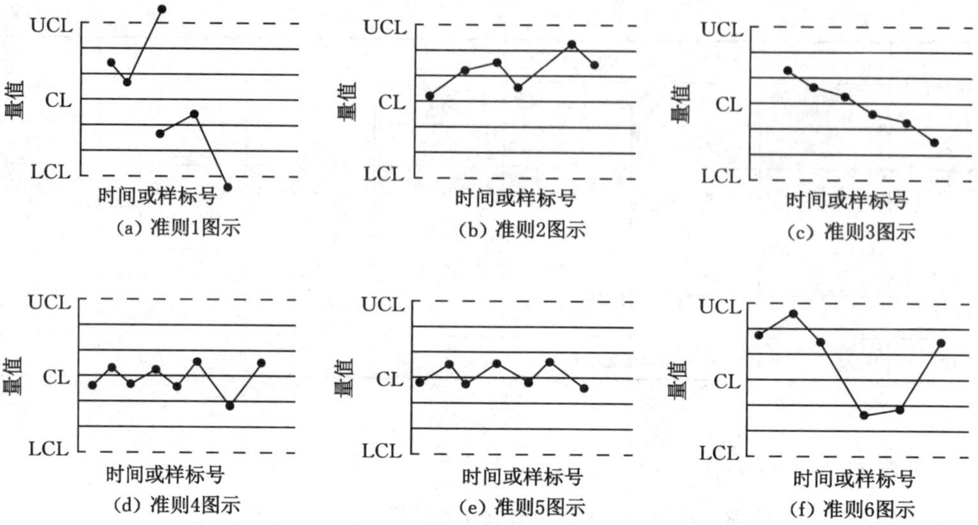

图 6-8　控制图判断准则图示

况多数是不同的设备操作人员或采制化人员交替操作所导致的。此种情况虽然对生产无较大影响,但是可以发现操作人员的水平差异或责任心的强弱,应当加强职工素质培训,做到无差异化操作,确保产品质量的稳定。

⑤ 图 6-8(e)为准则 5 图示。图中连续 3 点或 4 点数据结果相近,并且均出现在均值附近,这种美好的图形可能是数据虚假所导致的,尤其是夜班生产过程中,我们更应立刻查明是否有采样或化验人员脱岗却虚报数据的情形,排除此种情况后,及时统计此期间各工艺参数的运行指标以总结经验。

⑥ 图 6-8(f)为准则 6 图示。图中连续 6 点落在上下控制界限之内,却远远偏离中心线,这种现象很可能是入选原煤质量有规律的变化所导致的,应追根溯源,在原煤准备车间或破碎筛分系统查找原因。

总之,生产过程中的所有数据都应在控制图上下界限范围内随机波动,任何点的突然越界或有规律的分布都是某种异常原因造成的,都应该引起质量管理人员的高度重视并及时查明原因予以适当纠正。应通过对控制图的观察与分析,及时从图形变化中发现问题,查明影响因素,采取改进措施。

例如,某煤矿机修厂绘制的电机车牵引电动机的事故率控制图随季节周期性变化,通过调查发现电动机整流环上的铜片因温度变化而变形松动,引起火花,产生事故。针对此问题,改进铜片的固定方式后,事故率明显下降,控制图的图形变化也随之变为随机的。

再例如,某选煤厂入选周边几个矿井原煤,最近经常出现浮选效果不好的情况,对入选原煤进行多次试验分析,均未发现问题。技术人员基于浮选指标绘制了控制图,并将入浮原煤组成、浮选主要参数、浮选操作人员等因素标注出来,发现浮选指标变差时,均有 A 矿原煤参与入选,因此确认 A 矿原煤是造成浮选指标变差的主要因素。对该矿原煤进行了系统试验研究,发现该矿原煤煤质发生变化,在配煤入选过程中,原煤产生的可溶性离子造成煤泥颗粒表面荷电性发生变化。在减少 A 矿原煤配煤入选后,选煤厂浮选工艺指标稳定性得到显著改善。

6.4.5　因果分析图

因果分析图又称特性要因图或石川图，又因为其形状常被称为树枝图、鱼刺图或鱼骨图。它是 1953 年日本质量管理专家石川馨（K. Ishikawa，QCC 之父、日本质量管理的集大成者）最早使用的，是为了寻找产生某种质量问题的原因，发动大家谈看法，作分析，将群众的意见反映在一张图上的因果图。在全面质量管理的过程中，对于产品质量、产量、成本、劳动效率等方面的问题，由于影响的因素较多，又没有数字、指标可供评定和分析，也不能使用排列图等图表作为统计手段，只有采用因果分析图将所有问题和因素都罗列出来。

画因果分析图时首先要确定结果，然后从主要原因、次要原因、分支原因一层层进行分析，依次用大、中、小箭头标出。主要原因是根据稳定状态下的 4M1E 来制定的。4M1E 包括品质管理中的 5 个基本要素，即人力（man）、机器（machine）、材料（material）、方法（method）及环境（environment）。随着自动化程度提高，又增加了一个因素，即检测（measure），变成了 5M1E。如果上述条件变化，如操作人员更换或通过学习操作水平显著提高，设备更新，采用新型原材料或其他原材料，改变工艺参数或采用新工艺，环境改变等，此时，因果分析图也必须重新制定。主要原因的具体分类及数量根据所分析事件的性质确定。

图 6-9 为某选煤厂的跳汰机事故停车因果分析图。图中有一条主干指向结果（要解决的质量问题），影响质量的原因分为大、中、小原因，它们之间用箭头表示。

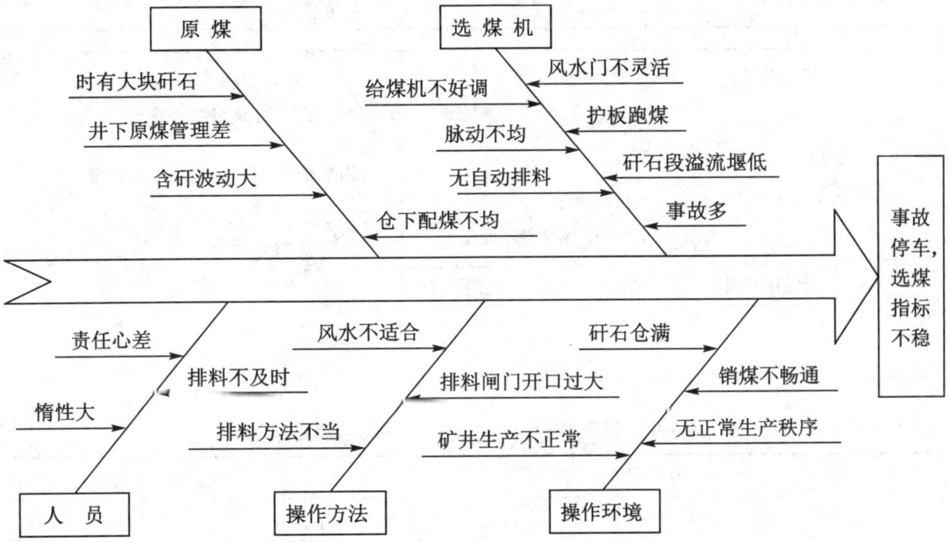

图 6-9　某选煤厂跳汰机事故停车因果分析图

1. 因果分析图的绘制方法

主干箭头指向要分析的目标和影响结果。例如，以精煤产品质量为分析的目标，把人员、设备、材料、方法、环境等作为五个主要因素，将这些因素所产生影响的各种原因尽可能详细地记录下来，并把这些原因按相互影响的关系进行排列。对其中的主要原因要加上记号；对需要分析的问题，应该在调研后采取措施加以解决。绘制因果分析图的方法如下：

① 确定因果分析图的研究对象，找到要解决的问题。这些问题应该是企业中的主要问题，解决后对提高企业的经营管理水平有重要的意义。

② 调查研究，广泛听取各方面人员的意见，分析产生问题的原因，并对每个原因提出相应的解决措施。

③ 整理调查结果，把所有的原因从大到小按其关系画到因果分析图上。

④ 找出主要原因后，应到现场实地调查，确定改进措施。改进措施实施后，应检查实施效果。

【例 6-4】 某选煤厂末精煤灰分超标事故的因果分析案例。

结合该厂实际情况绘制出因果分析图，如图 6-10 所示。该厂采用无烟煤重介分选工艺，末精煤灰分设定要求≤16%，末精煤产品包括<8 mm 重选的末精煤和粗精煤泥。该厂 2012 年 1—3 月和 2013 年 1—3 月末精煤的分析数据见表 6-9、表 6-10 和表 6-11。

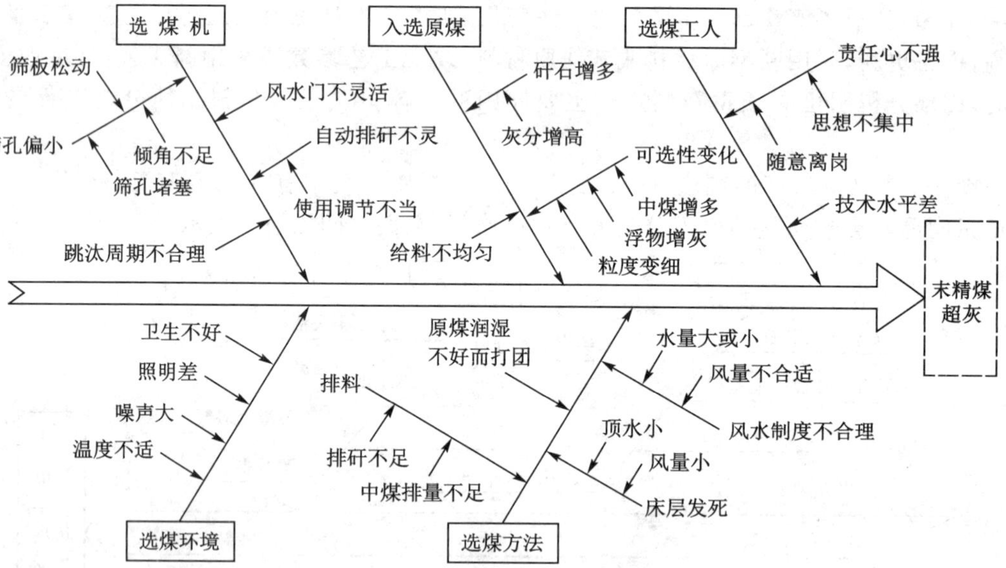

图 6-10 末精煤超灰的因果分析图

表 6-9 原煤综合粒级含量和浮沉密度级含量

月份	各粒级含量/%				浮沉密度级含量/%		
	≥25 mm	<25～13 mm	<13～8 mm	<8 mm	≥1.95 g/cm³	<1.95～1.8 g/cm³	煤泥
2012 年 1 月	34.91	18.02	8.40	38.66	38.36	41.42	20.22
2012 年 2 月	34.48	17.34	8.83	39.34	38.55	41.33	20.12
2012 年 3 月	32.52	18.56	9.63	39.29	39.16	40.94	19.90
2013 年 1 月	17.41	13.33	21.85	47.41	41.63	43.16	15.21
2013 年 2 月	16.74	15.73	20.72	46.71	41.97	42.08	15.95
2013 年 3 月	17.07	11.88	19.23	51.82	42.46	39.60	17.94

表 6-10　煤泥小筛分试验数据

粒级/mm	产率/%	灰分/%
≥0.5	19.19	22.67
<0.5~0.3	18.41	34.86
<0.3~0.125	21.77	45.68
<0.125~0.075	3.72	48.55
<0.075~0.045	8.00	50.74
<0.045	28.91	69.53
合计	100.00	46.68

表 6-11　粗煤泥弧形筛不同筛缝时的分级旋流器底流筛分数据

粒级/mm	Ⅰ(筛缝 0.5 mm)		Ⅱ(筛缝 1.0 mm)	
	产率/%	灰分/%	产率/%	灰分/%
≥0.5	18.59	15.99	50.73	23.82
<0.5~0.3	23.63	20.97	28.92	46.84
<0.3~0.125	42.97	40.73	17.33	69.42
<0.125~0.075	9.42	81.32	1.07	76.18
<0.075~0.045	2.48	83.22	1.00	72.25
<0.045	2.91	75.57	0.95	73.58
合计	100.00	37.35	100.00	39.90

下面对可能造成末精煤灰分超标的原因进行五方面的逐一剖析。

(1) 入选原煤

分别对两个时间段的原煤综合粒级含量和浮沉密度级含量数据进行分析。由表 6-9 可以看出,两个时间段原煤粒度组成、各密度级含量和煤泥量等差别都较大,原煤煤质的变化是其一大影响因素,即"大原因"。从原煤资料看,原煤粒级含量的变化和煤泥含量的不同是相对主要的因素,而各浮沉密度级含量无较大差异,因此可以确定原煤粒度组成和煤泥含量为中原因。煤泥含量对末精煤灰分也是很敏感的。由表 6-10 的煤泥小筛分数据可知,煤泥中<0.045 mm 的高灰细泥含量为 28.91%,灰分高达69.53%,这部分煤泥将对末精煤总灰分造成严重"背灰"。

(2) 操作方法

通过调查对密度控制司机操作方法进行分析,我们可以知道,在同样给煤量的情况下,不同的密度设定和给料压力对分选效果影响较大,同时,在相同的密度设定和给料压力下,给煤量过大也容易造成分选效果变差。在原煤较黏、水分较高的情况下,当原煤没有充分润湿而打团时容易造成旋流器分选混乱,此时末精煤错配物含量升高,灰分升高。生产实际中,当末精煤质量需要微调时,通常会把末精煤脱水离心液返回粗煤泥回收系统,即打入精煤泥分级旋流器,同时在分级旋流器底流口处添加入料液,一方面达到防堵的目的,另一方面也和前者一样起到调节末精煤总灰分的作用。

(3) 选煤设备

三产品重介旋流器的分选效果直接影响末精煤灰分,其控制因素主要是入料压力。当一、二段连接段堵塞时,会造成原煤全部涌入旋流器精煤段,末精煤灰分自然升高。对于脱介振动筛,当分级段筛板筛孔因堵塞而造成排料不及时时,末精煤总灰分会因<8 mm 这部分末精煤减少而升高。

粗精煤泥脱水高频筛的工作效果也是一大影响因素,容易造成末精煤总灰分波动。该设备的不均匀排料导致瞬时粗煤泥量较大,此部分粗煤泥灰分达 35%左右,如此就造成了"背灰"。与高频筛配合使用的弧形筛,也被当作排除高灰细泥的出口,可保证高频筛上产品的纯净。表 6-11 为弧形筛不同筛缝时的分级旋流器底流筛分数据。由表 6-11 可以看出,不同筛缝底流产品中夹带高灰细泥含量差别较大,分别为 2.91%和 0.95%,灰分均为 70%

以上，因此，排除这部分高灰细泥对稳定末精煤灰分关系重大。

精煤分级旋流器是系统排出高灰细泥的主要设备，对维持介质系统稳定、净化末精煤都有重要的作用。不同直径的底流口对产品灰分影响较大，因此，在日常末精煤灰分管理中，分级旋流器是较为关键的环节。

（4）操作人员

该选煤厂选煤生产已实现集中控制，因此，岗位工的主要职责就是把责任心放在运转的设备上，避免因思想不集中或随意离岗造成生产事故，同时努力提高自身技术水平，提升发现问题的能力，防止出现产品质量发生明显变化而没有第一时间第一现场发现导致超灰的现象。

（5）环境因素

环境因素主要包括现场照明、卫生、噪声和温度等，这些因素都间接地影响了最终产品的指标。

2. 因果分析图的观察与分析

通过上述分析，并结合现场实际和岗位人员的意见，确定出末精煤超灰的主要影响因素为原煤煤质变化、原煤煤泥含量和分级旋流器分级效果，同时在特定条件下其余因素也都发挥着作用。因此，在选煤全面质量管理中，要把重点转移到加强煤质变化观察、加强分级旋流器分选效果分析和跟踪上来。每天重点分析原煤浮沉资料，并按表 6-12所示内容开展技术检查。

表 6-12　主次要因素影响分析及采取的对策

项目	序号	产生问题原因	采取的对策
入选原煤	1	原煤煤质变化大	加强煤质监控，必要时进行配煤
	2	原煤煤泥含量增加	控制系统的总煤泥量，控制给煤量
操作人员	3	责任心不强，岗位巡查不够	加强岗位管理，增强质量意识
选煤设备	4	分级旋流器分级效果差	控制入料浓度和入料量
	5	粗精煤泥弧形筛分级效果差	及时翻转弧形筛，排除高灰细煤泥
	6	高频筛排料不均	加强高频筛维护，及时清理筛板
环境因素	7	噪声大	加强劳动保护，避免因此造成脱岗和生产责任事故
	8	粉尘大	
操作方法	9	给煤量过大	均匀给料，根据煤质适当调整给煤
	10	悬浮液密度设定过高	适当配水，及时调整介质密度
	11	末精煤脱水离心液掺入	合理分配离心液

6.4.6　散布图

散布图又叫相关图。它将两个可能相关的变量用点画在坐标图上，用来表示一组成对的数据之间是否有相关性。这种成对的数据可以是特性-原因，特性-特性，原因-原因的关系。通过散布图，可以简单容易地判断两个变量之间是否有相关关系、有怎样的相关关系，以及相关关系的强弱等。此外，从散布图上还可以判断数据是否有异常趋势或有没有必要作层别分析。

两个变量相关的问题在实际生产中是常见的，如热处理时淬火温度与工件硬度之间的关系，某种元素在材料中的含量与材料强度的关系等。这种关系虽然存在，但又难以用精确的公式或函数关系表示，在这种情况下用相关图来分析就比较方便。假定有一对变量 x 和 y，x 表示某一种影响因素，y 表示某一质量特征值，通过试验或收集到的 x 和 y 的数据，可以在坐标图上用点表示出来，根据点的分布特点，就可以判断 x 和 y 的相关情况。图 6-11 所示为散布图的几种形式。

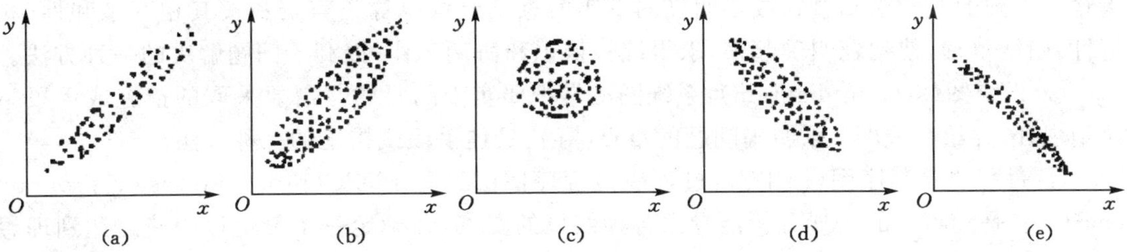

图 6-11　散布图的几种形式

图 6-11(a)所示为两个变量呈正相关关系。x 增大，y 随之增大，只要管理好 x，y 也随之得到管理。

图 6-11(b)所示为两个变量呈近似正相关关系。x 增大，y 基本随之增大，此时除了因素 x 外，可能还有其他因素影响 y。

图 6-11(c)所示为两个变量不相关，说明 x 与 y 之间没有关系。

图 6-11(d)所示为两个变量呈近似负相关关系。x 增大，y 基本随之减小，此时除了因素 x 外，还有其他因素影响 y。

图 6-11(e)所示为两个变量呈负相关关系。x 增大，y 随之减小，只要管理好 x，y 也随之管理好了。

使用散布图时，两组变量的对应数应至少在 30 个以上，最好是 50 个以上。数据太少，容易导致散布图过于离散而掩盖了相关关系的判断。散布图绘制后，分析散布图应谨慎，因为散布图是用来理解一个变量与另一个变量之间可能存在的关系的，这种关系需要进一步的分析，我们可以用相关系数 R 检查是否存在相关关系。

6.4.7　其他管理方法

以上分层法、排列图、直方图、控制图、因果分析图、散布图与作为记录或点检所用的查检表，共同被称为 QC 七种工具(手法)，是由日本总结出来的。查检表是利用统计表对数据进行整理和初步原因分析的一种工具，其格式多种多样，虽然方法简单，但实用有效。

七种工具的作用各有侧重点：查检表最大的作用是数据的收集与整理；分层法将数据按性质不同进行分类解析，从而将杂乱无序的无用数据变成系统规律性的有用数据；排列图用于找出重点因素；直方图可以显示因素分布情况；控制图可找出异常；因果分析图可找出原因；散布图用于查看彼此看似无直接联系的两个因素是否相关。QC 七种工具侧重于统计分析，针对问题发生后的改善。

随着管理科学的发展，1979 年又发展了包括系统图、关联图、亲和图、过程决策程序图、矩阵图、矩阵数据分析法和箭条图（矢线图法）的新 QC 七种工具。新 QC 七种工具侧重于思考分析过程，主要强调在问题发生前进行预防。

① 关联图（relationship diagram）：关联图又称关系图，是 20 世纪 60 年代由日本应庆大学千住镇雄教授提出的用来分析事物之间"原因与结果""目的与手段"等复杂关系的一种图表。它能够帮助人们从事物之间的逻辑关系中寻找出解决问题的办法。

② 亲和图（affinity diagram）：亲和图法又叫 KJ 法，是由日本学者川喜田二郎首创，把大量收集到的关于未知事物或不明确的事实的意见或构思等语言资料按其相互亲和性（相近性）归纳整理，使问题明确起来，求得统一认识和协调工作，以利于问题解决的一种方法。

③ 系统图（system diagram）：系统图法是把要实现的目的与需要采取的措施或手段系统地展开，并绘制成图，以明确问题的重点，寻找最佳手段或措施的一种方法。

④ 过程决策程序图（PDPC）：过程决策程序图法又称 PDPC（process decision program chart）法，是随事态的进展分析能导致各种结果的要素，并确定一个最优过程使之达到理想结果的方法。

⑤ 矩阵图（matrix diagram）：矩阵图法就是从多维问题的事件中找出成对的因素，排列成矩阵图，然后根据矩阵图来分析问题，确定关键点的方法。它是一种通过多因素综合思考，探索问题的好方法。

⑥ 矩阵数据分析法（matrix data analysis chart）：矩阵数据分析法是将矩阵图上各元素间的关系用数据定量化表示，对多个变动且复杂的因果进行解析的方法。在 QC 新七种工具中，矩阵数据分析法是唯一一种利用数据分析问题的方法，但其结果仍要以图形表示。

⑦ 箭条图（arrow diagram）：箭条图法是将项目推行时所需的各步骤、作业按从属关系用网络图表示出来的一种方法。

全面质量管理常用的统计方法在 PDCA 循环中的应用见表 6-13。

表 6-13　全面质量管理常用统计方法在 PDCA 循环中的应用

PDCA 循环	工作内容	可能采用的质量管理方法
计划阶段（P）	分析现状	分层法、排列图法、直方图法、控制图法、关系图法、亲和图法
	找出存在的问题	分层法、排列图法、相关图法、关系图法、亲和图法
	找出主要问题	排列图法、因果分析图法、相关图法、系统图法、矩阵图法、矩阵数据分析法
	制定解决措施	对策计划表法、矢线图法、过程决策程序图法
实施阶段（D）	按措施执行	控制图法，并加强通信联络
检查阶段（C）	检查效果	直方图法、控制图法、排列图法、分层法
处理阶段（A）	巩固措施，转下期处理	制定技术标准和管理标准，遗留问题转入下一个 PDCA 循环处理

思　考　题

1. 什么是全面质量管理？全面质量管理的基本要求是什么？
2. 搞好全面质量管理必须要做好哪几项基础工作？
3. 用 6W3H 法分析某个选煤厂技术改造项目。
4. 质量管理的常用方法有哪些？
5. 用 PDCA 原理编制一个日常学习工作计划表。
6. 某矿商品煤全水分数据如表 1 所示，绘制该矿全水分控制图。

表 1　某矿商品煤全水分数据表　　单位：%

7.37	6.57	7.27	7.35	6.20	7.61	8.94	7.38	5.91
8.19	7.31	7.46	6.49	6.54	6.15	7.61	7.73	6.86
7.72	6.81	7.10	6.53	8.06	6.61	6.59	7.35	7.55
7.91	6.69	6.61	6.56	7.01	6.56	7.54	7.16	6.70

参考文献

[1] 蔡璋.选煤厂固-液、固-气分离技术[M].北京:煤炭工业出版社,1992.

[2] 曹咸春,白龙.选煤厂单机检查采样试验研究[J].洁净煤技术,2019,25(增刊1):156-160.

[3] 常乃全,曹代功.矿井煤质管理[M].北京:中国工人出版社,1992.

[4] 董铮,王琳,田芳.利用top-down控制图评定库伦法测定煤中全硫的不确定度[J].环境监测管理与技术,2013(6):60-62.

[5] 法约尔.工业管理与一般管理[M].迟力耕,张璇,译.北京:机械工业出版社,2013.

[6] 范旭阳,王玉.重介质选煤过程中介耗控制方法的探索[J].水力采煤与管道运输,2019(2):128-129.

[7] 高立法,虞旭清.企业全面风险管理实务[M].北京:经济管理出版社,2009.

[8] 管嵩,张西春,刘萍.质量控制图在煤炭质量管理中的应用[J].煤炭加工与综合利用,2008(4):35-38.

[9] 郭德.M曲线的补正[J].选煤技术,1992(3):19-20.

[10] 郭德.重力选煤[M].北京:煤炭工业出版社,2017.

[11] 郝维昌,安文源,丁光耀,等.S-3GHMC440/260型超级重介质旋流器的技术经济和工艺效果指标分析[J].煤炭加工与综合利用,2017(11):5-9.

[12] 衡玉华,刘占荣.公乌素洗煤厂降低介耗经验谈[J].选煤技术,2009(1):40-41.

[13] 胡君辰,郑绍濂.人力资源开发与管理[M].3版.上海:复旦大学出版社,2005.

[14] 黄波.煤泥浮选技术[M].北京:冶金工业出版社,2012.

[15] 匡亚莉.选煤工艺设计与管理:设计篇[M].徐州:中国矿业大学出版社,2006.

[16] 匡亚莉.选煤厂管理[M].徐州:中国矿业大学出版社,2018.

[17] 李阿林,李彩娟.控制图在选煤工序管理中的应用[C]//第十届中国煤炭经济管理论坛暨2009年中国煤炭学会经济管理专业委员会年会论文集.2009:397-400.

[18] 李贤国,张荣曾.重力选矿原理[M].北京:煤炭工业出版社,1992.

[19] 李贤国,刘峰.选煤实用计算[M].徐州:中国矿业大学出版社,1996.

[20] 刘更生.选煤厂的成本管理[J].煤炭加工与综合利用,2009(3):49-51.

[21] 卢安民,张欣.利用"休哈特控制图"分析和控制选煤生产过程[J].选煤技术,2002(3):45-47.

[22] 路迈西.选煤厂经营管理[M].北京:煤炭工业出版社,1991.

[23] 路迈西.选煤厂技术管理[M].徐州:中国矿业大学出版社,2005.

[24] 吕玉庭,王劲草.中煤破碎再选工艺及技术经济分析[J].洁净煤技术,2007(6):20-21.

[25] 吕玉庭,吴鹏,孙玉堂.中煤再洗工艺及其主要分选设备[J].选煤技术,2010(4):

43-45.
[26] 吕玉庭,赵丽颖,杨强.磁种絮凝对煤泥水沉降效果的影响[J].黑龙江科技大学学报,2014,24(2):153-156.
[27] 孟涛.PDCA模式下的煤炭质量精细化管理探讨[J].科技创新与应用,2014(13):242.
[28] 米桂芳.浅析降低精煤水分策略[J].机械管理开发,2015(5):120-122.
[29] 欧泽深,张文军.重介质选煤技术[M].徐州:中国矿业大学出版社,2006.
[30] 彭垠.选煤厂管理[M].北京:煤炭工业出版社,2013.
[31] 戚维明.全面质量管理[M].3版.北京:中国科学技术出版社,2010.
[32] 石力强.精煤灰分超标原因分析及应对措施[J].山西焦煤科技,2013(7):28-31.
[33] 宋怀宇.褐煤洗选的技术与经济分析[J].选煤技术,1990(3):43-46.
[34] 孙宝林.章村矿洗煤厂末精灰分控制因果分析[J].科技视界,2014(10):287-288.
[35] 陶晓光.选煤厂技术检查[M].北京:煤炭工业出版社,2014.
[36] 汪莹.现代煤炭企业绩效管理实践与创新:以新阳煤业有限公司为例[M].北京:石油工业出版社,2012.
[37] 王东,王建忠.选煤厂生产技术管理[M].北京:煤炭工业出版社,2012.
[38] 王建民.生产运作管理[M].北京:北京大学出版社,2007.
[39] 王磊.煤炭行业洗煤成本控制研究[J].能源与节能,2021(9):189-190.
[40] 王振生,李寻.选煤厂生产技术管理[M].北京:煤炭工业出版社,1990.
[41] 王振生.选煤厂生产技术管理各论[M].徐州:中国矿业大学出版社,1994.
[42] 吴式瑜.选煤厂技术管理[M].徐州:中国矿业大学出版社,2001.
[43] 武晓宇,潘月军.论重介质选煤降低介耗的方法[J].内蒙古煤炭经济,2018(21):9-10.
[44] 向号,李明,王致民.因果分析图在煤矿安全管理中的应用[J].煤矿机械,2009,30(7):226-227.
[45] 谢广元.选矿学[M].3版.徐州:中国矿业大学出版社,2012.
[46] 徐博,徐岩,于刚.煤泥浮选技术与实践[M].北京:化学工业出版社,2006.
[47] 许铁卫,原野,王纪成.重介质选煤厂介耗控制途径探讨[J].煤炭工程,2019,51(2):66-69.
[48] 杨继贤,张国良.基于PDCA模式的煤炭质量精细化管理探讨[C]//全国煤炭企业精细化管理优秀论文集.2008:156-159.
[49] 尹铧,王占明.单值移动极差控制图在跳汰选煤过程中的应用[J].煤质技术,2018(3):66-68.
[50] 袁永佰.影响重介系统介耗原因及降低介耗方法[J].煤炭技术,2020,39(10):186-188.
[51] 张恩广.筛分破碎及脱水设备[M].北京:煤炭工业出版社,1991.
[52] 张志勇.控制图在选煤产品质量管理中的应用探讨[J].山西科技,2014(4):22-23.
[53] 章永青.选煤厂企业管理[M].徐州:中国矿业大学出版社,1995.